[改訂4版] 要 点・用 語 早わかり

応用情報技術者ポケット攻略本

大滝みや子●著

技術評論社

JN041335

c o n t e n t s

テクノロジ系 第4章 開発技術

マネジメント系 第5章 マネジメント系

ストラテジ系 第6章 ストラテジ系

試験の概要と本書の使い方

🦉 応用情報技術者試験の概要

応用情報技術者試験は,「ITを活用したサービス,製品,システム及びソフトウェアを作る人材に必要な応用的知識・技能をもち,高度IT人材としての方向性を確立した人」を対象に行われる,経済産業省の国家試験です。試験は,年に2回(春:4月,秋:10月)実施され,各時間区分(次表)の得点がすべて基準点を超えると合格できます。

	午前試験	午後試験
試験時間	9:30〜12:00(150分)	13:00〜15:30(150分)
出題形式	多肢選択式(四肢択一)	記述式
出題数	問1〜問80までの80問	問1〜問11までの11問
解答数	80問 (すべて必須解答問題)	問1必須解答問題, 問2〜問11から4問を選択し解答
合格基準	100点満点で60点以上	100点満点で60点以上

受験案内

実施概要や申込み方法などの詳細は,試験センターのホームページに記載されています。また,出題内容などが変更される場合があるので,受験の際は下記のサイトでご確認ください。

情報処理技術者試験センターのホームページ ⇒ http://www.jitec.ipa.go.jp/

🦉 配点割合と合格基準

採点方式については,各時間区分(午前,午後)において素点方式が採用され,午前試験,午後試験ともに基準点以上の場合にのみ,合格となります。なお,午前試験の得点が基準点に達しない場合には,午後試験の採点を行わずに不合格となることに注意してください。

	問題番号	解答数	配点割合	配点(満点)	基準点
午前試験	1〜80	80	各1.25点	100点満点	60点
午後試験	1 2〜11	1 4	20点 各20点	100点満点	60点

🦉 午前試験の分野別出題数

　午前試験では，受験者の能力が応用情報技術者試験区分における"期待する技術水準"に達しているかどうかを，応用的知識を問うことによって評価されます。

　応用情報技術者試験における午前試験の分野別出題数および出題分野と本書との対応は，次のとおりです。

分野と出題数	出題分野	本書の対応する章
テクノロジ系 50問（問1〜50）	1. 基礎理論	第1章　基礎理論 ・基礎理論 ・アルゴリズムとプログラミング
	2. コンピュータシステム	第2章　コンピュータシステム ・コンピュータ構成要素 ・システム構成要素 ・ソフトウェア ・ハードウェア
	3. 技術要素	第3章　技術要素 ・データベース ・ネットワーク ・セキュリティ
	4. 開発技術	第4章　開発技術 ・システム開発技術 ・ソフトウェア開発管理技術
マネジメント系 10問（問51〜60）	5. プロジェクトマネジメント	第5章　マネジメント系 ・プロジェクトマネジメント ・サービスマネジメント ・システム監査
	6. サービスマネジメント	
ストラテジ系 20問（問61〜80）	7. システム戦略	第6章　ストラテジ系 ・システム戦略 ・経営戦略マネジメント ・技術戦略マネジメント ・ビジネスインダストリ ・企業活動 ・法務
	8. 経営戦略	
	9. 企業と法務	

※注意：年度によって，各分野からの出題
数が若干前後する場合があります。

🦉 午後試験の分野別出題数

　午後試験では，受験者の能力が応用情報技術者試験区分における"期待する技術水準"に達しているかどうかを，知識の組合せや経験の反復により体得される課題発見能力・抽象化能力・課題解決能力などの技能を問うことによっ

て評価されます。

　応用情報技術者試験における午後試験の分野別出題数は，次のとおりです。また，午後試験の出題分野（テクノロジ系，マネジメント系，ストラテジ系）と本書との対応については，前ページの表を参照してください。

分　野		問1	問2～11
ストラテジ系	経営戦略	－	○
	情報戦略		○
	戦略立案・コンサルティング技法		○
テクノロジ系	システムアーキテクチャ	－	○
	ネットワーク	－	○
	データベース	－	○
	組込みシステム開発	－	○
	情報システム開発	－	○
	プログラミング（アルゴリズム）	－	○
	情報セキュリティ	◎	－
マネジメント系	プロジェクトマネジメント	－	○
	サービスマネジメント	－	○
	システム監査	－	○
	出題数	1	10
	解答数	1	4

◎：必須解答問題，○：選択解答問題

🦉 本書の特徴と使い方

　応用情報技術者試験に合格するには，ある程度の受験対策時間が必要です。しかし，いくら多くの時間を確保しても，効率良く学習しなければ意味がありません。また，合格基準は60点ですから，100点を狙う必要もありません。

　本書は，"完璧さを目指さず，効率よく，短時間"で学習でき，応用情報技術者試験に合格できる力を付けることを目的とした参考書です。頻出かつ重要な項目（テーマ）に絞って，各項目を読み切り形式で学習する構成にしてあるので，通勤時間や休憩時間など細切れ時間を利用して学習することができます。また，効率的な受験対策を支援するための工夫を随所に凝らしてあるので，合格することを第1の目的とした効率のよい学習ができます。

第1章

基礎理論

01 数値表現と演算精度

出題ナビ

コンピュータで扱うデータには，大別すると，数値データと非数値データ（文字データ，論理型データ）があります。ここでは，数値データの表現方法として，固定小数点表示法と浮動小数点表示法を確認しましょう。特に，固定小数点表示法における2の補数の求め方や2の補数を用いる理由，また浮動小数点表示法において浮動小数点演算で発生する4つの誤差は基本かつ重要事項です。

数値データの表現

固定小数点表示法 ── 小数点の位置が決まっている形式

一般に整数は，固定小数点表示法 において小数点の位置が最下位ビットの右にあるものとして表現します。また負数は，2の補数で表現します。

8ビット整数

符号を表す（0：正，1：負）　　　　　　　　小数点の位置

2の補数

10進数の6を4ビットの2進数で表した（0110）₂の2の補数は，次のとおりです。

── 4桁（ビット）の最大数　　　　　　　　　　　　　 −6 ──
$$\{(1111)_2 + 1\} - (0110)_2 = (10000)_2 - (0110)_2 = \mathbf{(1010)_2}$$

2の補数は，「求める数のすべてのビットを反転したものに1を加える」ことでも求められます。重要なのは，2の補数表現では，最上位ビットが0のとき正数，1のとき負数を表すことです。

そのため，8ビットで表現できる整数の範囲は，$-2^7 \sim 2^7-1$（−128〜127）。nビットで表現できる整数の範囲は，$-2^{n-1} \sim 2^{n-1}-1$です。

負数の表現に2の補数を使用する理由は，「減算を，負数の作成と加算処理で行うことができる」ためです。

例えば，2進数4桁の減算「0111−0110」は，「0111＋（−0110）」と変形できます。負数（−0110）を2の補数表現すると1010なので，減算「0111−0110」は，加算「0111＋1010」で行うことができます。

なお，この加算処理で「10001」となりますが，最上位の1は加算回路によって捨てられるので，正しい結果「0001」を得ることができます。

浮動小数点表示法

浮動小数点表示法は，数値Yを「$Y=\pm f \times r^e$」として，f（仮数）とe（指数）の対で表現する方法です。r（基数）は暗黙的に定められるもので，一般に2あるいは16が用いられます。浮動小数点表示に関しては，<u>演算で発生する誤差</u>が問われます。次の表に示した4つの誤差を確認しておきましょう。

〔浮動小数点表示の例〕 $+0.25=+(0.01)_2=\oplus\, 2^{\ominus 1} \times (0.1)_2$

0	1111	10000000000

丸め誤差	数値を有限ビットで表現するため，最下位桁より小さい部分について四捨五入，切上げまたは切捨てを行うことによって生じる誤差。
情報落ち	絶対値の大きな数と小さな数の加減算を行ったとき，指数部が小さい数の仮数部下位部分が計算結果に反映されないために発生する誤差。数多くの数値の加算を行う場合，絶対値の小さなものから順番に計算することで，情報落ちによる誤差を抑制できる。
桁落ち	絶対値のほぼ等しい2つの数の減算において，有効桁数が大きく減るために発生する誤差。式を変形して減算がない形にすることで桁落ちによる誤差を抑制できる。
打切り誤差	計算処理を途中で打ち切ることにより発生する誤差。例えば$\sqrt{2}$（1.414…）の値を求めるときは，計算値と真値の差がある一定の値内になったら計算を打ち切る。このとき発生する「真値−計算値」が打切り誤差。

こんな問題が出る！

桁落ちによる誤差の正しい説明

桁落ちによる誤差の説明として，適切なものはどれか。 ← 決め手はココ！

ア　値がほぼ等しい2つの数値の差を求めたとき，<u>有効桁数が減る</u>ことによって発生する誤差

イ　指定された有効桁数で演算結果を表すために，切捨て，切上げ，四捨五入などで下位の桁を削除することによって発生する誤差

ウ　絶対値が非常に大きな数値と小さな数値の加算や減算を行ったとき，小さい数値が計算結果に反映されないことによって発生する誤差

エ　無限級数で表される数値の計算処理を有限項で打ち切ったことによって発生する誤差

解答　ア

02 論理演算

出題ナビ

論理演算とは，いくつかの入力値（1, 0）に対して，1つの値（1または0）が得られる演算のことです。ここでは，基本論理演算における演算則（基本法則）を確認しましょう。また午前問題では，複雑な論理式を簡略化する能力が問われます。簡略化方法としては，演算則を適用しながら式を変形していくことが基本ですが，ここでは，カルノー図を用いた簡略化も押さえておきましょう。

論理演算

論理演算の法則 ——「ブール演算」ともいう

論理演算 は，1(真)と0(偽)の2つの値だけをとる演算です。基本論理演算には，論理和（OR：∨，＋），論理積（AND：∧，・），否定（NOT：¬，￣）があり，次の法則が成り立ちます。

結合法則	$(A∧B)∧C=A∧(B∧C)$ $(A∨B)∨C=A∨(B∨C)$	$(A・B)・C=A・(B・C)$ $(A+B)+C=A+(B+C)$
分配法則	$A∧(B∨C)=(A∧B)∨(A∧C)$ $A∨(B∧C)=(A∨B)∧(A∨C)$	$A・(B+C)=(A・B)+(A・C)$ $A+(B・C)=(A+B)・(A+C)$
ド・モルガンの法則	$¬(A∧B)=(¬A)∨(¬B)$ $¬(A∨B)=(¬A)∧(¬B)$	$\overline{A・B}=\overline{A}+\overline{B}$ $\overline{A+B}=\overline{A}・\overline{B}$
その他	$A∨A=A,\ A∨0=A$ $A∨1=1,\ A∨¬A=1$ $A∧A=A,\ A∧0=0$ $A∧1=A,\ A∧¬A=0$ $¬(¬A)=A$	$A+A=A,\ A+0=A$ $A+1=1,\ A+\overline{A}=1$ $A・A=A,\ A・0=0$ $A・1=A,\ A・\overline{A}=0$ $\overline{\overline{A}}=A$

論理式の簡略化 ——等価（同値）な論理式を求める

論理式を 簡略化 する方法には，上記の演算則を用いて簡略化を行う方法と，論理式を図的に表現したカルノー図を用いて簡略化を行う方法があります。

カルノー図を用いた簡略化では，例えば，論理式 $\overline{A}・B+A・\overline{B}+A・B$ を簡略化する場合，右ページのような図を用意し，論理式の各項に対応するマス(セル)に「1」，対応しないマスに「0」を付け，「1」が連続したマスをまとめます。ここで，「1」は真，「0」は偽という意味です。

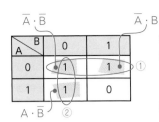

①の部分 ⇒「Aが偽」の部分，つまり $\overline{A}$
②の部分 ⇒「Bが偽」の部分，つまり $\overline{B}$

以上，論理式 $\overline{A}\cdot B + A\cdot\overline{B} + \overline{A}\cdot\overline{B}$ は，①と②の部分の和なので，$\overline{A}+\overline{B}$ と簡略化できます。

$$\overline{A}\cdot B + A\cdot\overline{B} + \overline{A}\cdot\overline{B} \quad \boxed{同値} \quad \overline{A}+\overline{B}$$

 こんな**問題**が**出る!**

結合法則が成立する論理演算

論理和（∨），論理積（∧），排他的論理和（⊕）の結合法則の成立に関する記述として，適切な組合せはどれか。

〳演算の順に関わらず結果が同じ

	$(A\lor B)\lor C$ $=A\lor(B\lor C)$	$(A\land B)\land C$ $=A\land(B\land C)$	$(A\oplus B)\oplus C$ $=A\oplus(B\oplus C)$
ア	必ずしも成立しない	成立する	成立する
イ	成立する	必ずしも成立しない	成立する
ウ	成立する	成立する	必ずしも成立しない
エ	成立する	成立する	成立する

解答　エ

コレも一緒に！ **覚えておこう**

●排他的論理和（XOR：⊕）

排他的論理和は，どちらか一方が0（偽）でもう一方が1（真）のときのみ1（真）となる演算。集合でいう対称差（下図の網掛部分）と同値。

AからBを除いた差集合
$A-B=A\cap\overline{B}$

BからAを除いた差集合
$B-A=B\cap\overline{A}$

AとBの対称差：
・$(A-B)\cup(B-A)$
・$(A\cup B)-(A\cap B)$

●否定排他的論理和（XNOR）

否定排他的論理和は排他的論理和の結果を否定したもの。2つの値(A，B)が等しいときのみ1（真）となるため，「A＝B（等価演算）」の評価ができる。

確率と確率分布

出題ナビ

確率は1つの事象の起こる可能性を数で表したものです。また、確率分布は確率変数がとる値と、その値をとる確率(実現確率)を表したものです。代表的なものに連続型の正規分布、指数分布、一様分布と、離散型の二項分布、ポアソン分布があります。ここでは、まず確率の基本定理を確認しましょう。次に、連続型確率分布の代表である正規分布について、その性質と利用方法を押さえましょう。

 確率の基本定理と正規分布

確率の基本定理

確率の基本定理には、次のものがあります。ここで、排反・独立・従属の意味は、次のとおりです。

・排反:「同時には起こらない」こと。
・独立:「ある事象の起こり方が、他の事象の起こり方に影響しない」こと。
・従属:「ある事象の起こり方が、他の事象の起こり方に影響する」こと。

加法定理	・事象AとBが互いに排反事象である場合:$P(A \cup B) = P(A) + P(B)$ ・事象AとBが互いに排反事象でない場合 ──AまたはBが起こる確率 　　　　　　　　　　　　　　　　　:$P(A \cup B) = P(A) + P(B) - P(A \cap B)$
乗法定理	・事象AとBが独立事象である場合:$P(A \cap B) = P(A) \times P(B)$ ・事象Bが事象Aの従属事象である場合:$P(A \cap B) = P(A) \times P_A(B)$ 　　AかつBが起こる確率　　　　　　Aが起きたときにBの起こる確率

例えば、2つのサイコロを振ったとき、「1つ目のサイコロが1の目を出す」という事象をA、「2つ目のサイコロが偶数の目を出す」という事象をBとし、この2つの事象A、Bがともに起こる確率を考えます。

それぞれの事象が起こる確率は、次のとおりです。

① 1つ目のサイコロが1の目を出す確率$P(A)$は、1/6

② 2つ目のサイコロが偶数の目を出す確率$P(B)$は、3/6 = 1/2

事象AとBは、その起こり方が互いに影響しない独立事象なので、確率の乗法定理により、この2つの事象がともに起こる確率は、1/6×1/2 = **1/12**となります。

正規分布

　　正規分布はガウス分布とも呼ばれる確率分布です。正規分布の形は平均と標準偏差によって決まるため，平均がμで，標準偏差がσである正規分布を$N(\mu, \sigma^2)$と表します。なかでも，平均が0で，標準偏差が1である正規分布を標準正規分布といい，これを$N(0, 1^2)$と表します。また，正規分布を表す曲線を確率密度関数といい，確率密度関数とX軸とで囲まれた部分の割合は，次のようになることが知られています。

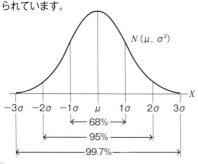

・$\mu \pm 1\sigma$の範囲に，
　全体の約68%が含まれる。

・$\mu \pm 2\sigma$の範囲に，
　全体の約95%が含まれる。

・$\mu \pm 3\sigma$の範囲に，
　全体の約99.7%が含まれる。

確認のための実践問題

　　受験者1,000人の4教科のテスト結果は表のとおりであり，いずれの教科の得点分布も正規分布に従っていたとする。90点以上の得点者が最も多かったと推定できる教科はどれか。

教科	平均点	標準偏差
A	45	18
B	60	15
C	70	8
D	75	5

　ア　A　　　　　イ　B　　　　　ウ　C　　　　　エ　D

解説　**（90－平均点)の値が標準偏差の何倍かで判断する**

　「(90－平均点)／標準偏差」の値が，例えば，2×標準偏差であれば，90点以上の得点者の割合は，(1－0.95)÷2＝0.025 (2.5%) です。また，3×標準偏差であれば，(1－0.997)÷2＝0.0015 (0.15%) です。つまり，「(90－平均点)／標準偏差」の値が小さいほど90点以上の得点者が多いことになります。

　各教科ごとに，「(90－平均点)／標準偏差」を計算すると，

　　教科A：(90－45)／18＝2.5　　　**教科B：(90－60)／15＝2.0**

　　教科C：(90－70)／8＝2.5　　　教科D：(90－75)／5＝3.0

となり，値が一番小さい教科Bが，90点以上の得点者が最も多いと推測できます。

解答　イ

待ち行列理論

出題ナビ　待ち行列のモデルには，窓口が1つのM/M/1と複数窓口のM/M/Sがあります。午前問題で出題されるのはM/M/1のみですが，午後問題ではM/M/Sも問われます。ただし難易度は低く，待ち行列モデルの基本であるM/M/1が理解できていれば解答できます。
　ここでは，待ち行列モデルの適用条件や，計算に必要な要素をしっかり押さえておきましょう。

M/M/1の待ち行列モデル

M/M/1の待ち行列モデルが適用される条件

　M/M/1待ち行列モデルは，正確にはM/M/1（∞）と表記され，次のような意味を持ちます。またこれは，M/M/1（∞）待ち行列モデルが正確に適用される条件を示しています。

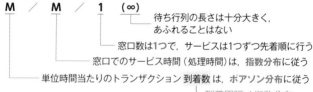

M　／　M　／　1　（∞）
　　　　　　　　　　　　└─ 待ち行列の長さは十分大きく，あふれることはない
　　　　　　　　　└─ 窓口数は1つで，サービスは1つずつ先着順に行う
　　　　　└─ 窓口でのサービス時間（処理時間）は，指数分布に従う
　　└─ 単位時間当たりのトランザクション到着数は，ポアソン分布に従う
　　　　　　　　　　　　　　　　└ 到着間隔は指数分布

待ち行列で用いる要素

　待ち行列モデルを適用するときには，次の要素が必要になります。

平均到着率	単位時間当たりに到着するトランザクション数。一般に，記号 λ（ラムダ）を用いる。
平均到着間隔	待ち行列に到着する時間間隔の平均。平均到着間隔＝1÷平均到着率＝1÷λ
平均サービス率	単位時間当たりにサービス可能なトランザクション数。一般に，記号 μ（ミュー）を用いる。
平均サービス時間	サービスを受ける時間の平均。平均サービス時間＝1÷平均サービス率＝1÷μ
利用率	単位時間当たりの窓口利用率。一般に，記号 ρ（ロー）を用いる。利用率＝平均到着率÷平均サービス率＝λ÷μ

平均待ち時間と平均応答時間

M/M/1の待ち行列モデルにおける<u>平均待ち時間</u>とは，待ち行列の系に到着して<u>からサービスを受けるまでの時間</u>です。また平均待ち時間にサービスを受ける時間を加えた時間を<u>平均応答時間</u>といいます。それぞれ次の算式で求めることができます。

$$平均待ち時間 = \frac{利用率（\rho）}{1－利用率（\rho）} \times 平均サービス時間$$

$$平均応答時間 = 平均待ち時間 + 平均サービス時間$$

こんな問題が出る!

問1 M/M/1の待ち行列の条件に反しないもの

多数のクライアントが，LANに接続された1台のプリンタを共同利用するときの印刷要求から印刷完了までの所要時間を，待ち行列理論を適用して見積もる場合について考える。プリンタの運用方法や利用状況に関する記述のうち，M/M/1の待ち行列モデルの条件 に反しないものはどれか。

決め手はココ!

ア 一部のクライアントは，プリンタの<u>空き具合を見ながら</u>印刷要求する。
イ 印刷の緊急性や印刷量の多少にかかわらず，<u>先着順</u> に印刷する。
ウ 印刷待ち文章の総量がプリンタの<u>バッファサイズを超える</u>ときは，一時的に受付を中断する。
エ 1つの印刷要求から印刷完了までの所要時間は，印刷の準備に要する一定時間と，印刷量に比例する時間の合計である。——平均応答時間

問2 平均待ち時間がT秒以上となる利用率

コンピュータによる伝票処理システムがある。このシステムは，伝票データをためる待ち行列をもち，M/M/1の待ち行列モデルが適用できるものとする。平均待ち時間がT秒以上となるのは，システムの利用率が少なくとも何%以上となったときか。ここで，伝票データをためる待ち行列の特徴は次のとおりである。

・伝票データは，ポアソン分布に従って到着する。

・伝票データをためる数に制限はない。

・1件の伝票データの処理時間は，平均T秒の指数分布に従う。

ア 33　　イ 50　　ウ 67　　エ 80　　～～ 平均サービス時間が
　　　　　　　　　　　　　　　　　　　　　T秒ということ

解説 **問2　次の不等式を満たす利用率ρを求める**

　伝票データの処理時間は，平均T秒の指数分布に従うので，平均サービス時間は
T秒です。したがって，平均待ち時間WがT秒以上となる利用率ρは，次の不等式
から求めることができます。

$$W=\frac{\rho}{1-\rho}\times T \geqq T \longrightarrow \frac{\rho}{1-\rho} \geqq 1 \longrightarrow \rho \geqq 1-\rho \longrightarrow \rho \geqq 0.5$$

解答　問1：イ　問2：イ

チャレンジ！午後問題

問　Z社は，利用者が希望する映画のタイトル，あらすじ，上映館，上映期間
などの映画情報を表示する情報提供サービスを行っており，平均待ち時間の
目標値を40ミリ秒以下としている。このサービスに使用する情報提供システ
ムの現在のシステム構成を図に示す。

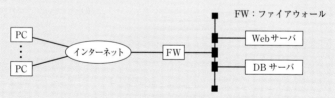

図　現在のシステム構成

　Webサーバとデータベースサーバ（以下，DBサーバという）を一体のシス
テムとして，現在のシステムの状況を調査したところ，1分当たりのアクセス
数は平均600件，1アクセス当たりの平均処理時間Tpは40ミリ秒であった。また，
アクセス頻度はおおむね a 分布に，処理時間はおおむね b 分布に従っ
ていたので，M/M/1の待ち行列モデルによって評価することにした。

（…途中，省略…）

設問1 現在のZ社の情報提供システムについて，本文中の a ， b に入れる適切な字句を答えよ。

設問2 現在のZ社の情報提供システムについて，(1)～(4)に答えよ。ただし，(1)は整数で答えよ。(2)～(4)は，小数第2位を四捨五入して小数第1位まで求めよ。

(1)平均到着時間間隔Tr（ミリ秒）を求めよ。
(2)利用率 ρ を求めよ。
(3)平均待ち時間Tw（ミリ秒）を求めよ。
(4)平均応答時間Ts（ミリ秒）を求めよ。

解説 設問1 到着分布はポアソン分布，サービス分布は指数分布

　単位時間当たりに到着するトランザクション数は**ポアソン分布**，1トランザクション当たりのサービス時間は**指数分布**に従うというのが，M/M/1の待ち行列モデル適用条件です。

解説 設問2 M/M/1の待ち行列モデルの要素を整理し，順に求める

・平均到着率 λ：1分当たりのアクセス数の平均が600件なので，
　　　　　　600［件／分］＝10［件／秒］＝0.01［件／ミリ秒］
・平均到着時間間隔（平均到着間隔）Tr：λ の逆数なので**100**［ミリ秒］
・平均サービス時間Tp：1アクセス当たりの平均処理時間は40［ミリ秒］
・平均サービス率 μ：Tpの逆数なので0.025［件／ミリ秒］
・利用率 ρ：$\lambda \div \mu$＝0.01÷0.025＝**0.4**

・平均待ち時間Tw：$\dfrac{\rho}{1-\rho} \times Tp = \dfrac{0.4}{0.6} \times 40 = \textbf{26.666}\cdots$［ミリ秒］

・平均応答時間Ts：Tw+Tp＝26.666…＋40＝**66.666**…［ミリ秒］

解答　設問1　a：ポアソン　b：指数
　　　設問2　(1)100［ミリ秒］　(2)0.4　(3)26.7［ミリ秒］　(4)66.7［ミリ秒］

形式言語とオートマトン

出題ナビ

形式言語とは，コンピュータを動作させるなど特定の目的のために作られた言語です。いくつかの形式言語がありますが，押さえておきたいのは文脈自由言語と正規言語です。例えば，試験に出題されているBNF，正規表現，有限オートマトンなどは，この2つに関わる事項です。ここでは，文脈自由文法とBNF，正規言語と有限オートマトンの基本事項を確認しておきましょう。

 ## 文脈自由言語とBNF

文脈自由文法

文脈自由言語を生成するための規則を，抽象化したものが文脈自由文法です。文脈自由文法は，「書換えを行うことができない終端記号の集合T，書換えを行う対象となる非終端記号の集合N，書換え（生成）規則の集合P，そして書換えを開始する最初の非終端記号となる（開始記号）S」によって，G＝（T，N，P，S）で定義されます。

 こんな問題が出る!

文法Gによる正しい導出（生成）

終端記号の集合T＝{0, 1}，非終端記号の集合N＝{A, B, C, S}，及び書換え規則の集合

P＝{S→ ε, S→0A, S→1B, A→0S, A→1C, B→1S, B→0C, C→1A,
　　C→0B}　　「イプシロン」と読む

を考える。ここで，εは空列を表す記号とする。G＝（T，N，P，S）で定義される文法Gによる導出として，正しいものはどれか。

ア　S⇒0A⇒00C⇒000A⇒0000S⇒0000　　　Aを0Cには書き換えられない

イ　S⇒0A⇒01C⇒011B⇒0111S⇒0111　　　Cを1Bには書き換えられない

ウ　S⇒1B⇒10C⇒101A⇒1010S⇒1010

エ　S⇒1B⇒10C⇒101A⇒1011S⇒1011　　　Aを1Sには書き換えられない

解答　ウ

BNF (Backus Naur Form) 表記

BNFは文脈自由文法を形式的に記述するための代表的な表記法です。BNFでは，例えば，1文字以上の英小文字からなる文字列を次のように再帰的に定義します。

<文字列>::=<英小文字> | <文字列><英小文字>
<英小文字>::=a | b | c | … | x | y | z

こんな問題が出る！

正しいBNF定義

あるプログラム言語において，識別子 (identifier)は，先頭が英字 で始まり，それ以降に 任意個の英数字が続く 文字列である。これをBNFで定義したとき，a に入るものはどれか。　←英字または数字が0個以上続く

" | " は，OR (または)の意味

<digit>::=0 | 1 | 2 | 3 | 4 | 5 | 6 | 7 | 8 | 9
<letter>::=A | B | C | … | X | Y | Z | a | b | c | … | x | y | z
<identifier>::= a

ア <letter> | <digit> | <identifier><letter> | <identifier><digit>
イ <letter> | <digit> | <letter><identifier> | <identifier><digit>
ウ <letter> | <identifier><digit>
エ <letter> | <identifier><digit> | <identifier><letter>

解説　構文図から<identifier>の定義を導き出す

<identifier>を解釈・評価する構文図は，次のとおりです。

先頭が英字　　　　　　　ここを通過するたび<identifier>と評価

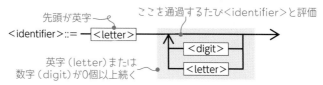

英字 (letter)または
数字 (digit)が0個以上続く

この構文図から<identifier>の定義は，次のようになります。

<identifier>::
=<letter> | <identifier> <digit> | <identifier> <letter>

解答　エ

正規言語と有限オートマトン

正規表現 ┌「正規式」ともいう

　正規表現 は，字句記号の定義や探索記号列の定義などに用いられるパターン定義法です。

　例えば，正規表現(0|1)* は0と1の任意の列(空列εを含む)の集合を表し，(1|10)* は0と1の列で，1で始まり2つ連続した0を含まない列と，空列 ε からなる集合を表します。ここで，"|" は「または (OR)」を表し，"*" は直前の正規表現の0回以上の繰返しを表します。

正規言語と有限オートマトン

　正規表現が表す**正規言語**を認識するのに利用されるのが，**有限オートマトン**(FA：Finite Automaton) です。つまり，正規表現で表される集合と，有限オートマトンで受理される集合は一致します。有限オートマトンは，現在の状態と入力記号の2つによって，次の状態が一意的に決まるという数学的な "振る舞いモデル" です。

　なお，オートマトンにもいろいろあります。例えば，先述した文脈自由言語は，有限オートマトンにスタックを付加した**プッシュダウンオートマトン** (PDA：PushDown Automaton) が認識します。PDAは，入力記号とスタック最上位記号，そして現在の状態によって次の状態が決まるモデルです。

こんな問題が出る！

問1　受理される入力列

　次に示す有限オートマトンが受理する入力列はどれか。ここで，S_1は初期状態を，**S_3は受理状態** を表している。～～S_3で終了すれば(最後の入力語でS_3に遷移すれば)受理される

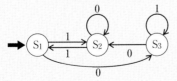

　ア　1011　　　　　イ　1100　　　　　ウ　1101　　　　　エ　1110

問2　受理される文の集合（言語）を表現したもの

次の有限オートマトンが受理する文全体を正規表現で表したものはどれか。

正規表現に用いるメタ記号は，次のとおりとする。

$r_1 \mid r_2$ ：正規表現r_1または正規表現r_2

$(r)*$ ：正規表現rの0回以上の繰返し

空列εを含む表現

ア　$(010)*1$　　イ　$(01 \mid 101)*$　　ウ　$(0 \mid 10)*1$　　エ　$(1 \mid 01)*$

解説　**問2　次の手順で求める**

1. 受理状態で終了する条件を考える

受理状態で終了するには，最後の一歩手前の入力で初期状態に遷移し，最後の入力が1でなければなりません。このことから，空列εを含む表現となっている選択肢イとエが消去できます（空列εのとき初期状態で終了するため）。

2. 残りの選択肢アとウを吟味する

選択肢アの正規表現は，受理されるべき入力列，例えば01を表現できていません。選択肢ウは最後の入力の一歩手前で必ず初期状態になり，最後の入力が1です。したがって，ウが正解です。

解答　問1：ウ　問2：ウ

コレも一緒に！　覚えておこう

●正規表現の集合和（問2）

受理される文（列）の集合は，「初期状態 $\overset{0}{\to}$ 初期状態」を0回以上繰り返した後，受理状態に遷移する$(0)*1$と，「初期状態 $\overset{1}{\to}$ 受理状態 $\overset{0}{\to}$ 初期状態」を0回以上繰り返した後，受理状態に遷移する$(10)*1$の和。

つまり，$((0)*1) \cup ((10)*1)$なので，$(0)*1 \mid (10)*1$と表すことができ，これは$((0) \mid (10))*1 = (0 \mid 10)*1$と整理できる。

コンパイラ理論

コンパイラは，C，C++，Javaといった高水準言語で記述された
ソースプログラムを機械語の目的プログラムに変換するソフトウェ
アです。ソースプログラムは，コンパイラにより，何段階かの処理
を経た後，機械語の命令列に変換されます。ここでは，コンパイラ
が行う処理（コンパイルの処理過程）を確認し，またコンパイルに
関わる事項として後置表記法も確認しておきましょう。

コンパイル

コンパイルの処理過程

1. 字句解析　プログラム（文字の列）を，字句規則にもとづいて検査し，字句の切出
しを行う。

2. 構文解析　字句解析が出力する字句を読み込みながら，構文規則に従って構文木を
生成し，その字句の列が文法で許されているかどうかを解析する。

3. 意味解析　変数の宣言と使用との対応付けや，演算におけるデータ型の整合性チェッ
クを行う。そして，後続の最適化処理を行いやすくするため，別の表現
に直す（中間コードの生成）。中間コードには，3つ組，4つ組，そして後
置表記法にもとづいた後置コードがある。

4. 最適化　プログラム実行時間やオブジェクトコードの所要記憶容量が少なくなる
よう，プログラム変換（再編成）を行う。
・レジスタへの変数割付け
・ループ内不変式の移動
・関数のインライン展開
・定数の畳込み（x＝1＋2はx＝3に置き換える）など

5. コード生成　目的プログラムとして出力するコードを生成する。

後置表記法（逆ポーランド表記法）

後置表記法（逆ポーランド表記法）は，演算子を，演算対象である2つのオペラ
ンドの後に記述する表記法です。例えば，演算式a＋b＋cは，ab＋c＋と表現され，
これはaとbを加算し，その結果とcを加算することを表します。

テクノロジ系 基礎理論

演算式a+b+cを後置表記ab+c+に変換する方法の1つに，構文木の利用があります。演算式a+b+cを下図の構文木に書き換え，深さ優先探索の後行順（p.38）に走査することで，後置表記ab+c+が得られます。

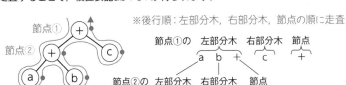

※後行順：左部分木，右部分木，節点の順に走査

節点①の　左部分木　右部分木　節点
　　　　　　a　b　　+　　c　　+
節点②の　左部分木　右部分木　節点

こんな問題が出る！

正しい後置（逆ポーランド）表記

後置表記法（逆ポーランド表記法）では，例えば，式Y＝（A−B）×Cを YAB−C×＝と表現する。次の式を後置表記法で表現したものはどれか。

$$Y = (A+B) \times (C - (D \div E))$$

ア　YAB+C−DE÷×＝　　　　イ　YAB+CDE÷−×＝

ウ　YAB+EDC÷−×＝　　　　エ　YBA+CD−E÷×＝

解説 式を構文木に書き換え，後行順に走査する

1. "Y＝"を除いた式（A+B）×（C−（D÷E））の演算順序を考える

① AとBを加算する　（A+B）

② DをEで除算する　（D÷E）

③ Cから②の除算結果を減算する　（C−（D÷E））

④ ①の加算結果と③の減算結果を乗算する　（A+B）×（C−（D÷E））

2. 上で求めた演算順序に従って構文木を作成し，後行順に走査した結果にYと＝を付ける

後行順に
走査
→ AB+CDE÷−×

先頭にY,
末尾に＝を付ける

YAB+CDE÷−×＝

解答　イ

基礎理論 ……………………………………………

符号理論

出題ナビ

符号理論とは，情報（文字，画像，音声など）を符号化して情報伝送を行う際の効率性と信頼性についての理論です。

ここでは，情報源から発せられた情報に，誤り検出や誤り訂正能力を持たせる**通信路符号化**の代表的な方式（ハミング符号，CRCなど）と，元の情報を圧縮する**情報源符号化**の代表的な方式（ハフマン符号，ランレングス符号）を確認しておきましょう。

通信路符号化

誤り検出・訂正方式

データに冗長ビットを付加することで，誤り検出や誤り訂正機能を持たせる代表的な符号化方式には，次の3つがあります。

ハミング符号方式	情報ビット（データ）に冗長ビットを付加することで，誤り検出と訂正を行う方式。具体的には，4ビットのデータに対して3ビットの冗長ビットを付加すれば，2ビットの誤り検出と1ビットの誤り訂正が可能。
CRC方式（巡回冗長検査）	送信するビット列を**生成多項式**で割った余りを，検査用としてビット列に付加して送信し，受信側では，受信したビット列が同じ生成多項式で割り切れるか否かで誤りを判断する方式。連続する誤り（バースト誤り）の検出に適しているが，CRC符号自体は誤り検出のみでビットの誤り訂正はできない。
パリティチェック	**奇偶検査**とも呼ばれ，ビット列に対して誤り検出用のパリティビットを付加する方式。奇数パリティ，偶数パリティ，**垂直水平パリティ**がある。 ╮1ビットの誤り検出と訂正ができる ╯

こんな**問題が出る!**

問1 CRCに関する正しい記述

誤り検出方式であるCRCに関する記述として，適切なものはどれか。

ア　検査用のデータは，検査対象のデータを生成多項式で処理して得られる1ビットの値である。

イ 受信側では，付加されてきた検査用のデータで検査対象のデータを割り，余りがなければ送信が正しかったと判断する。

ウ 送信側では，生成多項式を用いて検査対象のデータから検査用のデータを作り，これを検査対象のデータに付けて送信する。

エ 送信側と受信側では，異なる生成多項式が用いられる。

問2 誤りビットを訂正したハミング符号を求める

ハミング符号とは，データに冗長ビットを付加して，1ビットの誤りを訂正できるようにしたものである。ここでは，X_1，X_2，X_3，X_4の4ビットから成るデータに，3ビットの冗長ビットP_3，P_2，P_1を付加したハミング符号X_1 X_2 X_3 P_3 X_4 P_2 P_1を考える。付加ビットP_1，P_2，P_3は，それぞれ

$$X_1 \oplus X_3 \oplus X_4 \oplus P_1 = 0$$
$$X_1 \oplus X_2 \oplus X_4 \oplus P_2 = 0$$
$$X_1 \oplus X_2 \oplus X_3 \oplus P_3 = 0$$

となるように決める。ここで，$\oplus$は排他的論理和を表す。

ハミング符号1110011には1ビットの誤りが存在する。誤りビットを訂正したハミング符号はどれか。

ア 0110011 イ 1010011 ウ 1100011 エ 1110111

解説 **問2 ハミング符号の各ビットを3つの式に当てはめて誤りを検証する**

1ビットの誤りが存在するハミング符号1110011の各ビットを3つの式に当てはめると，次のようになります。

$$X_1 \oplus X_3 \oplus X_4 \oplus P_1 = 1 \oplus 1 \oplus 0 \oplus 1 = 1$$
$$X_1 \oplus X_2 \oplus X_4 \oplus P_2 = 1 \oplus 1 \oplus 0 \oplus 1 = 1$$
$$X_1 \oplus X_2 \oplus X_3 \oplus P_3 = 1 \oplus 1 \oplus 1 \oplus 0 = 1$$

1になった式に共通して含まれるビットが誤りビット

誤りがなければ式の値は0になりますが，上の3つの式の値はすべて1になっています。つまり，3つの式に共通に含まれるビットX_1が誤りビットです。したがって，訂正したハミング符号はX_1を1から0に訂正した0110011になります。

1ビットの誤りが存在するハミング符号

誤りビット

X_1	X_2	X_3	P_3	X_4	P_2	P_1
1	1	1	0	1	1	1

解答 問1：ウ 問2：ア

情報源符号化

圧縮法

ハフマン符号化	文字列を構成する，文字の出現率が一様ではない（出現頻度が異なる）点に注目し，出現率の高い文字ほど短い符号語を対応させることで，1文字当たりの平均ビット長を最小とする方式。
ランレングス符号化	文字列中で同じ文字が繰り返される場合，繰返し部分をその反復回数と文字の組に置換えて文字列を短くする方式。文字列だけでなく2値（0，1）画像の符号化にも用いられる。

ランレングス符号化にはいろいろな方式があるため，特に午後問題では問題文に示された条件を理解することが重要になります。なお問われるのは，圧縮の手順（アルゴリズム）と圧縮率です。

〔ランレングス符号化（16進データ列の圧縮）例〕

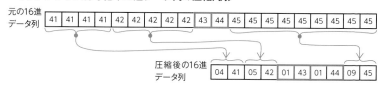

こんな問題が出る！

ビット列の長さが最も短くなるもの

a，b，c，dの4文字からなるメッセージを符号化してビット列にする方法として表のア〜エの4通りを考えた。この表はa，b，c，dの各1文字を符号化するときのビット列を表している。メッセージ中でのa，b，c，dの出現頻度は，それぞれ50%，30%，10%，10%であることが分かっている。符号化されたビット列から元のメッセージが一意に復号可能であって，ビット列の平均長が最も短くなるものはどれか。

「出現頻度」，「ビット列平均長」とくればハフマン！

	a	b	c	d
ア	0	1	00	11
イ	0	01	10	11
ウ	0	10	110	111
エ	00	01	10	11

解説 **一意に復元可能か？ 可能な場合はその平均ビット長を求める**

ア：符号化されたビット列が "11" である場合，"bb" であるか "d" であるか判断できないので，一意に復号不可能です。

イ：符号化されたビット列が "0110" である場合，"bc" であるか "ada" であるか判断できないので，一意に復号不可能です。

ウ：一意に復号可能で，1文字当たりの平均ビット長は，

　　1ビット×0.5＋2ビット×0.3＋3ビット×0.1＋3ビット×0.1＝**1.7**ビットです。

エ：一意に復号可能で，1文字当たりのビット長は2ビットです。

解答　ウ

コレも一緒に！ **覚えておこう**

●ハフマン符号の特徴

　　各文字に対応するビット列（符号語）に同じものはなく，どの文字のビット列と組み合わせても，他の文字のビット列と同じにはならない（一意に復号可能）。

●ハフマン符号化の手順

① 文字の種類を木構造の葉とし，葉だけからなる木を作る。各々の木の重みは文字の種類の出現頻度（出現率）とする。

② 木の重みの大きい順に，木を並べ替える。

③ 並べ替えの結果，重み最小の木を2つ選んで，両者を子に持つ木を作る。

④ ②と③の操作を1つの木になるまで繰り返す。

⑤ 作成された木（ハフマン木）に対し，根から順に左右の枝に0，1を割り振る。

⑥ 根から葉までをたどり，枝に割り振られた0，1を順に並べる（符号語の作成）。

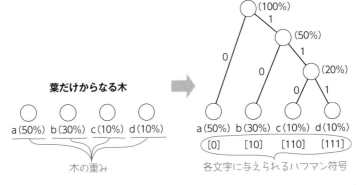

アナログ信号のディジタル化

出題ナビ

音声などのアナログ信号をディジタル信号に符号化することを, ディジタル化といいます。ディジタル化は, 標本化→量子化→符号化の順で行いますが, 元のアナログ信号をより忠実に復元するためにはアナログ信号の上限周波数の2倍以上の周波数で標本化する必要があります(標本化定理)。ここではディジタル化技術であるパルス符号変調(PCM)と, DPCM, ADPCMを確認しておきましょう。

アナログ信号のディジタル化

パルス符号変調(PCM) ——「Pulse Code Modulation」の略

パルス符号変調(PCM)は, アナログ信号をディジタル信号に符号化する最も一般的な方式です。

1. 標本化
アナログ信号の波形を一定の周期でサンプリングする。

2. 量子化
サンプリングしたアナログ値をディジタル値に変換する。アナログ値を何段階の数値で表現するかを示す値を量子化ビット数という。例えば, 量子化ビット数が8ビットであれば, 256($=2^8$)段階, つまり0〜255の数値に変換する。

3. 符号化
量子化で得られたディジタル値を2進符号に変換し, 符号化ビット列を得る。例えば, 180は10110100, 165は10100101と符号化される。

PCMを改良した方式

PCMを改良した方式にDPCMとADPCMがあります。特徴は, 次のとおりです。

DPCM (差分PCM)	Differential Pulse Code Modulationの略。直前の標本との差分を量子化することでデータ量を削減する方式。
ADPCM (適応的差分PCM)	Adaptive Differential Pulse Code Modulationの略。DPCMをさらに改良し, 標本の差分を表現するビット数をその変動幅に応じて適応的に変化させる方式。PCMに比べて1/4程度に圧縮できる。

こんな**問題**が**出る!**

問1 標本化定理により求められるサンプリング周波数

0〜20kHzの帯域幅のオーディオ信号をディジタル信号に変換するのに必要な最大のサンプリング周期を 標本化定理 によって求めると，何マイクロ秒か。

ア　2.5　　　　イ　5　　　　　ウ　25　　　　エ　50

問2 音声信号を伝送する最小限必要な回線速度

アナログの音声信号をディジタル符号に変換する方法として，パルス符号変調（PCM）がある。サンプリングの周波数は，音声信号の上限周波数の2倍が必要とされている。4kHzまでの音声信号を8ビットで符号化するとき，ディジタル化された音声信号を圧縮せずに伝送するために最小限必要な回線速度は何kビット／秒か。

ア　16　　　　イ　32　　　　　ウ　64　　　　エ　128

解説 問1 サンプリング周期は上限周波数の2倍

帯域幅が0〜20kHzなので，サンプリング周波数は**20kHz×2**＝40kHzとなり，1秒間に$40×10^3$回のサンプリングが行われます。つまり，サンプリング周期（サンプリング間隔）は，

$$1／（40×10^3）秒 ＝ 25×10^{-6} 秒 ＝ 25マイクロ秒$$

解説 問2 必要回線速度は「上限周波数×2×量子化ビット数」

音声信号の上限周波数が4kHzなので，サンプリング周波数は4kHz×2＝8kHzとなり，1秒間に$8×10^3$回のサンプリングが行われます。また1回のサンプリングで得られた音声信号（アナログ信号）を 8ビット で符号化するので，1秒間に生成されるディジタル信号は，$8×10^3×8＝64×10^3$＝64kビットです。この1秒間に生成される64kビットを圧縮しないでそのまま伝送するので，回線速度は最低でも64kビット／秒必要です。

必要回線速度 ＝ 標本化周波数（サンプリング周波数）×量子化ビット数
**　　　　　　 ＝ 上限周波数 × 2 × 量子化ビット数**

解答　問1：ウ　問2：ウ

09 AI（人工知能）

出題ナビ

　AI（Artificial Intelligence：人工知能）は，人間の"知能"を実現させるための技術です。「大量のデータ」と，「データを解析し，その結果からタスク（判別，分類，予測など）を実行する方法を学習できるアルゴリズム」を使ってコンピュータをトレーニングします。
　ここでは，AIを実現するための機械学習と，機械学習をさらに発展させたディープラーニングを押さえておきましょう。

 機械学習

機械学習とは

　機械学習はコンピュータを教育する方法の総称です。次の3つの学習手法があります。

教師あり学習	**"入力と出力の関係"を学習** 入力と正解がセットになったトレーニングデータを与え，未知のデータに対して正解を導き出せるようトレーニングする。主なタスクは次のとおり。 ・過去の実績から未来を予測する回帰 　→代表的なアルゴリズム：線形回帰，ベイズ線形回帰など ・与えられたデータの分類・判別 　→代表的なアルゴリズム：ロジスティック曲線，決定木など
教師なし学習	**"データの構造・パターン"を学習** 膨大な入力データを与え，コンピュータ自身にデータの特徴や規則を発見させる。主なタスクは次のとおり。 ・類似性をもとにデータをグループ化するクラスタリング ・データの意味をできるだけ残しながら，より少ない次元の情報に落とし込む次元削減（例えば，データの圧縮，データの可視化など） 　→代表的なアルゴリズム：主成分分析など
強化学習	**試行錯誤を通じて，"価値を最大化する行動"を学習** この学習手法には，「環境，エージェント（学習者），行動」という3つの主な構成要素があり，ある環境内におけるエージェントに，どの行動を取れば価値（報酬）が最大化できるかを学習させる。"環境"に使用される最も基本的なモデルは，マルコフ決定過程という確率モデル。これを用いて最終的に最も高い価値（報酬）が得られる状態遷移シーケンスを見つける。用途としては，将棋や碁などのソフトウェア，株の売買などがある。

こんな**問題**が**出る！**

教師なし学習で用いられる手法

AIの機械学習における 教師なし学習 で用いられる手法として，最も適切なものはどれか。

ア　幾つかのグループに分かれている既存データ間に分離境界を定め，新たなデータがどのグループに属するかはその分離境界によって判別するパターン認識手法
　　　　　　　　　　　　　　　└─教師あり学習
イ　数式で解を求めることが難しい場合に，乱数を使って疑似データを作り，数値計算をすることによって解を推定するモンテカルロ法／─強化学習
ウ　データ同士の類似度を定義し，その定義した類似度に従って似たもの同士は同じグループに入るようにデータをグループ化するクラスタリング
エ　プロットされた時系列データに対して，曲線の当てはめを行い，得られた近似曲線によってデータの補完や未来予測を行う回帰分析
　　　　　　　　　　　　　　　　　　　└─教師あり学習

解答　ウ

コレも一緒に！　**覚えておこう**

●モンテカルロ法（選択肢イ）

モンテカルロ法とは，乱数を応用して，求める解や法則性の近似を得る手法。午前問題では，円周率 π の近似値をモンテカルロ法により求める方法が問われる。次の手順を押さえておこう。

① 1×1の正方形の中に半径1の四分円を描く。
② 区間 [0，1] 上の一様乱数の対を点(x，y)とし，その座標位置に打点する。この作業を多数回行う。
③ 打点した点の総個数をN，四分円の円周上およびその内部にある点の個数をaとすると，(4×a)／Nが円周率 π の近似値になる。

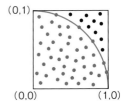

〔補足〕

モンテカルロ法は，確率を伴わない問題を確率問題に置き換えて解決する方法として考案された手法であるが，現在では様々な分野に応用されている。強化学習においては，状態価値や行動価値の推定に用いられている。

ディープラーニング（深層学習）

ニューラルネットワーク

ディープラーニングでは，人間の脳の神経回路網を模した**ニューラルネットワーク**が用いられます。ニューラルネットワークとは，脳の神経細胞（ニューロンという）を数理モデル化した形式ニューロンをいくつか並列に組合せた**入力層**と，出力を束ねる**出力層**の間に，隠れ層と呼ばれる**中間層**をもたせた数理モデルです。

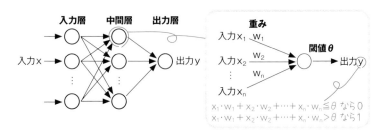

最適な重みに調整するためのアルゴリズムに，
誤差逆伝播法（**バックプロパゲーション**）が使われる

このネットワークに大量の学習用データを与え，出力と正解（目標値）の誤差が最小になるように信号線の重みを**自動調整**し，入力に対する最適な解が出せるようにします。

ほぼ毎回，正解が出せるようになるまで，すなわちニューロンの入力に対する重みが最適化されるまでの学習段階を経て，ニューラルネットワークは正解にたどり着くためのルール（例えば，犬か猫かを区別するための目の付けどころ）が独習できるようになります。また，これは，学習用データが多ければ多いほど精度が高くなります。

ディープラーニング（深層学習）

入力層と出力層の間に複数の中間層を持つものをディープニューラルネットワーク（DNN：Deep Neural Network）といいます。**ディープラーニング（深層学習）**は，これを利用して，膨大なデータを処理することで，複雑な判断ができるようトレーニングを行うというものです。

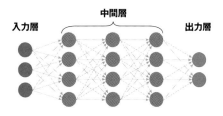

その他のニューラルネットワーク

　ディープニューラルネットワーク（DNN）は，最も広く利用されている深層学習モデルです。その他，次の2つのモデルも押さえておきましょう。

畳み込みニューラルネットワーク（CNN）	画像認識で広く使われているモデル。自動運転，監視カメラなど，様々な分野で活用されている。
再帰型ニューラルネットワーク（RNN）	時系列データを扱えるようにしたモデル。文脈を考慮できるモデルなので，機械翻訳や音声認識にも使われている。

こんな問題が出る！

ディープラーニングの正しい説明

　AIにおけるディープラーニングに関する記述として，最も適切なものはどれか。

——決め手はココ！

ア　あるデータから結果を求める処理を，人間の脳神経回路のように多層の処理を重ねることによって，複雑な判断をできるようにする。

イ　大量のデータからまだ知られていない新たな規則や仮説を発見するために，想定値から大きく外れている例外事項を取り除きながら分析を繰り返す手法である。

ウ　多様なデータや大量のデータに対して，三段論法，統計的手法やパターン認識手法を組み合わせることによって，高度なデータ分析を行う手法である。

エ　知識がルールに従って表現されており，演繹手法を利用した推論によって有意な結論を導く手法である。

└——一般的かつ普遍的な事実（ルール）を前提に，そこから結論を導き出す方法

解答　ア

コレも一緒に！　覚えておこう

●知識ベース（選択肢エ）

　選択肢エは，エキスパートシステムの知識ベースに関する説明。知識ベースとは，様々な事象の事実や常識，人間の知識や経験則を「もし～ならば…」という形式で蓄積した特殊なデータベース。エキスパートシステムは，知識ベースと推論エンジンから構成されるシステム。

　なお，選択肢イ，ウはデータマイニング（p.181）に利用される手法。

データ構造 (リスト)

出題ナビ

　　　同じ種類のデータが1列に並んだものを列といい, 列を表現できる主なデータ構造に配列とリストがあります。リストは配列に比べて, 任意の要素への参照は必ずしも高速ではありませんが, 追加・削除を得意とするデータ構造です。ここでは, 試験での出題が多いリストを押さえましょう。リストの種類を確認し, またリストへの要素の挿入や削除をどのように行うのか理解しておきましょう。

リスト

リストの種類　　　○「ノード」ともいう

　　　リストは, 各要素をポインタでつないだデータ構造です。各要素に, ポインタをどのように持たせるかで, 次の3つに分けられます。

単方向リスト	各要素が, 次の要素へのポインタを持つ 10 ●→ 20 ●→ 30 ●→ 40
双方向リスト	各要素が, 前と後ろの要素へのポインタを持つ 10 ● ⇄ 20 ● ⇄ 30 ● ⇄ 40
循環リスト	最後尾の要素が, 先頭要素へのポインタを持つ 10 ●→ 20 ●→ 30 ●→ 40 →

※表中の●はポインタ

単方向リストへの挿入と削除

　　　配列の場合, 要素の追加や削除を行う際には, 当該位置以降の要素を1つずつ後ろ (あるいは前) にずらす必要があります。一方, リストでは, ポインタの値を変更するだけで簡単に行えます。例えば, 上の単方向リストの要素20と30の間に25を挿入する場合, および要素20を削除する場合は, 次のとおりです。

〔**要素25の挿入**〕

②要素20のポインタ部に, 追加要素 (要素25) のアドレスを設定

① 追加要素 (要素25) のポインタ部に, 要素20のポインタ部の値を設定

〔**要素20の削除**〕

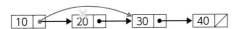

直前要素（要素10）のポインタ部に，削除要素のポインタ部の値を設定

確認のための実践問題

　先頭ポインタと末尾ポインタをもち，多くのデータがポインタでつながった単方向の線形リストの処理のうち，先頭ポインタ，末尾ポインタ又は各データのポインタをたどる回数が最も多いものはどれか。ここで，単方向のリストは先頭ポインタからつながっているものとし，追加するデータはポインタをたどらなくても参照できるものとする。

ア　先頭にデータを追加する処理　　　イ　先頭のデータを削除する処理
ウ　末尾にデータを追加する処理　　　エ　末尾のデータを削除する処理

解説　**次の図をもとに，各選択肢の処理を検証する**

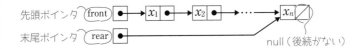

ア：**先頭にデータを追加する**場合，追加データのポインタ部にfrontの値（つまりx_1のアドレス）を設定し，frontに追加データのアドレスを設定します。したがって，ポインタをたどる回数は**0回**です。

イ：**先頭のデータを削除する**場合，frontから先頭データ（x_1）をたどり，x_1のポインタ部の値（つまりx_2のアドレス）をfrontに設定します。したがって，ポインタをたどる回数は**1回**です。

ウ：**末尾にデータを追加する**場合，rearから末尾データ（x_n）をたどり，x_nのポインタ部に追加データのアドレスを設定し，またrearにも追加データのアドレスを設定します。したがって，ポインタをたどる回数は**1回**です。

エ：**末尾のデータを削除する**場合，frontから順に$x_1 \rightarrow x_2 \rightarrow \cdots \rightarrow x_{n-1}$とたどり，$x_{n-1}$のポインタ部にnullを設定します。また，rearにはx_{n-1}のアドレスを設定します。したがって，**ポインタをたどる回数はデータ数とほぼ等しく**，データ数が多いほどポインタをたどる回数が多くなります。

解答　エ

データ構造（スタックとキュー）

出題ナビ　配列やリストは，列（同じ種類のデータが1列に並んだもの）に対して，任意の位置にある要素の「参照・追加・削除」が可能です。しかし，アルゴリズムによっては，操作の種類や，操作対象となる要素の位置を限定したデータ構造の方が，より効率的な処理を行える場合があります。その代表が，操作対象位置を限定したスタックとキューです。ここでは，それぞれの特徴を確認しましょう。

スタックとキュー

スタック

スタックは，最後に格納したデータを最初に取り出す後入れ先出し（LIFO）の処理に適したデータ構造です。スタックに対してデータを格納する操作をプッシュ（push），スタックからデータを取り出す操作をポップ（pop）といい，これらの操作は常にスタックの最上段で行われます。

スタックは，配列あるいはリストを用いて実現できるデータ構造です。様々なアルゴリズムで利用されています。その代表例は，次のとおりです。

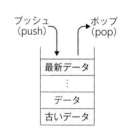

〔**スタックの利用例**〕————「サブルーチン」や「関数」のこと

・手続の呼び出しの実現（呼び出し側の手続に関する情報をいったん退避しておき，呼び出した手続の実行が終わった時点でそれを元に戻す）
・2分木における深さ優先探索（p.38）
・逆ポーランド表記（後置表記）で表された式の評価

キュー

キュー（待ち行列）は，最初に格納したデータを最初に取り出す先入れ先出し（FIFO）の処理に適したデータ構造です。キューに対するデータの格納は，常に一方の端でエンキュー（enqueue）操作で行い，取り出しは他方の端でデキュー（dequeue）操作で行います。

エンキュー（enqueue） デキュー（dequeue）

最新データ	データ	…	古いデータ

〔キューの利用例〕

キューもよく使われるデータ構造です。その1つにリングバッファがあります。リングバッファは，あたかもリング状に繋がっているかのように使用することができるバッファです。

「環状バッファ」ともいう

午後問題でリングバッファが出題される際は，必ず，データの格納位置や取出し位置の算出方法が問われます。これらの計算には，<u>mod（余りを求める演算子）</u>が用いられることを押さえておきましょう。

では具体的に説明します。例えば，配列（この場合，要素数8）を用意して，次々と発生するデータを順次格納し，格納されたデータを順に取り出して処理する場合，データ格納位置を示す変数xの値と，格納されたデータの取出し位置を示す変数yの値を「0，1，2，… 6，7，0，1，2，…」と循環させる必要があります。そこで，変数xの値を「$x=(x+1) \bmod 8$」，変数yの値を「$y=(y+1) \bmod 8$」で求めます。

これによって，x，yの値が7未満（0～6）のときは1つ進め，7であれば0に戻すことができます。

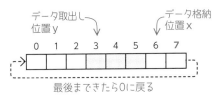

データ取出し位置 y　データ格納位置 x

0　1　2　3　4　5　6　7

最後まできたら0に戻る

こんな問題が出る！

再帰的な処理を実現するための記憶管理方式

再帰的な処理を実現するためには，再帰的に呼び出したときのレジスタ及びメモリの内容を保存しておく必要がある。そのための記憶管理方式はどれか。

再帰的処理ときたら「スタック」

ア FIFO　　　イ LFU　　　ウ LIFO　　　エ LRU

解答　ウ

コレも一緒に！ 覚えておこう

●スタックポインタ

呼び出し側の手続に関する情報（戻り番地やメモリの内容など）を退避する領域をスタック領域といい，この領域の番地を保持するのがスタックポインタ。スタック領域への退避は，スタックポインタを使ってPUSH操作で行われる。

データ構造（木構造）

出題ナビ

木構造は，多くのアルゴリズムで使われているデータ構造です。ここでは，木構造の代表である**2分木**（1つの節点から出る枝が最大でも2本である木）の走査方法や，2分木に，ある制約を持たせた**2分探索木**，さらに，葉以外の節はすべて2つの子を持ち，根から葉までの深さがすべて等しい**完全2分木**など，試験での出題が多い重要事項を確認しておきましょう。

2分木と2分探索木

2分木の走査アルゴリズム ——「節」，「ノード」ともいう

　2分木のすべての節点を，1つずつ調べる（走査する）アルゴリズムとして，深さ優先探索と幅優先探索があります。

深さ優先探索 （**深さ優先順**）	節点に隣接する子のうち1つを選び訪問する。この操作を繰り返し行い，訪れる子がなくなったら1つ前の節点（親）に戻って，まだ訪れていない子を訪れる。この操作には一般に**スタック**あるいは**再帰呼び出し**を使用。 ・行きがけ順（先行順）：節点，左部分木，右部分木の順に探索 ・通りがけ順（中間順）：左部分木，節点，右部分木の順に探索 ・帰りがけ順（後行順）：左部分木，右部分木，節点の順に探索
幅優先探索 （**幅優先順**）	深さの小さい節点から，同じ深さでは左から右の順に訪れる。この操作には一般に**キュー**を使用。

〔深さ優先探索の例〕

　右図の2分木における深さ優先探索は，次のとおりです。

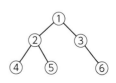

節点　左部分木　　右部分木
・行きがけ順（先行順）：1, 2, 4, 5, 3, 6

　　　　　　節点　左部分木　右部分木
・通りがけ順（中間順）：4, 2, 5, 1, 3, 6

・帰りがけ順（後行順）：4, 5, 2, 6, 3, 1

〔幅優先探索の例〕

　幅優先順：1, 2, 3, 4, 5, 6

こんな問題が出る！

配列に表現した2分木の走査

配列A[1]，A[2]，…，A[n]で，A[1]を根とし，A[i]の左側の子をA[2i]，右側の子をA[2i+1]とみなすことによって，2分木を表現する。このとき，配列を先頭から順に調べていくことは，2分木の探索のどれに当たるか。

ア　行きがけ順（先行順）深さ優先探索　　イ　帰りがけ順（後行順）深さ優先探索
ウ　通りがけ順（中間順）深さ優先探索　　エ　幅優先探索

左ページの2分木を配列Aで表現すると[1, 2, 3, 4, 5, 6]となる

解答　エ

2分探索木

　2分探索木は，どの節点Nから見ても，その左部分木（左側の子孫）のデータすべてがNのデータより小さく，逆に右部分木のデータすべてがNのデータより大きい，という性質を持つ2分木です。

　2分探索木の性質を保つため，新たな要素（節点）はその適切な位置に挿入し，左右両方の部分木を持つ節点を削除する場合は，左部分木で最大の値を持つ節点，あるいは右部分木で最小の値を持つ節点を，削除する節点の位置に移動します。

〔探索の手順〕

① 根の値と探索データを比較し

②「根の値＞探索データ」なら左部分木へ

③「根の値＜探索データ」なら右部分木へ進み

④ 進んだ先の節点に対しても同様な操作を行う

⑤ これを探索データが見つかるか，進む節点がなくなるまで繰り返す

〔節点の削除〕

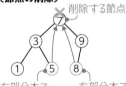

削除する節点

左部分木で最大の値を持つ節点

右部分木で最小の値を持つ節点

　データの探索アルゴリズムは**深さ優先探索**であること。また，あるデータを探索するときの**計算量**に関しては，次のポイントを押さえておきましょう。

オーダについてはp.41

〔探索の計算量（比較回数の**オーダ**）〕　※節点数がnの場合

・すべての節点が片方のみに偏った2分探索木の場合，オーダは **n**

・完全2分木である2分探索木の場合，オーダは **$\log_2 n$**

根から葉までの深さが等しい2分木

完全2分木

完全2分木は，すべての葉が同じ深さでかつ葉以外のすべての節点が2つの子を持つ木です。完全2分木の深さHと，葉および葉以外の節点数の関係は，次のとおりです。

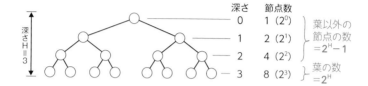

午前問題では，葉と葉以外の節点数の関係が問われます。「葉の数がNなら，葉以外の節点数はN-1（葉の数より1つ少ない）」ことを押さえておきましょう。また午後問題では，葉以外の節点数を求める問題が出題されています。求め方にはいくつかの方法がありますが，そのうちの1つを以下に示します。理解しておきましょう。

〔完全2分木における葉以外の節点の数の求め方〕

葉を除いた深さH-1までの節点の数は，「$2^0+2^1+\cdots+2^{H-1}$」です。この式をSとし，Sから2×Sの式を減算することでSの値が求められます。

$$S = 2^0+2^1+\cdots+2^{H-1}$$

$$\underline{-\quad 2\times S = \qquad 2^1+2^2+\cdots+2^{H-1}+2^H} \quad\text{上式に2を乗じた式}$$

$$(1-2)S = 2^0 \qquad\qquad -2^H$$

$$S = \frac{2^0-2^H}{1-2} = \frac{1-2^H}{1-2} = 2^H-1$$

バランス木（平衡木）

要素の追加や削除によって左右のバランスが悪くなる場合に，木を再構成し，根から葉までの深さがほぼ等しくなるようにした木を平衡木（バランス木）といいます。バランス木には，2分木をベースにしたAVL木と，多分木（節点からの枝が2より多い木）をベースにしたB木があります。

| AVL木 | 2分探索木に，「任意の節点において左右部分木の高さの差が1以下である」という制約を付けたもの。 |
| B木 | 外部記憶装置にデータを格納するために考えられた多分木のデータ構造。大量のデータの探索に適しているため，関係データベースの**インデックス**（索引）に利用される。なお実現方法によって，**B*木**や**B⁺木**などがある。 |

B^+木インデックスについては p.171

こんな問題が出る！

問1　完全2分木に関する正しい記述

葉以外の節点はすべて2つの子をもち，根から葉までの深さがすべて等しい木を考える。この木に関する記述のうち，適切なものはどれか。ここで，深さとは根から葉に至るまでの枝の個数を表す。　　　　完全2分木

ア　枝の個数がnならば，葉を含む節点の個数も n である。　　　　n+1

イ　木の深さがnならば，葉の個数は 2^{n-1} である。　　　2^n

ウ　節点の個数がnならば，深さは$\log_2 n$ である。

エ　葉の個数がnならば，葉以外の節点の個数はn−1である。　　　葉

問2　完全2分木における要素探索の最大比較回数

すべての葉が同じ深さであり，かつ，葉以外のすべての節点が2つの子をもつ要素数nの完全2分木がある。どの部分木をとっても左の子孫は親より小さく，右の子孫は親より大きいという関係が保たれている。2分木で探索する場合，ある要素を探索するときの最大比較回数のオーダはどれか。

2分探索木

ア　$\log_2 n$　　　　イ　$n\log_2 n$　　　　ウ　n　　　　エ　n^2

解答　問1：エ　問2：ア

コレも一緒に！　覚えておこう

●オーダ

オーダは，アルゴリズムの計算量を漸近的に評価するときの概念。問題の大きさnに関して，最も速く増加する項に着目して評価する。例えば，n個のデータを処理する時間がan^2+bn（a, bは定数）で表されるとき，計算量のオーダはn^2であるといい，これを**O記法**（オーダ記法）で$O(n^2)$と表す。

探索アルゴリズム

出題ナビ　探索とは，配列やリストなどに格納されたデータの中から条件に合った要素，すなわち指定した値に等しい要素を見つける操作です。
　ここでは，最も一般的で，試験にもよく出題される，線形探索法，2分探索法，ハッシュ探索法の3つのアルゴリズムの特徴と，それぞれの探索の計算量（比較回数のオーダ）を確認しておきましょう。
　なお，線形探索については平均比較回数も押さえましょう。

3つの探索アルゴリズム

線形探索法

　線形探索法は，探索対象データの先頭から順に，目的データを探索していく方法です。使用頻度順に格納したデータや，未整列のデータの中から目的データを探索するのに適しています。

　探索対象のデータ数がn個の場合，探索が終了するまでの比較回数は，最小で1回，最大でn回です。したがって，平均比較回数は$(n+1)/2$であり，計算量は$O(n)$です。

2分探索法

　　　　　　　2分探索法を用いることができる条件

　2分探索法は，整列されたデータの中央の値と目的データとを比較し，中央の前半あるいは後半を切り捨て，次に探索する範囲を1/2ずつ次第に狭めていく方法です。

　1回の比較ごとに探索範囲が1/2になるので，探索対象のデータ数がn個なら，$\log_2 n$回比較すれば探索範囲が1以下になって，探索は終了します。したがって，計算量は$O(\log_2 n)$です。

　　　底の2を省略して$O(\log n)$と表す場合もある

ハッシュ探索法　　ハッシュ法（p.44）を用いた探索

　ハッシュ探索法は，データのキー値によりそのデータの格納場所を直接計算する方法です。格納場所の算出に用いる関数をハッシュ関数，キー値からハッシュ関数により求められる値をハッシュ値といいます。

　ハッシュ値が衝突する（同じ値になる）確率が無視できるほど小さければ，探索1回当たりの計算量を$O(1)$で実現できます。

線形探索による平均比較回数を表す式

異なるn個のデータが昇順に整列された表がある。この表をm個のデータごとのブロックに分割し，各ブロックの最後尾のデータだけを線形探索することによって，目的のデータの存在するブロックを探し出す。

次に，当該ブロック内を線形探索して目的のデータを探し出す。このときの平均比較回数を表す式はどれか。ここで，mは十分に大きく，nはmの倍数とし，目的のデータは必ず表の中に存在するものとする。

ア $m + \dfrac{n}{m}$　　　イ $\dfrac{m}{2} + \dfrac{n}{2m}$　　　ウ $\dfrac{n}{m}$　　　エ $\dfrac{n}{2m}$

解説 **線形探索法を2回行って目的データを探し出す**

1. 目的データが必ず存在する場合の平均比較回数はN/2

探索対象データN個の中に目的データが必ず存在する場合は，先頭から順に探索して，N−1番目までに目的データがなければN番目のデータが目的データです。そのため，比較回数は最小で1回，最大でN−1回となり，平均比較回数はN/2回です。

2. まず，目的データが存在するブロックを探索する

本問において，n個のデータをm個ごとのブロックに分割すると，ブロック数はn/mとなるので，ブロックの最後尾のデータ数はn/m個となります。

このブロックの最後尾のデータn/m個を線形探索するときの平均比較回数は，$(n/m) \div 2 = (n/m) \times (1/2) = n/2m$です。

各ブロック内のデータ数はm個
ブロックの最後尾のデータ
…
※ブロックの最後尾のデータ数はn/m個

3. 次に，該当ブロック内から目的データを探索する

目的データが存在する該当ブロック内のデータm個を線形探索するときの平均比較回数は，$m \div 2 = m/2$です。したがって，目的のデータを探索するまでの平均比較回数は，選択肢イの$m/2 + n/2m$になります。

解答 イ

ハッシュ法

オープンアドレス法とチェイン法

　ハッシュ法では，ハッシュ関数を用いて，対象データのキー値を限定された範囲の値（ハッシュ値）に変換し，この値を利用して配列上の格納位置を決定します。このとき，異なるキー値から同じハッシュ値が得られてしまう場合があります。これを衝突（シノニムの発生）といい，衝突が生じたときの解決方法として，次の2つの方法があります。

オープンアドレス法 （開番地法）	衝突が生じたとき，別のハッシュ関数を用いるなどして，再度格納場所を計算し，その場所が空いていればそこに格納する。
チェイン法 （連鎖法）	同じハッシュ値を持つデータを，ポインタでつないだ線形リストとして格納する。

こんな問題が出る!

キーaとbが衝突する条件

　自然数をキーとするデータを，ハッシュ表を用いて管理する。キーxのハッシュ関数 $h(x)$ を

　　$h(x) = x \bmod n$

とすると，任意のキーaとbが衝突する条件はどれか。ここで，nはハッシュ表の大きさであり，$x \bmod n$ はxをnで割った余りを表す。

　ア　a＋bがnの倍数　　　　　イ　a－bがnの倍数
　ウ　nがa＋bの倍数　　　　　エ　nがa－bの倍数

解説　次の手順で求める

1. aとbを式で表す

　aとbが衝突するのは，aをnで割ったときの余りと，bをnで割ったときの余りが同じときです。この余りをrとすると，a, bはそれぞれ次の式で表すことができます。

　　a＝Q_1×n＋r
　　b＝Q_2×n＋r　　　　　※ Q_1, Q_2は商，rは余り

2. この2つの式の差から条件を考える

2つの式の差を求めると，$a-b = (Q_1-Q_2) \times n$ となり，$a-b$はnの倍数です。つまり$a-b$がnの倍数であれば，キーaとbは衝突します。

解答　イ

チャレンジ！午後問題

問　配列に対して，データを格納すべき位置（配列の添字）をデータのキーの値を引数とする関数（ハッシュ関数）で求めることによって，探索だけではなく追加や削除も効率よく行うのがハッシュ法である。

通常，キーのとり得る値の数に比べて，配列の添字として使える値の範囲は狭いので，衝突（collision）と呼ばれる現象が起こり得る。衝突が発生した場合の対処方法のひとつとして，同一のハッシュ値をもつデータを線形リストによって管理するチェイン法（連鎖法ともいう）がある。

8個のデータを格納したときの例を図に示す。このとき，キー値は正の整数，配列の添字は0～6の整数，ハッシュ関数は引数を7で割った剰余を求める関数とする。

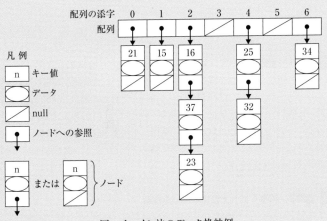

図　チェイン法のデータ格納例

（…途中，省略…）

〔チェイン法の計算量〕

チェイン法の計算量を考える。計算量が最悪になるのは，　ア　場合である。しかし，ハッシュ関数の作り方が悪くなければ，このようなことになる確率は小さく，実際上は無視できる。

チェイン法では，データの個数をnとし，表の大きさ（配列の長さ）をmとすると，線形リスト上の探索の際にアクセスするノードの数は，線形リストの長さの平均n/mに比例する。mの選び方は任意なので，nに対して十分に大きくとっておけば，計算量が　イ　となる。この場合の計算量は2分探索木による$O(\log n)$より小さい。

設問1 衝突（collision）とはどのような現象か。"キー"と"ハッシュ関数"という単語を用いて，35字以内で述べよ。

設問2 図の場合，キー値が23のデータを探索するために，ノードにアクセスする順序はどのようになるか。"key1 → key2 → … → 23"のように，アクセスしたノードのキー値の順序で答えよ。

設問3 〔チェイン法の計算量〕について (1)，(2)に答えよ。

(1)　ア　に入れる適切な字句を25字以内で答えよ。

(2)　イ　に入れる計算量をO記法で答えよ。

解説 **設問1　衝突とはハッシュ値が同じになること**

衝突（collision）とは，異なるキー値から同じハッシュ値が得られてしまうことをいいます。本問のハッシュ関数は，引数を7で割った剰余を求める関数なので，これをh（x）＝mod（x, 7）と定義すれば，例えば，h（16）＝2，h（37）＝2となり，異なるキーの値でも，ハッシュ関数を適用した結果が同じになります。この現象が衝突です。なお衝突が起きたとき，先に格納されていたデータを**ホーム**，後のデータを**シノニム**といいます。

解説 **設問2　線形リスト上の探索は線形探索**

キー値23のハッシュ値は，h（23）＝mod（23, 7）＝2なので，配列の2番目（添え字2の要素）からつながる線形リストを順にアクセスすることになります。つまり，アクセスするノードのキー値の順序は，**16→37→23**となります。

解説 **設問3（1）　すべてのデータが1本の線形リストになるとき計算量が最悪**

　キー値がどのような値であっても，ハッシュ関数が常に同じ値を返すとき（1本の線形リストになるとき），探索の計算量は，単なるリストの線形探索と変わらなくなります。つまり，すべてのキーについてハッシュ値が同じになるとき，探索の計算量が最悪の$O(n)$になります。

〔補足〕

　キー値から求められるハッシュ値を，表の大きさ（配列の長さ）のm個にできるだけ均等に振り分けることによって，個々の線形リストが短くなり，その結果，探索が速く行えます。つまり，**ハッシュ関数**は，いろいろなキー値を0からm−1までの範囲にできるだけ**一様に散らばらせる**（一様分布となる）ものが望ましいということになります。下図のグラフは，衝突（シノニムの発生）を最少とするハッシュ値の分布です。午前問題にも出題されるので押さえておきましょう。

望ましいハッシュ値の分布

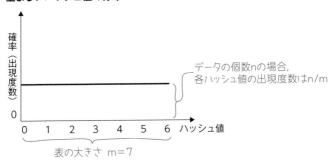

解説 **設問3（2）　n/mのmをnに対して十分に大きくすると1に近くなる**

　データの個数をnとし，表の大きさをmとすると，線形リストの長さ（ノードの個数）の平均はn/mです。また線形リスト上の探索は線形探索となるので，計算量は線形リストの長さn/mに比例します。そこでmを，nに対して十分に大きくとれば，n/mは1に近くなり，ハッシュ値が衝突する確率は無視できるほど小さくなるので，計算量は$O(1)$となります。

解答　設問1：異なるキーの値でも，ハッシュ関数を適用した結果が同じになること
　　　設問2：16→37→23
　　　設問3：（1）ア：すべてのキーについてハッシュ値が同じになる
　　　　　　　（2）イ：$O(1)$

整列アルゴリズム

出題ナビ

整列とは，データ列を値の大きさの順に並べ替える操作です。単純処理で整列できるもの，高速整列が可能なものなど，試験に出題される整列アルゴリズムの特徴を押さえておきましょう。

出題ポイントは，整列完了までの計算量（比較回数のオーダ）と，高速整列アルゴリズム（クイック，マージ，ヒープ）の処理手順です。確認しておきましょう。

単純処理で整列できる整列アルゴリズム

3つの基本整列アルゴリズム

基本整列アルゴリズムは，次の3つです。隣接交換法と単純選択法は，どんな場合にも $O(n^2)$ の計算量であるのに対して，単純挿入法はデータによってはもっと速く整列できる点を押さえておきましょう。

※ 整列対象データ数＝n

隣接交換法 （バブルソート）	隣接する要素どうしを比較して，大小関係が異なれば入れ替えるという操作を繰り返す。計算量は $O(n^2)$。
単純選択法 （選択ソート）	未整列データ列の中から最小値（最大値）を選び，それを先頭あるいは末尾の要素と入れ替えるという操作を繰り返す。計算量は $O(n^2)$。
単純挿入法 （挿入ソート）	未整列データ列の先頭要素を，整列済みデータ列の中の正しい位置に挿入するという操作を未整列データがなくなるまで繰り返す。計算量は最悪の場合で $O(n^2)$，最良の場合で $O(n)$。

└ 右ページ参照

こんな問題が出る！

単純挿入法の最小比較回数のオーダ

整列済みの列の末尾から比較して，次の要素の挿入位置を決める 単純挿入整列法 について考える。昇順に整列済み の大きさnのデータ列を，改めて昇順に整列する処理を行う場合の比較回数のオーダは，どれか。

　ア n　　　　イ n^2　　　　ウ log n　　　　エ n log n

> **解説** 単純挿入法における最良比較回数のオーダは n
>
> 単純挿入法では，未整列データ列の先頭である i 番目の要素の挿入位置を決める ため，i−1番目から1番目の要素に向かって順に比較していきます。このときの 比較回数は，最大で i−1回，最小で1回です。そして，この操作を整列完成まで（つ まり，i＝2番目の要素から i＝n番目の要素まで）繰り返すので，整列完了までの 比較回数のオーダは，最大で n^2，最小で n になります。本問のように，すでに整 列済みのデータ列であれば，i 番目の要素の挿入位置を決めるための比較は常に1 回で済むため，比較回数のオーダは最小（最良）の **n** です。

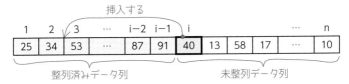

解答 ア

高速整列が可能な整列アルゴリズム

分割統治法

分割統治法とは，大きな問題を小さな問題に分割し，各問題ごとに求めた解を 結合することによって，全体の解を求めようとする解法です。分割統治法を適用し た整列アルゴリズムにクイックソートとマージソートがあります。

クイックソート

クイックソートは，整列対象の中から基準値（軸，ピボットという）を選んで， それよりも小さい要素を集めた部分と，大きい要素を集めた部分とに整列対象を 分割し，分割した部分に対しても再びクイックソートを適用するといった操作を， それぞれの部分において，要素数が1つになるまで繰り返すことで整列を完成させ る方法です。
└─ 再帰的処理

計算量は平均で $O(n \log_2 n)$ ですが，すでに整列済みで，基準値を先頭あるいは 末尾の要素とした場合など，分割した結果，要素が一方にのみ偏る場合の計算量は， 最悪の $O(n^2)$ になります。

午後問題では，どのようなデータ列を与えると最悪計算量になるのかが問われる と予想されます。押さえておきましょう。

マージソート

　マージソートは，整列対象の分割と併合（マージ）を再帰的に繰り返して，最終的に1つの整列済みデータ列をつくる方法です。計算量は，どのようなデータ列に対しても $O(n \log_2 n)$ なので，計算量の面ではクイックソートに比べて安全な方法です。しかし，データ数の半分程度の作業領域を必要とするのが大きな欠点です。マージソートの再帰的な処理の定義例を次に示します。

〔マージソートの処理の定義〕

1. 整列対象の要素数が1であれば整列済みとし，呼出し元に処理を戻す。2以上であれば，次の処理へ移る。
2. 整列対象を前半と後半に分割する。 ———再帰的処理
3. 前半，後半の順に，それぞれを マージソートによって整列 する。
4. 整列された前半，後半の要素を，比較しながら併合する。

　この例では，要素数が1になるまで分割を繰り返し，その後，併合して整列を完成させていきます。したがって，下図の場合，分割，併合の処理順序は，①→②→④→③→⑤→⑥となります。
　午後問題では，分割，併合の処理順序が問われるので，理解しておきましょう。

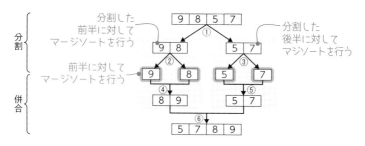

ヒープソート（改良選択法）

「部分順序木」という———

　ヒープとは，「親の値≦子の値」または「親の値≧子の値」という関係を持つ2分木を配列上に表現したものです。木の根を配列のA [1] に置き，A [i] の左の子はA [2×i]に，右の子はA [2×i+1]に置きます。
　ヒープソートは，ヒープから根（最小値あるいは最大値）を取り出して整列済み部分列に移し（実際にはA [1] と未整列の末尾要素を交換），ヒープの大きさを1つ減らした後，ヒープを再構成（p.52）して，再び根を取り出すという操作を繰り返す整列法で，改良選択法とも呼ばれます。計算量は $O(n \log_2 n)$ です。またマージソートと同様，どんなデータ列に対しても計算量は変わりません。

こんな問題が出る!

問1 データ整列法の正しい記述

データの整列方法に関する記述のうち，適切なものはどれか。

ア クイックソートでは，ある一定間隔おきに取り出した要素から成る部分列をそれぞれ整列し，更に間隔を詰めて同様の操作を行い，間隔が1になるまでこれを繰り返す。 〜 シェルソート（改良挿入法）

イ シェルソートでは，隣り合う要素を比較して，大小の順が逆であれば，それらの要素を入れ替えるという操作を繰り返す。〜 隣接交換法（バブルソート）

ウ バブルソートでは，中間的な基準値を決めて，それよりも大きな値を集めた区分と小さな値を集めた区分に要素を振り分ける。次に，それぞれの区分の中で同様な処理を繰り返す。〜 クイックソート

エ ヒープソートでは，未整列の部分を順序木に構成し，そこから最大値又は最小値を取り出して既整列の部分に移す。この操作を繰り返して，未整列部分を縮めていく。

問2 ヒープ再構成を行った後のデータ列

与えられた1〜8の整数の列をヒープソートによって降順に並べ替えるため，列の全体をヒープに構成したところ，

これを木で表現すると

$$1, \quad 4, \quad 2, \quad 5, \quad 8, \quad 3, \quad 6, \quad 7$$

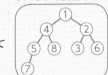

となった。ここで先頭の要素と最後の要素を交換して

$$7, \quad 4, \quad 2, \quad 5, \quad 8, \quad 3, \quad 6, \quad 1$$

とし，次に下線の部分をヒープに構成する手続を実行する。このとき，実行直後の列はどうなるか。ここで，ヒープは列の1番目（左端）の要素が根，列のi番目の要素の子が$2i$番目と$2i+1$番目の要素と見なした完全2分木上に構成されるものとする。

ア 2, 4, 3, 5, 8, 7, 6, 1　　イ 4, 2, 5, 8, 3, 6, 7, 1
ウ 7, 4, 5, 8, 3, 6, 2, 1　　エ 8, 7, 6, 5, 4, 3, 2, 1

問2　ヒープ再構成の処理手順を理解する

　ヒープ再構成の処理手順は，次のとおりです。ここで，ヒープを表現する配列をA，整列対象データ数 をnとします（この問題では，n=8）。
　　　　　　　　└ヒープの大きさ

〔ヒープ再構成の処理手順〕

1. A[1]とA[n]を入れ替える。
2. nを1減らす。───ヒープの大きさを1つ減らす
3. rに1を設定する。
4. A[r]に，A[r]より小さな値を持つ子が存在する間，次の処理を繰り返す。
　・小さいほうの値を持つ子とA[r]を入れ替える。
　・rに，入れ替えた子の添字を設定する。
└この処理でヒープに構成し直す

　本問で求めるのは，先頭の要素A[1]と最後の要素A[8]を交換し，A[1]～A[7]をヒープに構成し直した後の列（配列Aの値）です。次のようになります。

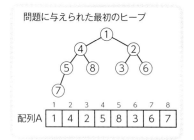

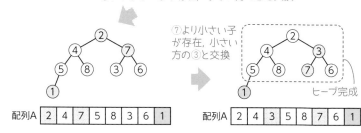

15 プログラム言語の制御構造と記憶域

出題ナビ

プログラム言語の制御構造と記憶域に関しては，関数呼出しの仕組み（実引数と仮引数，値呼出しと参照呼出し）や，プログラムの実行に必要な記憶域に関する応用的事項が問われます。ここでは，これらの基本事項を確認し，応用問題に備えましょう。

またプログラムの性質（再帰可能など）も押さえておきましょう。特に，再帰可能プログラムで使用される領域と制御方式は重要です。

関数の呼出しと変数の記憶期間

関数（手続）呼出し

関数を呼び出すときの引数を**実引数**，関数内で定義された引数を**仮引数**といいます。関数呼出しにおいては，値そのものを渡す**値呼出し**（call by value）と，引数のアドレスを渡す**参照呼出し**（call by reference）があります。

例えば，左ページの「ヒープ再構成」を行う関数をMakeHeapとしたとき，その呼出しは次のとおりです。

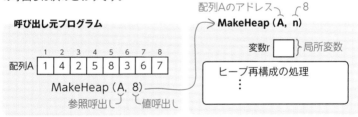

変数の記憶域期間（auto, static）

プログラムで定義された変数の記憶域が存在する期間のことを**記憶域期間**といい，自動記憶域期間（auto）と静的記憶域期間（static）があります。

auto変数 （自動変数）	関数が呼び出されたとき自動的に記憶域が確保され，関数が終了すると自動的に解放される。関数内に定義された局所変数は，static指定がなければauto変数。
static変数 （静的変数）	プログラムの実行を通して（プログラムが終了するまで）記憶域が存在し，初期化はプログラム実行前に一度だけ行われる。

プログラムの性質と記憶域

ヒープ領域とスタック領域

「断片化」ともいう

ヒープ領域は，プログラム実行中に必要となった領域の獲得要求のために用意されたメモリ領域です。動的割当てと解放が行えるため，**フラグメンテーション**が発生します。なお，プログラムが使用しなくなったヒープ領域を回収して再度使用可能にすることを**ガーベジコレクション**といいます。

スタック領域は，呼び出し先の関数から戻るための戻り番地の退避，また関数内で定義された局所変数や仮引数の格納に使用されるメモリ領域です。データの格納と取出しは，プッシュとポップの操作によって行います。

プログラムの性質

再帰可能 **（リカーシブ）**	自分自身を呼び出して使うことができる性質。再帰可能プログラムを実行すると，戻り番地，局所変数および仮引数が**スタック**に格納され，**LIFO**（Last In First Out）方式で制御される。
再入可能 **（リエントラント）**	複数のプログラムが共有実行しても互いに干渉することなく並行実行できる性質。再入可能プログラムは，内容が変更されない手続部分と，実行によって内容が変更される局所変数などのデータ部分とに分離され，手続部分は複数のプログラムで共有するが，データ部分は呼出しプログラムごとに割り当てられる。
再使用可能 **（リユーザブル）**	プログラムを再びロードし直さなくても正しい結果を返すことができる性質。再使用可能プログラムは，順次的にしか実行できないので逐次再使用可能（シリアリリユーザブル）ともいう。再使用可能プログラムを実現するためには，プログラムの最初あるいは最後で各変数の値を初期化する。

 こんな問題が出る！

割当てと解放を繰り返すことで発生する事象の対策

記憶領域の動的な割当て及び解放を繰り返すことによって，どこからも利用されない記憶領域が発生することがある。このような記憶領域を再び利用可能にする機能はどれか。

フラグメンテーション

ア　ガーベジコレクション　　　　イ　スタック
ウ　ヒープ　　　　　　　　　　　エ　フラグメンテーション

解答　ア

コンピュータ システム

プロセッサの動作原理と性能

出題ナビ

プログラム（実行可能なロードモジュール）は，主記憶にロードされてから実行されます。主記憶にロードされたプログラムをプロセッサ（CPU）が，どのように実行するのか，**命令実行**の手順をはじめプロセッサの動作原理は重要です。

ここでは，試験での出題が多い項目を押さえるとともに，プロセッサの性能（MIPS）計算方法も確認しておきましょう。

プロセッサ（CPU）の動作原理

命令実行とフォンノイマンボトルネック

プロセッサが実行する命令は，命令部とオペランド部（アドレス部）から構成されます。プロセッサ（CPU）は，**プログラムカウンタ**の値をもとに，主記憶から命令を1つずつ，「取り出し→解読→必要なデータを取り出し→実行」という順に処理します。
　　　　　　　　　　　　　　　次に読み出す命令の格納アドレスを持つレジスタ

このように主記憶に格納された命令を順番に取り出して実行する方式を**ノイマン型**といいます。ノイマン型のコンピュータでは，プロセッサと主記憶の間でのやり取りが頻繁に行われるため，両者間のデータ転送能力がコンピュータの性能向上を妨げる原因の1つになります。これを**フォンノイマンボトルネック**といい，この問題の解決策の1つにキャッシュメモリ（p.67）の配置があります。
　　　　　　　　　　　　　　　　　　　「プログラム内蔵方式」ともいう

割込み

あるプロセス（処理）を実行しているプロセッサに対し，現在の処理を中断して，指定した処理を実行するよう要求するのが**割込み**です。プロセッサが受け付ける割込みは，要因によって外部割込みと内部割込みに分けられます。

外部割込みは，プロセッサ外部から要求されるもので，ハードウェア異常などによる<u>マシンチェック割込み</u>，一定間隔で処理要求を出すインターバルタイマによる<u>タイマ割込み</u>，入出力動作終了の<u>入出力割込み</u>などがあります。

内部割込みは，プロセッサが命令を実行することで発生するもので，入出力要求などOSに対してサービスを依頼したときの<u>SVC（SuperVisor Call）割込み</u>，不正命令，記憶保護違反，またゼロ除算やオーバフローなどの演算例外による<u>プログラム割込み</u>，仮想記憶管理において存在しないページにアクセスしたとき発生

するページフォールト割込み（p.119）があります。

こんな問題が出る！

問1　プログラムカウンタの役割

CPUのプログラムレジスタ（プログラムカウンタ）の役割はどれか。
　　　　　　　　└─命令アドレスレジスタ，命令カウンタともいう

ア　演算を行うために，メモリから読み出したデータを保持する。

イ　条件付き分岐命令を実行するために，演算結果の状態を保持する。

ウ　命令のデコードを行うために，メモリから読み出した命令を保持する。

エ　命令を読み出すために，次の命令が格納されたアドレスを保持する。

問2　SVC割込みが発生する要因

SVC（SuperVisor Call）割込みが発生する要因として，適切なものはどれか。

ア　OSがシステム異常を検出した。

イ　ウォッチドッグタイマが最大カウントに達した。

ウ　システム監視LSIが割込み要求を出した。　　─OSのサービス

エ　ユーザプログラムがカーネルの機能を呼び出した。

解答　問1：エ　問2：エ

コレも一緒に！　覚えておこう

●命令レジスタ（問1の選択肢ウ）

　主記憶から読み出された命令は，命令レジスタに格納される。そして，命令レジスタ内の命令部にある命令コードが命令デコーダにより解読される。

●ウォッチドッグタイマ（問2の選択肢イ）

　ウォッチドッグタイマは，システムの異常や暴走など予期しない動作を検知するための時間計測機構。最初にセットされた値から，一定時間間隔でタイマ値（カウンタ値）を減少あるいは増加させ，タイマ値の下限値あるいは上限値に達したとき（タイムアウトとなったとき），割込みを発生させて例外処理ルーチンを実行する。一般に，例外処理ルーチンによりシステムをリセットあるいは終了させる。

テクノロジ系 コンピュータシステム

プロセッサ(CPU)の性能

命令実行時間とMIPSの関係

プロセッサの性能を評価する指標の1つが**MIPS**値です。MIPSは，1秒間に実行できる命令数を百万（10^6）単位で表したもので，**命令実行時間の逆数**で求めることができます。

クロック周波数 ← 1秒間に発生する信号（クロック）の数 が高いほどプロセッサの動作速度が速く，命令実行速度は速くなりますが，命令によって実行に必要なクロック数（**CPI**：Cycles Per Instruction）が異なります。そのため命令実行時間は，クロック周波数の逆数（**クロックサイクル時間**）とCPIを使い，次のように求めます。

命令実行時間 ＝ クロックサイクル時間 × CPI

例えば，1命令の実行に8クロックを要する命令を，クロック周波数1GHz（10^9）のプロセッサで実行したときの命令実行時間とMIPS値は，次のとおりです。

命令実行時間 $= \dfrac{1}{10^9} \times 8 = 10^{-9} \times 8 = 8\,[ナノ秒]$ ← $1/10^9$は10^{-9}になる

MIPS値 $= \dfrac{1}{8 \times 10^{-9}} = 0.125 \times 10^9 = 125 \times 10^6 = 125\,[MIPS]$

 こんな問題が出る！

CPUの性能（MIPS）を求める

動作クロック周波数が700MHzのCPUで，命令の実行に必要なクロック数およびその命令の出現率が表の値である場合，このCPUの性能は何MIPSか。

命令の種別	命令実行に必要なクロック数	出現率（%）
レジスタ間演算	4	30
メモリ・レジスタ間演算	8	60
無条件分岐	10	10

ア　10　　　　　イ　50　　　　　ウ　70　　　　　エ　100

解説 **平均クロック数→平均命令実行時間→MIPSの順に求める**

1. 1つの命令の実行に必要な平均クロック数（CPI）を求める

平均CPIは，各命令のクロック数と出現率の積の和で求めます。つまり，

$$4 \times \underset{\underset{\text{出現率30\%}}{\downharpoonleft}}{0.3} + 8 \times 0.6 + 10 \times 0.1 = 7 [クロック]$$

2. 平均命令実行時間を求め，その逆数をとってMIPS値を求める　単位は「秒」

1秒間に700×10^6クロック発生

クロック周波数が 700MHz なので，クロックサイクル時間は $\dfrac{1}{700 \times 10^6}$

平均CPIは7なので，平均命令実行時間は $\dfrac{1}{700 \times 10^6} \times 7 = \dfrac{1}{100} \times 10^{-6}$

逆数をとって，$100 \times 10^6 = 100$ [MIPS]

解答 エ

確認のための実践問題

　100MIPSのCPUで動作するシステムにおいて，タイマ割込みが1ミリ秒ごとに発生し，タイマ割込み処理として1万命令が実行される。この割込み処理以外のシステムの処理性能は，何MIPS相当になるか。ここで，CPU稼働率は100%，割込み処理の呼出し及び復帰に伴うオーバヘッドは無視できるものとする。

ア　10　　　　イ　90　　　　ウ　99　　　　エ　99.9

解説 **タイマ割込み処理の命令数（MIPS）を減算する**

　タイマ割込みは，1ミリ秒（10^{-3}秒）ごとに発生するので，1秒間では1,000回発生します。また，1回のタイマ割込み処理で1万（10^4）命令が実行されるので，1秒間のタイマ割込み処理の命令数は，

　　　$10^4 \times 1,000 = 10 \times 10^6 = 10$ [MIPS]

したがって，単純に100MIPSからタイマ割込み処理分の10MIPSを減算した

　　　$100 - 10 = 90$ [MIPS]

が，割込み処理以外のシステムの処理性能です。

解答 イ

59

右欄外：**2** テクノロジ系 コンピュータシステム

コンピュータ構成要素 ....

プロセッサ技術
（高速化技術とマルチプロセッサ）

出題ナビ

1つの命令は，「取り出し，解読，実行」といったいくつかの段階を経て実行されます。このことに着目し，プロセッサの高速化を図った技術が**パイプライン**や**スーパスカラ**，**VLIW**です。また，単一のプロセッサでは限界があるため，複数のプロセッサを搭載して高速化や高信頼化を実現したのが**マルチプロセッサシステム**です。ここでは，試験での出題の多い重要事項を確認しておきましょう。

パイプライン方式

パイプライン方式の特徴

パイプライン方式は，1つのプロセッサにおいて，複数の命令を少しずつ段階（ステージ）をずらしながら同時実行する方式です。1つの命令の実行が終了する前に，次の命令を先読みして実行することで高速化を図ります。また，パイプラインの段数を増やすことで，高い周波数での動作を可能とし，さらに高速化を図った方式を**スーパパイプライン方式**といいます。

パイプライン処理の乱れ

パイプライン処理がスムーズに動作すれば高速化が期待できます。しかし実際には，先読みした命令が無駄になったり，待ち合わせが発生したり，パイプライン処理が乱れる場合があります。このようなパイプライン処理が乱れる状態，あるいはその要因を**パイプラインハザード**といいます。

特に，分岐命令の実行によって起こる乱れを**制御（分岐）ハザード**といいます。ハザードが発生すると，パイプラインによる性能向上が期待できないため，分岐命令をできるだけ少なくするというプログラミング手法をとります。しかし，分岐を完全になくすことはできないため，投機実行や遅延分岐といった技法を使って性能向上を図ります。

投機実行	分岐命令の結果（分岐する/しない）が決定する前に，分岐先を予測し，分岐先の命令を実行する。
遅延分岐	分岐命令の前にある命令の中で，分岐命令の後に移動しても結果が変わらない命令のいくつかを分岐命令の後に移動して，その命令を無条件に実行した後，実際の分岐を行う。

パイプラインで実行したときの時間を表す式　〜ステージ数に一致

パイプラインの深さ (同時に実行できる最大命令数) をD, パイプラインピッチをP秒とすると, N個の命令をパイプラインで実行するのに要する時間は, 次の式で表すことができます (パイプラインの各ステージは1ピッチで処理されるものとします)。

(N+D−1)×P　〜 試験に出る式なので, 丸暗記!

例えば, パイプラインの深さが4, パイプラインピッチをP秒とすると, 5個の命令をパイプラインで実行するのに要する時間は, 次のとおりです。

(5+4−1)×P＝8P

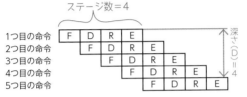

ステージ数＝4

1つ目の命令	F	D	R	E				
2つ目の命令		F	D	R	E			
3つ目の命令			F	D	R	E		
4つ目の命令				F	D	R	E	
5つ目の命令					F	D	R	E

深さ(D)＝4

F：命令フェッチ
D：命令解読
R：オペランド読出し
E：実行

スーパスカラとVLIW

スーパスカラ　〜 スーパパイプラインと混同しないこと!

パイプラインを複数用意して, 同時に複数の命令を実行することで高速化を図る方式を**スーパスカラ**といいます。

実行段階で同時実行が可能な命令を見つけ, それを複数のパイプラインに振り分けて実行します。

スーパスカラ (パイプライン本数：2)

命令1	F	D	A	R	E
命令2	F	D	A	R	E
命令3		F	D	A	R	E

すべての段階を多重化

VLIW　〜「命令語が長い」という意味

VLIW (Very Long Instruction Word) は, 同時に実行可能な複数の動作を, コンパイルの段階でまとめて1つの複合命令とする方式です。1つの命令語で複数の命令 (動作) を同時に実行することで高速化を図ります。実行段階での並列制御はスーパスカラに比べて簡単です。

こんな問題が出る！

問1　スーパスカラの正しい説明

スーパスカラの説明として，適切なものはどれか。

ア　1つのチップ内に複数のプロセッサコアを実装し，複数のスレッドを並列
に実行する。　　　　　　　　　　マルチプロセッサ

イ　1つのプロセッサコアで複数のスレッドを切り替えて並列に実行する。　OSのマルチスレッド機能

ウ　1つの命令で，複数の異なるデータに対する演算を，複数の演算器を用い
て並列に実行する。　　　SIMD

エ　並列実行可能な複数の命令を，複数の演算器に振り分けることによって
並列に実行する。

問2　コンパイル段階で同時実行可能な動作をまとめる方式

プロセッサの高速化技法の1つとして，同時に実行可能な複数の動作を，コ
ンパイルの段階でまとめて1つの複合命令とし，高速化を図る方式はどれか。
　　　決め手はココ！

ア　CISC　　　　イ　MIMD　　　　ウ　RISC　　　　エ　VLIW

解答　問1：エ　問2：エ

コレも一緒に！　覚えておこう

●SIMDとMIMD

SIMDは，1つの命令（Single Instruction）を複数のデータ（Multiple
Data）に適用し，同一の処理を並列に行う方式。

MIMDは，複数のプロセッサを結合して，プロセッサごとに異なる命令
（Multiple Instruction）で異なるデータ（Multiple Data）を並列に処理
する方式。

●CISCとRISC

CISC（Complex Instruction Set Computer：複合命令セットコンピュー
タ）は，複雑で多機能な命令を豊富に持つプロセッサ。

RISC（Reduced Instruction Set Computer：縮小命令セットコンピュー
タ）は，単純で必要最低限の命令だけに限定したプロセッサ。命令が固定長であ
り，各命令の実行時間を均一化できるためパイプライン制御を効率的に行える。

マルチプロセッサシステム

マルチプロセッサシステムの分類

マルチプロセッサシステムは，構成方法や利用方法によっていくつかに分類できます。プロセッサと主記憶の関係に着目した結合方式で分類すると，主記憶を共有するかしないかで**密結合型**と**疎結合型**に分けられます。また，プロセッサの対称性（役割分担）で分類すると，すべてのプロセッサが基本的に同等なものとして振る舞う**対称型**と，それぞれの役割が決まっている**非対称型**に分けられます。

ここでは，密結合型と疎結合型の特徴を押さえておきましょう。

2
テクノロジ系 コンピュータシステム

密結合マルチプロセッサ システム	複数のプロセッサが主記憶を共有し，単一のOSで制御される方式。プロセッサ数が増えると，主記憶へのアクセスの競合が起こりやすいため，性能は単純にプロセッサ数に比例しない。
疎結合マルチプロセッサ システム	複数のプロセッサが自分専用の主記憶を持ち，それぞれが独立したOSで制御される方式。複数の独立したコンピュータを通信システムで結合したものといえる。

主記憶へのアクセスが競合するため，性能はプロセッサ数に比例しない！

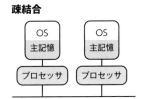

 こんな問題が出る!

密結合におけるプロセッサ1台当たりの性能低下の要因

主記憶を共有

シングルプロセッサシステムの性能と比較したとき，密結合マルチプロセッサシステムのプロセッサ1台当たりの性能が低下する最大の要因はどれか。

ア　1アクセス当たりの主記憶の参照量　　イ　主記憶のアクセス速度
ウ　主記憶のアクセスに対する排他制御　　エ　主記憶のアクセス頻度

整合性を保つための処理

解答　ウ

メモリの種類と特徴

出題ナビ

半導体メモリを大別すると，揮発性と不揮発性の2種類に分類できます。揮発性メモリとは，電源を供給しているときのみ記憶内容の保持ができるメモリです。一方，不揮発性メモリは，電源を切っても記憶内容が保持されるメモリです。試験で出題が多いのは，揮発性メモリのSRAMとDRAM，そして不揮発性メモリのフラッシュメモリです。それぞれの特徴と用途を確認しておきましょう。

揮発性メモリ(SRAM, DRAM)

SRAMとDRAM

SRAMとDRAMは，ともにRAM (Random Access Memory) と呼ばれる読み書きができる半導体メモリです。SRAMとDRAMの違いは，情報をどのような構造で記憶するのかにあります。1ビットの情報を記憶する単位をメモリセル (記憶セル) といいますが，SRAMとDRAMとでは，メモリセルの構造が異なります。下記に，SRAMとDRAMの特徴をまとめました。確認しておきましょう。

〔SRAMの記憶構造と用途〕 　　複数のトランジスタで構成されている

SRAM (Static Random Access Memory)は，メモリセルにフリップフロップ (p.128) を用いて情報を保持するメモリです。メモリセル構造が複雑で高集積化しにくく，ビット単価も高いといった弱点はありますが，DRAMに比べ高速アクセスが可能なため，キャッシュメモリ (p.67)に用いられています。

　　「SRAM・フリップフロップ・キャッシュメモリ」はセットで覚える!

〔DRAMの記憶構造と用途〕 　　2枚の金属板の間に絶縁体をはさんだ電子部品。電圧をかけることで電荷を蓄える

DRAM (Dynamic Random Access Memory) のメモリセルは，1個のコンデンサ (キャパシタ) と1個のトランジスタで構成されています。DRAMでは，コンデンサに蓄えた電荷の有無によって1ビットの情報を保持しますが，電荷は時間が経つと放電してしまうので，定期的に情報を読み出し，再度書込みを行う必要があります。この動作をリフレッシュといいます。

DRAMは，SRAMに比べてアクセスは低速ですが，メモリセル構造が比較的単純であるため高集積化に適し，低価格で大容量化が可能であるため，主に主記憶

に用いられています。

DRAMにはいくつかの種類がありますが，試験対策として次の5つを押さえておきましょう。

「同期」という意味

SDRAM	Synchronous DRAMの略。バスクロック（外部クロック）に同期して，1クロックにつき1データを読み出す。
DDR SDRAM	Double Data Rate SDRAMの略。SDRAMがクロックの立上り時に同期するのに対し，立上り／立下りで同期して，1クロックにつき2つのデータを読み出す。転送速度はSDRAMの2倍。
DDR2 SDRAM	DDR SDRAMの2倍の転送速度を実現したもの。CPUがデータを必要とする前にメモリから先読みして4ビットずつ取り出す**プリフェッチ機能**を備えている。
DDR3 SDRAM	DDR2 SDRAMの2倍の転送速度を実現したもの。8ビットずつのプリフェッチ機能を備えている。
DDR4 SDRAM	DDR3 SDRAMと同様，8ビットずつのプリフェッチ機能を備え，転送速度はDDR3の2倍。

2 テクノロジ系 コンピュータシステム

こんな問題が出る!

問1 SRAMとDRAMの比較

SRAMと比較した場合のDRAMの特徴はどれか。

ア　主にキャッシュメモリとして使用される。
イ　データを保持するためのリフレッシュ又はアクセス動作が不要である。
ウ　メモリセル構成が単純なので，ビット当たりの単価が安くなる。
エ　メモリセルにフリップフロップを用いてデータを保存する。

問2 DRAMのメモリセルに利用されているもの

DRAMのメモリセルにおいて，情報を記憶するために利用されているものはどれか。

ア　コイル　　イ　コンデンサ　　ウ　抵抗　　エ　フリップフロップ

解答　問1：ウ　問2：イ

不揮発性メモリ(フラッシュメモリ)

フラッシュメモリ

　フラッシュメモリには，NAND型とNOR型の2種類があります。両型とも，データの消去はページを複数まとめたブロック単位で行われますが，データの書込みおよび読出しは，**NAND型**がページ単位，**NOR型**はバイト単位で行われます。

　　　　　　　　　　　　　　　　　　　　　ここが問われる!

　NAND型フラッシュメモリは，NOR型に比べ書込み速度が速く，また集積度が高く安価に大容量化できるため，USBメモリやSSD，携帯用機器のメモリカードなどに使用されています。記憶方式には，1つのメモリセルに1ビットのデータを記憶させる**SLC**(Single-Level-Cell)，2ビットを記憶させる**MLC**(Multi-Level-Cell)，さらに3ビットを記憶させる**TLC**(Triple-Level-Cell)があります。

　NOR型フラッシュメモリは，NAND型に比べ書込み速度が遅く，回路が複雑で高集積化には不向きですが，データ読出しはNAND型より高速です。また，高い信頼性を持つためファームウェアの格納を主目的として使用されています。

その他，試験に出題されるメモリ

　その他，FeRAMと相変化メモリも押さえておきましょう。

　　　　　　「Ferroelectric RAM(強誘電体メモリ)」の略

FeRAM	強誘電体材料が持つ分極メカニズムをデータ記憶に用いた不揮発性メモリ。フラッシュメモリよりも書換え可能回数が多く，書換え速度も高速にできる。
相変化メモリ	結晶状態と非結晶状態の違いを利用して情報を記憶する不揮発性メモリ。

 こんな問題が出る!

NAND型フラッシュメモリの正しい説明

　NAND型フラッシュメモリに関する記述として，適切なものはどれか。

ア　バイト単位で書込み，ページ単位で読出しを行う。

イ　バイト単位で書込み及び読出しを行う。

ウ　ページ単位で書込み，バイト単位で読出しを行う。

エ　ページ単位で書込み及び読出しを行う。

　　　　　　　　　　　　　　　　　　　　　　　　解答　エ

04 キャッシュメモリの役割と データ書出し方式

出題ナビ

コンピュータ性能の向上を妨げる要因の1つが，CPU（プロセッサ）の性能と主記憶へのアクセス速度の差です。つまり，いくらCPUの処理速度が速くても，主記憶へのアクセス速度が遅ければ処理の高速化は期待できません。そこで利用されるのが高速・小容量の**キャッシュメモリ**です。ここでは，キャッシュメモリに関わる，試験での出題が多い重要事項を確認しておきましょう。

キャッシュメモリ

キャッシュメモリの特徴

キャッシュメモリは，CPUの処理速度と主記憶へのアクセス速度の差を埋めるため，両者の間に置く，高速アクセスが可能なメモリです。

CPUがこれからアクセスすると予想されるデータやプログラムの一部（以降，単にデータという）を，主記憶からキャッシュメモリに転送（コピー）しておくことによって，CPUは速度の遅い主記憶に直接アクセスしなくて済むので，処理の高速化が図れます。

データキャッシュと命令キャシュを別に設ける場合がある

実効アクセス時間（CPUからみた平均アクセス時間）

CPUが必要とするデータがキャッシュメモリに存在する確率を**ヒット率**といいます。ヒット率が高ければ，実効アクセス時間は短くなります。

実効アクセス時間は，キャッシュメモリのアクセス時間が**A**ナノ秒，主記憶のアクセス時間が**B**ナノ秒，ヒット率が**P**であるとき，次の式で表すことができます。

$$実効アクセス時間 = A \times P + B \times (1-P)$$

データをAナノ秒で読み込める確率がPということ

Bナノ秒かかる確率が
（1−P）ということ

例えば，キャッシュメモリのアクセス時間が10ナノ秒，主記憶のアクセス時間が60ナノ秒であるとき，ヒット率が90%と70%では実効アクセス時間は次のように異なります。

ヒット率が**90%**のとき＝10×0.9 ＋ 60×（1−0.9）＝**15**［ナノ秒］
ヒット率が**70%**のとき＝10×0.7 ＋ 60×（1−0.7）＝**25**［ナノ秒］

アクセスの局所性とキャッシュメモリの効果

　主記憶全域をランダムにアクセスするプログラムでは，ヒット率が低く，キャッシュメモリの効果は期待できません。キャッシュメモリの効果が期待できるのは，アクセスされたデータが近い将来に再びアクセスされる可能性が高い場合や，連続領域にあるデータをアクセスするといった局所参照性がある場合です。

こんな問題が出る！

NFPから平均アクセス時間を求める式

　容量がaMバイトでアクセス時間がxナノ秒のキャッシュメモリと，容量がbMバイトでアクセス時間がyナノ秒の主記憶をもつシステムにおいて，CPUからみた，主記憶と命令キャッシュとを合わせた平均アクセス時間を表す式はどれか。ここで，読み込みたい命令コードがキャッシュに存在しない確率をrとし，キャッシュメモリ管理に関するオーバーヘッドは無視できるものとする。

存在しない確率がrなので，
存在する確率は$(1-r)$

キャッシュの
アクセス時間

ア　$\dfrac{(1-r) \cdot a}{a+b} \cdot x + \dfrac{r \cdot b}{a+b} \cdot y$

イ　$(1-r) \cdot x + r \cdot y$

ウ　$\dfrac{r \cdot a}{a+b} \cdot x + \dfrac{(1-r) \cdot b}{a+b} \cdot y$

エ　$r \cdot x + (1-r) \cdot y$

解答　イ

コレも一緒に！　覚えておこう

●データがキャッシュメモリに存在しない確率

　必要なデータがキャッシュメモリに存在しないことをミスヒットといい，ミスヒットとなる確率をNFP（Not Found Probability）という。NFPは，1（100%）からヒット率を引いた値であり，これは主記憶をアクセスする確率に等しい。なお，ミスヒットが発生しても割込みは発生しない。

●実効アクセス時間の計算に使うもの

　実効アクセス時間は，キャッシュメモリと主記憶のアクセス時間，およびヒット率から求める。キャッシュメモリや主記憶の容量は使わない。

主記憶とキャッシュメモリの構成

「CPU－キャッシュメモリ－主記憶」間の転送単位

主記憶とキャッシュメモリは，ブロックという単位で分割され管理されるので，主記憶とキャッシュメモリ間はブロック単位でデータが転送されます。

主記憶とキャッシュメモリとの対応付け

主記憶とキャッシュメモリの対応付け方式には，次の3つがあります。セットアソシエイティブ方式は，ダイレクトマッピング方式とフルアソシエイティブ方式の中間的な方式であることを確認しておきましょう。

ダイレクトマッピング方式（ダイレクトマップ方式）	主記憶のブロックを，キャッシュメモリの特定のブロックと対応付ける方式。主記憶のブロック番号から，キャッシュメモリのブロック番号が決まる。
フルアソシアティブ方式	主記憶のブロックは，キャッシュメモリのどのブロックにも対応付けられる方式。
セットアソシアティブ方式	主記憶のブロックを，キャッシュメモリの特定のセット（連続する複数のブロックをまとめたもの）と対応付ける方式。セット内のどのブロックにも格納できる。

ドコでもOK方式

対応セット内ならドコでもOK方式

ダイレクトマッピング方式

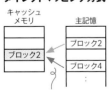

すでに他ブロックが格納されている場合，置き換えが発生

フルアソシアティブ方式

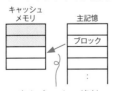

空きブロックに格納

セットアソシアティブ方式

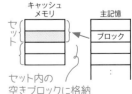

セット内の空きブロックに格納

⬜ : すでに他のブロックが格納されている

69

データを主記憶へ書き出す方式

ライトスルー方式とライトバック方式

　　データの書込み命令が実行されると，キャッシュメモリのデータを書き換えます。この書き換えられた（変更された）データは，いずれ主記憶に書き出さなければなりませんが，いつ主記憶に書き出すのかによって，ライトスルーとライトバックの2つの方式があります。

　　ライトスルー方式は，書込み命令が実行されたとき，キャッシュメモリと主記憶の両方を書き換える方式です。キャッシュメモリと主記憶とのデータ一貫性（コヒーレンシ）が保たれますが，一般に処理速度は遅くなります。

　　ライトバック方式は，キャッシュメモリの書換えだけを行い，主記憶の書換えは，ミスヒットが発生してキャッシュメモリのデータが追い出されるときに行う方式です。一時的に，キャッシュメモリと主記憶の一貫性が損なわれますが，主記憶への書込み頻度が減り，ライトスルー方式より高速性は得られます。

 こんな問題が出る!

問1　主記憶とキャッシュメモリの対応付け方式

　　CPUと主記憶の間に置かれるキャッシュメモリにおいて，主記憶のあるブロックを,キャッシュメモリの複数の特定ブロックと対応付ける方式はどれか。

ア　セットアソシアティブ方式　　イ　ダイレクトマッピング方式
ウ　フルアソシアティブ方式　　　エ　ライトスルー方式　　　決め手はココ!

問2　ライトスルー方式の特徴

　　キャッシュメモリのライトスルーの説明として，適切なものはどれか。

ア　CPUが書込み動作をする時，キャッシュメモリだけにデータを書き込む。
イ　キャッシュメモリと主記憶の両方に同時にデータを書き込む。
ウ　主記憶のデータの変更は，キャッシュメモリから当該データが追い出されるときに行う。　　　　　　　　　　　　　　決め手はココ!
エ　主記憶へのアクセス頻度が少ないので，バスの占有率が低い。

解答　問1：ア　問2：イ

確認のための実践問題

問1 4ブロックのキャッシュメモリC0～C3が表に示す状態である。ここで、新たに別のブロックの内容をキャッシュメモリにロードする必要が生じたとき、C2のブロックを置換の対象とするアルゴリズムはどれか。

キャッシュ メモリ	ロード時間 （分：秒）	最終参照時刻 （分：秒）	参照回数
C0	0:00	0:08	10
C1	0:03	0:06	1
C2	0:04	0:05	3
C3	0:05	0:10	5

ア FIFO イ LFU ウ LIFO エ LRU

問2 図に示すマルチプロセッサシステムにおいて、各MPUのキャッシュメモリの内容を正しく保つために、共有する主記憶の内容が変化したかどうかを監視する動作はどれか。

ア データハザード イ バススヌープ
ウ ライトスルー エ ライトバック

解説 問1 各アルゴリズムにおける置換対象ブロックを考える

データ読出し時にミスヒットが発生すると、新たに別のブロック（所要データが含まれるブロック）の内容をキャッシュメモリにロードします。このとき、FIFO（First In First Out）では最初にロードされたC0、LFU（Least Frequently Used）では参照回数が最も少ないC1、LIFO（Last In First Out）では最後にロードされたC3、LRU（Least Recently Used）では参照されてから最も時間が経っているC2が置換対象となります。

解説 問2 消去法で解答

選択肢イが正解です。各々のキャッシュ機構が、共有する主記憶の内容が更新されたかどうかをバス上のデータの流れによって監視する動作をバススヌープといいます。スヌープ（snoop）は「詮索する」という意味です。

解答 問1：エ 問2：イ

テクノロジ系 コンピュータシステム

05 主記憶へのアクセスを高速化する技術

出題ナビ キャッシュメモリを用いることで処理の高速化が図れますが，ここでは，主記憶装置そのものを高速化する技術（メモリインタリーブ）を押さえておきましょう。メモリインタリーブは，CPUにおけるアクセスのほとんどが連続したアドレスに対して行われることに着目した技術です。主記憶をいくつかのバンク（区画）に分割し，並列にアクセスすることで高速化を図ります。

メモリインタリーブ

メモリインタリーブの仕組み

メモリインタリーブのイメージは次のとおりです。一連のアクセスを複数のバンクに分割し，並列的に処理することで高速化を図ります。

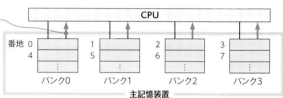

バンク0へのアクセスを開始したら，それに続くバンクもできるだけ並行に（連続的に）アクセスする

こんな問題が出る！

メモリインタリーブの正しい説明

メモリインタリーブの説明として，適切なものはどれか。

ア　主記憶と外部記憶を一元的にアドレス付けし，主記憶の物理容量を超えるメモリ空間を提供する。

イ　主記憶と磁気ディスク装置との間にバッファメモリを置いて，双方のアクセス速度の差を補う。

ウ　主記憶と入出力装置との間でCPUとは独立にデータ転送を行う。————— DMA制御方式（次テーマ参照）

エ　主記憶を複数のバンクに分けて，CPUからのアクセス要求を並列的に処理できるようにする。————— 決め手はココ！

解答　エ

06 入出力制御方式

出題ナビ　　入出力制御とは，CPUと主記憶，および入出力装置との間のデータ転送を制御することをいいます。ここでは，入出力制御の3つの方式（DMA制御方式，チャネル制御方式，プログラム制御方式）をまとめました。この3つの制御方式のうち，特に出題が多いのは，CPUを介さない転送方式である**DMA**（Direct Memory Access：直接記憶アクセス）**制御方式**です。押さえておきましょう。

入出力制御

入出力制御の3方式

入出力制御には、次の3つの方式があります。

専用の制御回路

DMA制御方式	CPUを介さずに主記憶と入出力装置の間で直接データ転送を行う方式。CPUは実行中のプログラムから入出力命令を受けると，転送するデータの主記憶上のアドレスと転送バイト数を**DMAコントローラ**（DMAC）に送る。DMACはCPUから受け取った情報をもとに，主記憶と入出力装置の間のデータ転送を行う。
チャネル制御方式	入出力装置の制御を，CPUに代わって入出力チャネルという専用のハードウェア（単にチャネルともいう）で行う方式。
プログラム制御方式	CPUが直接，入出力装置を制御して，データの転送を行う方式。直接制御方式ともいう。

こんな問題が出る!

DMA制御方式による入出力処理

DMA制御方式による入出力処理の記述として，最も適切なものはどれか。

決め手はココ!

ア　CPUが入出力装置を直接制御することによって，データ転送が行われる。

イ　CPUを介さずに入出力装置と主記憶装置の間のデータ転送が行われる。

ウ　チャネル接続によって入出力装置と主記憶装置の間のデータ転送が行われる。

エ　入出力制御専用のプロセッサによってデータ転送が制御される。

解答　イ

07 システムの構成 （クライアントサーバシステム）

出題ナビ

システムの処理形態は，1か所集中で処理する集中処理とネットワーク上のコンピュータで分散する分散処理に大別でき，分散処理の代表的実例がクライアントサーバシステムです。
　ここでは，クライアントサーバシステムの特徴や3層アーキテクチャの構成，またストアドプロシージャやRPCなど，クライアントサーバシステムの関連技術を確認しておきましょう。

クライアントサーバシステム

クライアントサーバシステムの特徴

　クライアントサーバシステムは，クライアントとサーバが協調して，目的の処理を遂行する分散処理の形態です。例えば，クライアントとなる各PCに専用アプリケーション（以降，単にアプリケーションという）をインストールし，データベースサーバと接続するクライアントサーバ方式では，ユーザインタフェースや一部のデータ処理をクライアント側で担当することでサーバ側の処理負荷が軽減できます。

業務に依存する処理

3層アーキテクチャ（3層クライアントサーバシステム）

　しかし上記の方式では，クライアントPC側のアプリケーションの肥大化や相互矛盾といった問題が発生したり，また業務機能追加の際には，アプリケーションをすべてのPCにインストールし直す必要があります。

　そこで，クライアントとサーバの間にファンクション層を置き，クライアントから業務に依存する処理を分離することで，システムの柔軟性や拡張性，さらに開発生産性や保守効率の向上を狙ったのが3層アーキテクチャです。

　3層アーキテクチャでは，クライアント側に近い順に，プレゼンテーション層，ファンクション層，データベースアクセス層の3つに分離しています。

プレゼンテーション層	ユーザインタフェース
ファンクション層	ビジネスロジック（アプリケーションで実現すべき機能）
データベースアクセス層	データの管理

「データ層」あるいは「データベース層」ともいう

例えば，クライアント側で検索条件を入力し，データベースに問い合わせる処理では，"検索条件の入力"と"結果の表示"を**プレゼンテーション層**，"検索条件からのSQL文組み立て（データ処理条件の組立て）"と"結果の分析・加工"を**ファンクション層**，"データベースの検索"を**データベースアクセス層**として役割を分け，1つのアプリケーション機能を実現します。

〔3層アーキテクチャの特徴〕
・業務ロジックの変更が発生しても，クライアントに与える影響が少ない。
・アプリケーションの修正や追加が頻繁なシステムでは導入効果が大きい。

Web-DB連携システム

Web-DB連携システムは，Webサーバ，アプリケーションサーバ（APサーバ），データベースサーバ（DBサーバ）の3層から構成されるシステムです。クライアント側に汎用のWebブラウザを用いるので，OSなどのクライアントPC環境を統一する必要がありません。また，クライアント側アプリケーションのセットアップやバージョンアップ作業も不要になり，コストの大幅削減が期待できます。

こんな問題が出る！

クライアント側にWebブラウザを用いたとき軽減される作業

　クライアントサーバシステムを構築する。Webブラウザによってクライアント処理を行う場合，専用のアプリケーションによって行う場合と比較して，最も軽減される作業はどれか。

（PC環境の統一，アプリケーションのインストール作業などが発生）

ア　クライアント環境の保守　　　イ　サーバが故障したときの復旧
ウ　データベースの構築　　　　　エ　ログインアカウントの作成と削除

解答　ア

Webサーバ，アプリケーション（AP）サーバ及びデータベース（DB）サーバが各1台で構成されるWebシステムにおいて，次の3種類のタイムアウトを設定した。タイムアウトに設定する時間の長い順に並べたものはどれか。ここで，トランザクションはWebリクエスト内で処理を完了するものとする。

〔タイムアウトの種類〕
① APサーバのAPが，処理を開始してから終了するまで
② APサーバのAPにおいて，DBアクセスなどのトランザクションを開始してから終了するまで
③ Webサーバが，APサーバにリクエストを送信してから返信を受けるまで

ア　①，③，②　　　イ　②，①，③　　　ウ　③，①，②　　　エ　③，②，①

解説　処理時間の長さは「Webサーバ>APサーバ>DBサーバ」

　処理の流れは，次のとおりです。Webシステムの場合，各サーバの処理時間は，長い順に「Webサーバ>APサーバ>DBサーバ」となります。したがって，設定すべきタイムアウト時間も「③>①>②」になります。

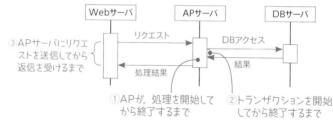

解答　ウ

クライアントサーバシステムの関連技術

ストアドプロシージャ

「Data Base Management System」の略で，**データベース管理システム**のこと

　ストアドプロシージャとは，一連のSQL文からなる処理手続き（プロシージャ）を，実行可能な状態でサーバ（DBMS）内に格納したものです。クライアントは，必要なときに必要なプロシージャを呼び出して実行します。

　ストアドプロシージャを利用すると，複数のSQL文からなる手続を1回の呼出し

で実行できるので，クライアントから1つずつSQL文を送信する必要がなく，サーバとクライアント間のネットワーク負荷を軽減できます。

　また，システム全体に共通な処理をプロシージャとしておくことで，処理の標準化や共有化を行うことができます。ただし，プロシージャ化する単位が細かすぎると，クライアントとサーバ間のやり取りが多くなるので処理性能の向上は期待できません。

RPC

「Remote Procedure Call」の略

　クライアントサーバシステムのクライアントにおいて，遠隔サーバ内の手続（プロシージャ）を，クライアントにある手続と同様の方法で呼び出す機能を **RPC** といいます。RPCは，プログラム間の通信方式の1つで，処理の一部を他のコンピュータに任せる方式です。

2 テクノロジ系 コンピュータシステム

こんな問題が出る！

ストアドプロシージャの説明ではないもの

　クライアントサーバシステムにおけるストアドプロシージャの記述として，**誤っているもの**はどれか。

関係データベースのトリガ

ア　アプリケーションから1つずつSQL文を送信する必要がなくなる。

イ　クライアント側のCALL文によって実行される。

ウ　サーバとクライアント間での通信トラフィックを軽減することができる。

エ　データの変更を行うときに，あらかじめDBMSに定義しておいた処理を自動的に起動・実行するものである。

解答　エ

コレも一緒に！ 覚えておこう

●関係データベースのトリガ（選択肢エ）

　トリガ（trigger）は，データの変更操作（INSERT, UPDATE, DELETE）を引き金に動作する。例えば，受注処理で，受注表にデータを挿入（INSERT）すると，あらかじめ定義・登録しておいた「在庫表の在庫量から受注量を減算する処理」を自動的に起動・実行するというもの。

NASとSANによる ファイル共有

出題ナビ

複数のコンピュータで処理を分散したり，分割して並行処理させるとき，ファイルの共有が課題となります。これを最も簡単に解決するのが従来のファイルサーバですが，現在，さらに効率のよいファイル共有方式（技術）が考えられています。

ここでは，その代表技術であるNASとSAN，そして，選択肢によく出てくるNFSを押さえておきましょう。

ファイル共有の技術と特徴

NAS

NAS（Network Attached Storage）は，磁気ディスク装置を直接LANに接続する形式のファイルサーバ専用機です。ファイルシステムを持つNAS専用のOSを備えていて，従来のファイルサーバよりアクセスも高速です。

TCP/IPを利用してファイル共有を行う

またNASは，Windows系OSのファイル共有で使用される**SMB**を拡張しWindows以外でも利用できるようにした**CIFS**（Common Internet File System）や，主にUNIXで利用される**NFS**（Network File System：右ページ参照）など複数のプロトコルに対応しています。そのため，異なるOSのコンピュータ間でもファイル単位でデータを共有することが可能です。

NAS（サーバ）
RAID構成の場合もある
直接LANに接続
ストレージ管理専用
ファイルシステム

クライアント
Windows系OS

クライアント
UNIX系OS

従来の
ファイル
サーバ

SAN

SAN（Storage Area Network）は，磁気ディスク装置や磁気テープ装置などのストレージを，通常のLANとは別の高速なネットワークで構成する方式です。

従来から，SANの構築には**ファイバチャネル**（FC：Fibre Channel）と呼ばれ

FCを用いたSANをFC-SANという

る高速データ転送方式が多く用いられてきましたが，現在では，SCSIプロトコルをTCP/IPネットワーク上で使用する**iSCSI**（Internet Small Computer System Interface）を用いたSAN（**IP-SAN**という）もあります。IP-SANは，FC-SANに比べて低価格という利点はありますが，TCP/IPを使うため処理のオーバヘッドが大きいといわれています。

また，LAN環境とFC-SAN環境を統合する技術として，TCP/IPを使わずに直接FCフレームをイーサネットで通信する**FCoE**（Fibre Channel over Ethernet）という技術もあります。

〔**FC-SANのイメージ**〕

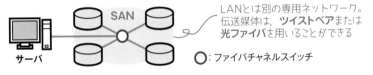

LANとは別の専用ネットワーク。
伝送媒体は，**ツイストペア**または
光ファイバを用いることができる

◯：ファイバチャネルスイッチ

サーバ　SAN

NFS

NFS（Network File System）は，**RPC**（p.77）の上に実現されるもので，主にUNIXで利用されるファイル共有システムです。離れた場所にある（ネットワーク上の）他のコンピュータのファイルを，あたかもローカルファイル（自分のコンピュータのファイル）のように操作することができます。

こんな**問題**が**出る!**

FCを用いたSAN装置の特徴

ファイバチャネルを用いたSAN装置の特徴はどれか。

ア　クライアントに対しては，LANに接続されたファイルサーバ として機能する。
イ　異なる機種のサーバやクライアント間で，データをファイル単位で共有できる。
ウ　サーバやLANを介さずに，データのバックアップが可能である。
エ　モバイルPCからも，インターネットを介して任意の場所から接続可能である。

NAS

決め手はココ!

NAS

解答　ウ

09 信頼性と速度を 向上させるRAID

出題ナビ

ディスク装置の障害によるデータ損失のリスクは，特にファイルを共有し，データを一元管理しているシステムでは，とても大きくなります。そこで，ディスク装置障害対策の1つとして，複数のディスク装置を組み合わせて冗長度を高めるRAIDがあります。

ここでは，試験での出題が多い，RAIDの構成方式と，その可用性 (稼働率) を確認しておきましょう。

RAID構成

RAIDの特徴と実現方法

RAIDは，独立したディスク装置を複数台用いて，可用性が高く，高速で大容量の補助記憶装置 (ディスクアレイという) を構築する技術です。RAIDには，データおよび冗長ビットの記録方法と記録位置の組合せによって，いくつかのレベル (種類) があります。代表的なものを次に示すので，各レベルのデータ記録方法と記録位置，冗長ビットの有無を押さえておきましょう。

データの入出力の高速化を図る技術

RAID0	データを分散して複数のディスクに書き込む**ストライピング**により，入出力速度の高速化のみを図った方式。いずれか1台にでも障害が発生すると，ディスクアレイは稼働不可能になるため，信頼性には欠ける。
RAID1	複数のディスクに同じデータを書き込むミラーリング技術によって，いずれか1台に障害が発生してもディスクアレイとして稼働する信頼性を高めた方式。
RAID2	RAID0構成に，エラー訂正符号 (ハミング符号) 用の複数のディスク装置を追加することで，障害が発生した際の復元ができるようにした方式。

試験には出ない

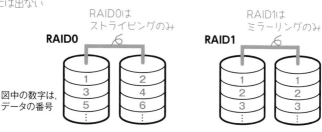

RAID0は ストライピングのみ

RAID1は ミラーリングのみ

RAID0

RAID1

図中の数字は，データの番号

RAID3 RAID4	RAID0構成に、パリティを保持するパリティディスクを追加し、いずれか1台に障害が発生したときは、正常なディスク間で復元できる方式。RAID3はビット単位、RAID4はブロック単位でストライピングを行う。
RAID5	RAID4は書込みの際に、パリティディスクへのアクセスが集中する。これを改良し、データ（ブロック）とパリティを複数のディスクに分散させることで高速化を実現したのがRAID5。いずれか1台に障害が発生したときは、正常なディスク間で復元できる。

2 テクノロジ系 コンピュータシステム

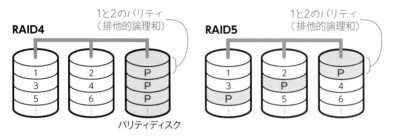

こんな問題が出る！

問1　ミラーリングを用いるRAID

　RAIDの分類において、ミラーリングを用いることで信頼性を高め、障害発生時には冗長ディスクを用いてデータ復元を行う方式はどれか。

ア　RAID1　　　　イ　RAID2　　　　ウ　RAID3　　　　エ　RAID4

問2　RAIDの正しい説明

　ディスクアレイの構成方式の1つであるRAIDに関する記述のうち、適切なものはどれか。

　　　　　　　　　　　　└「非冗長構成」はRAID0だけ
ア　RAID1、RAID2、RAID3は非冗長構成であり、RAID4、RAID5は冗長構成である。
イ　RAID1は、ディスクアレイのうちの数台を更新ログの格納に用いる。
ウ　RAID4は、ミラーディスクを使用した構成方式である。
エ　RAID5は、パリティブロックをディスクアレイ内に分散させる方式である。

解答　問1：ア　問2：エ

RAIDの稼働率(可用性)

RAID0とRAID1の稼働率

RAID0は冗長構成ではないため実効容量率は100%ですが,いずれか1台にても障害が発生するとディスクアレイは稼働不能となります。そのため,例えば,稼働率uのディスク装置2台でRAID0を構成した場合,ディスクアレイの稼働率はu^2となります。

一方,ディスク装置2台で構成するRAID1は,実効容量率は50%ですが,どちらかのディスク装置が稼働していればディスクアレイとして稼働します。そのため,ディスクアレイの稼働率は,2台のディスク装置がともに稼働している場合のu^2と,どちらか1台だけが稼働している場合の$2u(1-u)$の和で,$u^2+2u(1-u)=2u-u^2$となります。

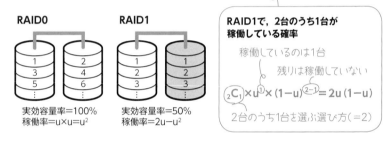

RAID0

実効容量率=100%
稼働率=u×u=u^2

RAID1

実効容量率=50%
稼働率=$2u-u^2$

RAID1で,2台のうち1台が稼働している確率

稼働しているのは1台

残りは稼働していない

$_2C_1 × u^1 × (1-u)^{2-1} = 2u(1-u)$

2台のうち1台を選ぶ選び方(=2)

RAID0とRAID1を組み合わせたRAID01の稼働率

各RAIDレベルを組み合わせて,高速性と高可用性を実現することができます。例えば,RAID0とRAID1を組み合わせ,ストライビングしたディスク装置群を1つの単位としてミラーリングすることで,RAID0の高速性を保ちながら高可用性を実現するのがRAID01(RAID0+1ともいう)です。この構成での実効容量率は50%ですが,稼働率は$2u^2-u^4$となります。

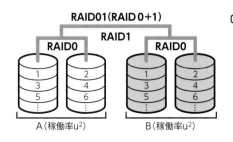

RAID01(RAID 0+1)

RAID1

RAID0　　　　**RAID0**

A(稼働率u^2)　　B(稼働率u^2)

〔RAID01の稼働率〕

・A,Bとも稼働している場合
　$(u^2)^2=u^4$

・1つだけ稼働している場合
　$2u^2(1-u^2)$

上記2つの和
　$u^4+2u^2(1-u^2)$
　$=2u^2-u^4$

チャレンジ！午後問題

問 表は，1台当たりの容量が100Gバイトのディスク装置を用いて，実効容量400Gバイトのディスクアレイを構成する場合の，最小構成時のディスク装置台数，ディスクアレイが稼働不能となる最小障害ディスク装置台数，およびディスクアレイの稼働率を，RAID0，RAID4およびRAID5ごとにまとめたものである。表中の| a |に入れる適切な数値を答えよ。また，| b |に入れる適切な式を答えよ。ここで，ディスク装置1台の稼働率はすべてuとする。

RAIDレベル	最小構成時の ディスク 装置台数	ディスクアレイが 稼働不能となる 最小障害ディスク装置台数	ディスクアレイの 稼働率
RAID0	4	1	u^4
RAID4, RAID5	a	2	b

解説 空欄a　ディスク装置1台分がパリティ用となることを考慮する

RAID4，RAID5では，使用するディスク装置1台分の容量（100Gバイト）をパリティデータが占有することになります。そのため，実効容量を400Gバイトにするためには500Gバイト，つまり**5台**のディスク装置が必要です。

解説 空欄b　5台のうち4台以上が稼働している確率を考える

1台までの故障
なら稼働

ディスクアレイが稼働不能となる最小障害ディスク装置台数が2台なので，5台のうち4台以上が稼働していればディスクアレイとして稼働します。

したがって，ディスクアレイの稼働率は，5台が稼働している場合のu^5と，5台のうち4台が稼働している場合の$5u^4(1-u)$の和で，$u^5+5u^4(1-u)=\mathbf{5u^4-4u^5}$です。ここで，5台のうち4台が稼働している確率は，次のように求めます。

稼働しているのは4台

残りは稼働していない

$_5C_4 \times u^4 \times (1-u)^{5-4} = 5u^4(1-u)$

5台のうち4台を選ぶ選び方（=5）

解答　a：5　　b：$5u^4-4u^5$　あるいは　$u^5+5u^4(1-u)$　でも可

83

テクノロジ系 コンピュータシステム

10 仮想化技術

出題ナビ

仮想化技術とは，物理構成とは異なる"論理的構成"を提供する技術の総称です。仮想化できるIT資源（ITリソース）には，ストレージやサーバ，ネットワークなどがあります。ここでは，複数のストレージを論理的に統合して1つのストレージとして扱うストレージ仮想化や，1台の物理サーバ上で複数の仮想的なサーバを動作させるサーバ仮想化に関わる技術を確認しましょう。

ストレージ仮想化に関連する技術

シンプロビジョニング

> 必要に応じて資源を提供できるよう準備しておくという意味

シンプロビジョニング（Thin Provisioning）は，ストレージ資源を仮想化して割り当てることでストレージの物理容量を削減できる技術です。利用者には要求容量の仮想ボリュームを提供し，実際には利用している容量だけを割り当てます。

例えば，利用者Aの要求容量が10Tバイトで実使用量が5Tバイト，また利用者Bの要求容量が20Tバイトで実使用量が10Tバイトであった場合，利用者A，Bには，それぞれ要求容量の仮想ボリューム（10Tバイト，20Tバイト）を提供し，実際には実使用量分の物理ディスク（5Tバイト，10Tバイト）を割り当てます。これにより物理ディスクは利用者要求容量の1/2で済むため，ストレージ資源の効率的な利用が可能になります。

ストレージ自動階層化

ストレージには様々な種類があり，それぞれに性能やコストが異なります。一般に，高速になるほど容量は小さくなり，容量当たりの単価は高くなります。そこで，異なる性能のストレージを複数組み合わせて階層を作り，利用目的や利用頻度といった，データの特性に応じて格納するストレージを変えます。

ストレージ自動階層化とは，ストレージ階層を仮想化し，その間でデータを自動的に移動させる技術です。例えば，アクセス頻度が高いデータは上位の高速なストレージ階層に，アクセス頻度が低いデータは下位の低速階層に自動的に移動・配置します。これによってコストを抑えながら必要な性能を確保し，情報活用とストレージ活用を高めます。

アクセス頻度
高
低

こんな**問題**が**出**る!

シンプロビジョニングの正しい説明

ストレージ技術におけるシンプロビジョニングの説明として，適切なものはどれか。

ア 同じデータを複数台のハードディスクに書き込み，冗長化する。— ミラーリング

イ 1つのハードディスクを，OSをインストールする領域とデータを保持する領域とに分割する。— ディスクのパーティション分割

ウ ファイバチャネルなどを用いてストレージをネットワーク化する。— SAN

エ 利用者の要求に対して仮想ボリュームを提供し，物理ディスクは実際の使用量に応じて割り当てる。

解答　エ

サーバ仮想化に関連する技術

サーバ仮想化のメリット

サーバ仮想化技術を用いることで，これまで複数台の物理サーバに振り分けていたOSやアプリケーション（AP）などを，1台あるいは少数の物理サーバに統合することが可能となります。期待できる主な利点は次のとおりです。

「サーバコンソリデーション」という

〔サーバコンソリデーションの利点〕

・**サーバの管理・運用コストの削減** — 試験で問われる

・コンピュータリソースの利用率の向上

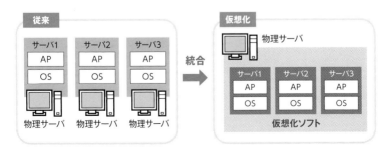

サーバ仮想化の方式

　サーバ仮想化の方式には，ホスト型，ハイパバイザ型などがあります。

　ホスト型は，ホストOSの上に仮想化ソフトウェアをインストールし，その上で仮想サーバを稼働させる方式です。仮想サーバ環境の構築は容易ですが，仮想化ソフトウェアによってサーバ・ハードウェアをエミュレートするため仮想化のオーバヘッドが大きく，全体として処理速度が出にくいといった欠点があります。

　ハイパバイザ型は，仮想サーバ環境を実現するための制御プログラム（ハイパバイザという）をハードウェアの上で直接動かし，その上で仮想サーバを稼働させる方式です。ハイパバイザは，仮想OSとも呼ばれるプログラムです。ハイパバイザがハードウェアを直接制御するため，リソースを効率よく利用でき，ホスト型と比べて処理速度は向上します。

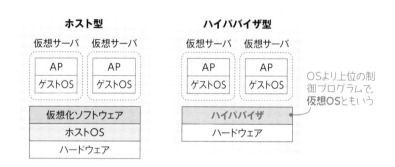

その他のサーバ仮想化に関連する技術

　その他，試験に出題されるサーバ仮想化に関連する技術として，次の2つを押さえておきましょう。

ライブ マイグレーション	仮想サーバ上で稼働しているOSやアプリケーションを停止させずに，別の物理サーバへ移し処理を継続させる仕組み。移動対象となる仮想サーバのメモリイメージがそのまま移動先の物理サーバへ移し替えられるため可用性を損なうことがなく，また利用者は仮想サーバの移動を意識することなく継続利用ができる。
クラスタ ソフトウェア	仮想サーバを冗長化したクラスタシステムの高可用性を実現するための仕組みであり，クラスタシステムを管理／制御するソフトウェア。OS，アプリケーションおよびハードウェアの障害に対応し，障害時に，障害が発生していないサーバに自動的に処理を引き継ぐので，切替え時間の短い安定した運用が求められる場合に有効。

こんな**問題**が**出る！**

問1 仮想マシン環境を実現するための制御機能

1台のコンピュータで複数の仮想マシン環境を実現するための制御機能はどれか。

ア　シストリックアレイ　　　　イ　デスクトップグリッド
ウ　ハイパバイザ　　　　　　　エ　モノリシックカーネル

問2 ライブマイグレーションの正しい説明

仮想サーバの運用サービスで使用するライブマイグレーションの概念を説明したものはどれか。

ア　仮想サーバで稼働しているOSやソフトウェアを停止することなく，他の物理サーバへ移し替える技術である。

イ　データの利用目的や頻度などに応じて，データを格納するのに適したストレージへ自動的に配置することによって，情報活用とストレージ活用を高める技術である。──○ストレージ自動階層化

ウ　複数の利用者でサーバやデータベースを共有しながら，利用者ごとにデータベースの内容を明確に分離する技術である。──○データベースの
　　　　　　　　　　　　　　　　　　　　　　　　　　　　　　　マルチテナント方式

エ　利用者の要求に応じてリソースを動的に割り当てたり，不要になったりリソースを回収して別の利用者のために移し替えたりする技術である。
　　　　　　　　　　　　　　　　　　　　　　　　リソースオンデマンド

解答　問1：ウ　問2：ア

コレも一緒に！　**覚えておこう**

●シストリックアレイ（問1の選択肢ア）
シストリックアレイは，並列計算機モデルの1つ。単純計算を行うプロセッサを多数個規則的に接続し，個々のプロセッサが「データ受け取り→データ送り出し」というパイプライン化された動作を繰り返すことで並列計算を行う。

●モノリシックカーネル（問1の選択肢エ）　　○OSの中核となる部分
モノリシックカーネルは，OSが担う機能すべてをカーネルに持たせるアーキテクチャ。モノリシック（Monolithic）とは"一枚岩"という意味。

高信頼化システムの
設計方針と実現構成

出題ナビ

コンピュータシステムにはより高い信頼性が求められますが，高信頼化システム実現のためには，まずどのような考え方や方針で，高信頼化を目指すのかが重要になります。

ここでは，高信頼化システムの考え方（フォールトトレランスとフォールトアボイダンス）や信頼性設計の方針，また，高信頼化を実現する代表的なシステム構成の例を確認しておきましょう。

高信頼化システムの設計

高信頼化システムの設計概念

高信頼化システムを設計するときの考え方には，フォールトトレランス（耐故障）とフォールトアボイダンス（故障排除）があります。

フォールトトレランスは，システムの構成要素を多重化して故障に備えるという考え方です。一方，**フォールトアボイダンス**は，システムの構成要素自体の信頼性を高めて，故障そのものの発生を防ごうという考え方です。

信頼性設計の方針

フォールトトレラントシステム（耐故障システム）の設計方針として，システムに障害が発生した際の対応が異なる**フェールソフト**と**フェールセーフ**があります。また，ユーザの誤操作対応という観点から**フールプルーフ**という設計方針もあります。次の表にそれぞれの特徴をまとめますが，フェールソフトとフェールセーフは，間違えやすいので注意しましょう。

フェールソフト	障害が発生した部分を切り離して，システム全体を停止させずに必要な機能を維持させる。障害が発生した部分を切り離して機能が低下した状態で処理を続行することを縮退運転（フォールバック）という。なお，右ページで説明するデュアルシステムやデュプレックスシステムは，フェールソフトを実現するもの。
フェールセーフ	障害の影響範囲を最小限にとどめ，常に安全側にシステムを制御する。例えば，交通管制システムが故障したときには，信号機に赤が点灯するよう設計する。
フールプルーフ	ユーザが誤った操作をしても事故が起こらないようにする。

こんな**問題**が**出**る！

システムの信頼性向上技術に関する正しい記述

システムの信頼性向上技術に関する記述のうち，適切なものはどれか。

ア　故障が発生したときに，あらかじめ指定されている安全な状態にシステムを保つことを，フェールソフトという。
ーフェールセーフ

イ　故障が発生したときに，あらかじめ指定されている縮小した範囲のサービスを提供することを，フォールトマスキングという。
フェールソフトの縮退運転

ウ　故障が発生したときに，その影響が誤りとなって外部に出ないように訂正することを，フェールセーフという。
ーフォールトマスキング

エ　故障が発生したときに対処するのではなく，品質管理などを通じてシステム構成要素の信頼性を高めることを，フォールトアボイダンスという。

解答　エ

二重化で信頼性を向上させるシステム

デュアルシステム

同じ処理を行うシステムを二重に用意し，処理結果を照合（クロスチェック）することで処理の正しさを確認するシステムを**デュアルシステム**といいます（次ページ図左）。どちらかのシステムに障害が発生した場合は，障害の発生したシステムを切り離し，縮退運転（**フォールバック**）によって処理を継続します。
クロスチェックができなくなり機能は低下

デュアルシステムでは，障害の発生したシステムを切り離すだけなので，MTTR（平均修理時間）は短くて済みますが，2つのシステムで同じ処理を行い結果を照合する分，スループットは落ちます。

デュプレックスシステム

オンライン処理など主要な処理を行う主系（運用系，現用系ともいう）と待機系を用意し，主系に障害が発生した際，待機系に切り替え処理を続行するシステムを**デュプレックスシステム**といいます（次ページ図右）。

また，正常時における待機系の待機のさせ方によって，次の3つのスタンバイ方式があります。待機系システムへの切替速度は「ホット→ウォーム→コールド」の順です。なお，いずれの方式も，切り替えには時間がかかるためデュアルシステムよりMTTR（平均修理時間）は長くなります。 ＼──「フェールオーバタイム」という

ホットスタンバイ方式	主系と同じ業務システムを待機系でも起動しておき，主系に障害が発生したら，直ちに待機系に切り替える方式。
ウォームスタンバイ方式	OSだけ起動しておき，業務システムは起動していない状態で，待機系を待機させる方式。
コールドスタンバイ方式	電源を切った状態で待機させ（他の処理を行っている場合もある），主系に障害が発生した時点で，OSおよび業務システムを起動させて，待機系システムへの切替えを行う方式。

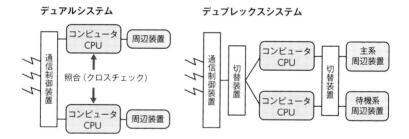

デュアルシステム　　　　　　　　　デュプレックスシステム

冗長構成による信頼性の向上

サーバ構成の二重化

　システム構成に冗長性を持たせることで，システムの信頼性は高くなります。冗長構成の方法には，次の2つがあることも押さえておきましょう。

　1つはアクティブ／アクティブ構成です。例えば，2台のサーバで負荷分散し，どちらかのサーバに障害が発生した場合は，残ったサーバだけで継続稼働させるという方式です。信頼性と処理能力の向上が図れます。 ＼──デュプレックス構成の1つ

　もう1つは，アクティブ／スタンバイ構成です。通常，アクティブ側だけで処理を行い，アクティブ側に障害が発生したとき，スタンバイ側に処理を引き継ぎ（フェールオーバという），継続稼働させるという方式です。

アクティブ／アクティブ構成　　**アクティブ／スタンバイ構成**

| APサーバ1 | APサーバ2 |
| アクティブ | アクティブ |

| DBサーバ1 | 死活監視 | DBサーバ2 |
| アクティブ | | スタンバイ |

共有
ディスク

アクティブサーバが稼働している
かどうかを，継続的に調べること

確認のための**実践問題**

　ホットスタンバイシステムにおいて，現用系に障害が発生して待機系に切り替わる契機として，最も適切な例はどれか。

ア　現用系から待機系へ定期的に送信され，現用系が動作中であることを示すメッセージが途切れたとき。

イ　現用系の障害をオペレータが認識し，コンソール操作を行ったとき。

ウ　待機系が現用系にたまった処理の残量を定期的に監視していて，残量が一定量を上回ったとき。

エ　待機系から現用系に定期的にロードされ実行される診断プログラムが，現用系の障害を検出したとき。

解説　**便りがなければ"やばい"と考える**

　ホットスタンバイシステムでは，待機系への切替を高速化するため，障害発生を自動的に判断する仕組みが必要です。例えば，選択肢アのように現用系から待機系へ定期的にメッセージを送信したりメッセージ交換を行い，現用系からのメッセージが途切れたら障害発生と判断します。ホットスタンバイでは，「便りのないのは良い便り（便りがないのは元気な証拠）」は当てはまりません。「便りがないのは悪い便り」です。

　選択肢イは，オペレータが介入すると切替時間がかかってしまいます。選択肢ウは，一時的に処理量が増え，処理が間に合っていない状況も考えられるので，現用系にたまった処理の残量が一定量を上回っただけで現用系に障害が発生したと判断するのは危険です。選択肢エは，現用系に障害が発生している場合には，診断プログラムは障害を検出できません。

解答　ア

2

テクノロジ系 コンピュータシステム

12 システムの信頼性特性と評価

出題ナビ

コンピュータシステムの稼働率（可用性，アベイラビリティ）は，試験で毎回出題されるテーマです。午前問題の稼働率計算は，基本公式のちょっとした応用で解答できますが，午後問題では，かなり複雑な計算が要求されます。

　ここでは，午前問題はもちろん，午後問題にも対応できるよう，稼働率の基本公式や計算テクニックを押さえておきましょう。

RASISと信頼性評価指標

RASIS

　システムを評価する際の評価項目に，次に示す5つの特性の頭文字をとったRASISがあります。

Reliability（信頼性）	システム全体が故障せず連続的に動作すること。指標には，MTBF（平均故障間隔）が用いられる。
Availability（可用性）	システムが使用できるという使用可能度。指標には，稼働率が用いられる。
Serviceability（保守性）	システムに故障が発生した場合，迅速に復旧できること。指標には，MTTR（平均修理時間）が用いられる。
Integrity（保全性）	情報の一貫性を確保する能力（不整合の起こりにくさ）。
Security（機密性）	情報の漏えい・紛失・不正使用などを防止する能力。

MTBFとMTTRと稼働率の関係

　MTBF（平均故障間隔）は稼働していた時間の平均，MTTR（平均修理時間）は修理（復旧までの）時間の平均です。稼働率は，全体の時間に対する稼働していた時間の割合です。つまり，システムが時間とともに故障と回復を繰り返す場合のMTBFとMTTRおよび稼働率は，次のように表されます。

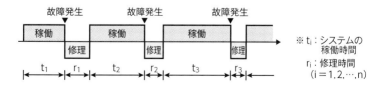

$$\text{MTBF（平均故障間隔）} = \frac{1}{n} \sum_{i=1}^{n} t_i$$

〉Σ（シグマ）は
項の総和を表す記号

$$\text{MTTR（平均修理時間）} = \frac{1}{n} \sum_{i=1}^{n} r_i$$

$$\text{稼働率} = \frac{\text{稼働していた時間}}{\text{全体の時間}} = \frac{\text{MTBF}}{\text{MTBF}+\text{MTTR}}$$

例えば，100時間に2回の故障が発生し，その都度復旧に3時間を要していたときの稼働率は，次のとおりです。

稼働していた時間

$$\frac{(100 - 2 \times 3)}{100} = \frac{94}{100} = 0.94$$

全体の時間

こんな問題が出る!

システムの信頼性指標に関する正しい説明

システムの信頼性指標に関する記述のうち，適切なものはどれか。

ア　MTBFとMTTRは，稼働率が0.5のときに等しくなる。

稼働率＝MTBF／（MTBF+MTTR）
MTBF＝MTTRのとき，稼働率が0.5になる

イ　MTBFは，システムが故障してから復旧するまでの平均時間を示す。

ウ　MTTRは，MTBFに稼働率を掛けると求めることができる。

エ　MTTRは，システムに発生する故障と故障の間隔の平均時間を示す。

解答　ア

コレも一緒に!　覚えておこう

●MTTRを短くする施策

午前問題では，MTTRを短くする施策が問われる。MTTRを短くする施策には，**エラーログの採取**や**遠隔地保守**，**保守センタの分散配置**などがあることを押さえておこう。

問われるのはコレ!

2

テクノロジ系 コンピュータシステム

故障発生率(故障発生数)

MTBFと故障発生率の関係

システムの単位時間当たりに発生する故障回数を**故障発生率**（故障発生数）といいます。故障発生率は，MTTRがMTBFに比べ十分に小さいとき，MTBFの逆数で求められます。

└─「MTTR << MTBF」と表す

MTBF ─ 逆数の関係にある ─→ **故障発生率** $\left(\dfrac{1}{\text{MTBF}}\right)$

システムの故障発生率

複数の装置が直列に接続されたシステム全体の故障発生率は，それぞれの装置の故障発生率の和で求められます。

$$─\boxed{\lambda_1}─\boxed{\lambda_2}─\boxed{\lambda_3}─\cdots─\boxed{\lambda_n}─$$ ※λ_1, λ_2, …, λ_n は故障発生率

システムの故障発生率 ＝ $\lambda_1 + \lambda_2 + \lambda_3 + \cdots + \lambda_n$

└─ 直列接続と考える

例えば，2つの装置がともに稼働しているときに全体として稼働するシステムで，各装置のMTBFがそれぞれ270時間，540時間であるとき，システム全体の故障発生率およびMTBFは，次のとおりです。

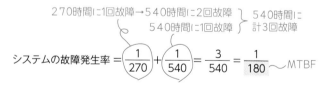

270時間に1回故障→540時間に2回故障 ⎫ 540時間に
540時間に1回故障 ⎭ 計3回故障

システムの故障発生率 ＝ $\left(\dfrac{1}{270}\right) + \left(\dfrac{1}{540}\right) = \dfrac{3}{540} = \dfrac{1}{180}$ ─ MTBF

 # システムの稼働率計算

基本装置系（直列接続，並列接続）の稼働率

午前問題，午後問題ともに重要なのが**システムの稼働率**です。特に午後問題では，問題文も長くシステムの構成も複雑なため，稼働率の求め方も難易度が高くなります。問題文から，どの部分が直列なのか並列なのかを明確にし，次に示す基本公式を当てはめながら落ち着いて解答することがポイントです。

〔直列接続の稼働率〕

　n個の要素が直列接続されている場合，システムの稼働率（信頼度ともいう）は，各要素の稼働率がp_1，p_2，p_3，…，p_nであるとき，次の式で求めます。

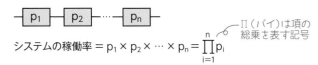

$$\text{システムの稼働率} = p_1 \times p_2 \times \cdots \times p_n = \prod_{i=1}^{n} p_i$$

Ⅱ（パイ）は項の総乗を表す記号

〔並列接続の稼働率〕

　一方，n個の要素が並列接続されている場合の稼働率は，次の式で求めます。

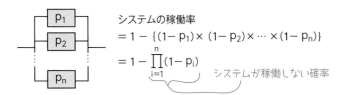

システムの稼働率

$$= 1 - \{(1 - p_1) \times (1 - p_2) \times \cdots \times (1 - p_n)\}$$

$$= 1 - \prod_{i=1}^{n}(1 - p_i)$$

システムが稼働しない確率

こんな**問題**が**出る!**

システムAとシステムBの稼働率の比較

　3台の装置X〜Zを接続したシステムA，Bの稼働率について，適切なものはどれか。ここで，3台の装置の稼働率は，いずれも0より大きく1より小さいものとし，並列に接続されている部分は，どちらか一方が稼働していればよいものとする。

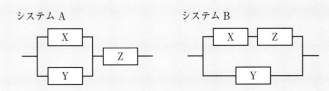

システム A　　　　　　　　　　　システム B

　ア　各装置の稼働率の値によって，AとBの稼働率のどちらが高いかは変化する。

　イ　常にAとBの稼働率は等しい。

　ウ　常にAの稼働率が高い。

　エ　常にBの稼働率が高い。

解説 **システムAとBの稼働率の差（正負）で判断する**

1. システムA，Bの稼働率を求める

装置X，Y，Zの稼働率をx，y，zとすると，AとBの稼働率は次のとおりです。

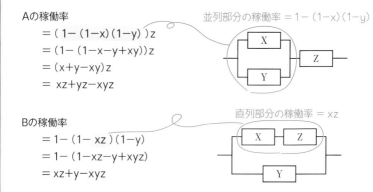

Aの稼働率

並列部分の稼働率 $= 1 - (1-x)(1-y)$

$$= (1 - (1-x)(1-y))z$$
$$= (1 - (1-x-y+xy))z$$
$$= (x+y-xy)z$$
$$= xz+yz-xyz$$

Bの稼働率

直列部分の稼働率 $= xz$

$$= 1 - (1-xz)(1-y)$$
$$= 1 - (1-xz-y+xyz)$$
$$= xz+y-xyz$$

2. システムAの稼働率とシステムBの稼働率の差をとる

どちらの稼働率が高いかを求めるため，AとBの稼働率の差をとります。つまり，「Aの稼働率－Bの稼働率」が正（>0）ならAの方が高く，負（<0）ならBの方が高いとわかります。

Aの稼働率－Bの稼働率

$$= (xz+yz-xyz) - (xz+y-xyz)$$
$$= yz-y$$
$$= y(z-1)$$

3. 稼働率の差を判断する

求めた差 $y(z-1)$ の符号を判断します。問題文に，「稼働率は，いずれも0より大きく1より小さいものとする」とあるので，$0<y<1$，$0<z<1$ です。このことから，$y>0$，$z-1<0$ となります。

したがって，Aの稼働率からBの稼働率を引いた「$y(z-1)$」は，負（<0）になるので，**常にシステムBの稼働率が高い**と判断できます。

Aの稼働率－Bの稼働率 $= y(z-1) < 0$
　　　　　　　　　　　　　　正（>0）　　負（<0）

解答　エ

チャレンジ！**午後問題**

問　S社では，社内システムで使用しているサーバの電力使用量と設置スペースを削減するために，サーバの仮想化を検討することにした。そのための準備として，経理システムと人事システムを対象に，両システムのサーバの現状を調査した。調査結果を表1に示す。各サーバはCPU数とメモリ容量だけが異なっていた。

表1　経理システムと人事システムのサーバの調査結果

サーバ	CPU数	メモリ容量	状態	平均CPU使用率	平均メモリ使用率
経理APサーバ1	1	1Gバイト	アクティブ	30%	80%
経理APサーバ2	1	1Gバイト	アクティブ	30%	80%
経理DBサーバ1	2	2Gバイト	アクティブ	40%	80%
経理DBサーバ2	2	2Gバイト	スタンバイ	0%	20%
人事APサーバ1	1	1Gバイト	アクティブ	20%	80%
人事APサーバ2	1	1Gバイト	アクティブ	20%	80%
人事DBサーバ1	2	2Gバイト	アクティブ	30%	80%
人事DBサーバ2	2	2Gバイト	スタンバイ	0%	20%

注記　AP：アプリケーション，DB：データベース

〔冗長構成の考え方〕
(1) 両システムとも，APサーバはアクティブ／アクティブの2台構成で負荷分散しており，どちらかのサーバで障害が発生した場合でも，残ったサーバによって，業務は停止することなく継続して行える。DBサーバは共有ディスク方式のアクティブ／スタンバイ構成で，共有ディスクでDBを管理している。アクティブなDBサーバで障害が発生すると，スタンバイのDBサーバにフェイルオーバし，業務を継続する。
(2) 障害が発生したAPサーバが復旧すると，アクティブなAPサーバとして負荷分散に加わる。障害が発生したDBサーバが復旧すると，スタンバイのDBサーバとして，アクティブなDBサーバの障害に備える。

〔サーバ仮想化のホストサーバ〕
　サーバ仮想化のホストサーバとなる物理サーバにはブレードを使用する。1枚のブレード上には，4コアのCPUを1つと，メモリを4Gバイト搭載している。

1コア当たりの性能は，仮想化とマルチコアによるオーバヘッドを考慮して，現行サーバのCPU1つと同等である。

〔サーバ仮想化の構成案〕

　サーバ仮想化を検討する際，次の2点を前提とした。

前提1：物理，仮想を問わず，サーバに障害が発生した際に業務が停止する時間は，現行システムより長くならないこと。

前提2：性能は，障害発生時を除き，現行システムより低下しないこと。

　この前提を踏まえて，サーバ仮想化の構成案を2つ考えた。両案とも，3枚のブレードを使用し，APサーバ，DBサーバの冗長構成の考え方には，〔冗長構成の考え方〕を採用する。

　表2の構成案1は，ブレード3を予備のブレードとして使用する案である。この構成では，ブレード1またはブレード2で障害が発生すると，各仮想サーバは，〔冗長構成の考え方〕(1)に従って業務を継続する。その後，障害が発生したブレードに割り当てられていたディスクがブレード3に割り当てられ，ブレード3は，障害が発生したブレードと全く同じものとして起動される。元のブレード上で稼働していた仮想サーバも自動的に起動される。その際に起動される各仮想サーバは〔冗長構成の考え方〕(2)に従って動作する。

表2　構成案1

物理サーバ	仮想サーバ
ブレード1	経理APサーバ1，経理DBサーバ1，人事APサーバ2，人事DBサーバ2
ブレード2	経理APサーバ2，経理DBサーバ2，人事APサーバ1，人事DBサーバ1
ブレード3	予備

　表3の構成案2は，ブレード3を両システムのAPサーバ2とDBサーバ2として使用する案である。ブレードで障害が発生すると，各仮想サーバは〔冗長構成の考え方〕(1)に従って業務を継続する。

表3　構成案2

物理サーバ	仮想サーバ
ブレード1	経理APサーバ1，経理DBサーバ1
ブレード2	人事APサーバ1，人事DBサーバ1
ブレード3	経理APサーバ2，経理DBサーバ2，人事APサーバ2，人事DBサーバ2

〔可用性〕

物理サーバのハードウェア障害に対する経理システムの可用性を考える。

現行のサーバ1台の可用性をpとし，DBサーバ障害時のフェイルオーバに要する時間は考えないものとすると，現行の経理システムの可用性は，

$$(1-(1-p)^2)^2$$

となる。

サーバ仮想化のホストサーバであるブレード1枚の可用性もpであるとすると，構成案1における経理システムの可用性は a であり，構成案2における経理システムの可用性は b である。ここで，予備のブレードで仮想サーバが起動するまでの時間については考えないものとする。

設問1 本文中の a ， b に入れる適切な式を解答群の中から選び，記号で答えよ。

a，bに関する解答群

ア $1-(1-p)^2$ イ $1-(1-p)^3$
ウ $(1-(1-p)^2)^2$ エ $(1-(1-p)^2)^3$
オ $(1-(1-p)^3)^2$ カ $(1-(1-p)^3)^3$

設問2 現行システム，構成案1および構成案2を，可用性の最も高いものから降順に答えよ。

解説 **設問1　どのブレードが正常なら，経理システムが稼働するのかを考える**

経理システムのAPサーバはアクティブ／アクティブ構成，DBサーバはアクティブ／スタンバイ構成です。経理APサーバ1，2のどちらかと，経理DBサーバ1，2のどちらかが正常に稼働できれば，業務は停止することなく継続できます。

構成案1では，ブレード1に経理APサーバ1と経理DBサーバ1の仮想サーバを，ブレード2に経理APサーバ2と経理DBサーバ2の仮想サーバをそれぞれ割り当てています。またブレード1またはブレード2に障害が発生すると，ブレード3は障害が発生したブレードと全く同じものとして起動され，元のブレード上で稼働していた仮想サーバも自動的に起動されます。

したがって，ブレード1，2，3のいずれか1枚のブレードが正常であれば，経理システムは業務を継続できます。

　構成案2では，ブレード1に経理APサーバ1と経理DBサーバ1の仮想サーバを，ブレード3に経理APサーバ2と経理DBサーバ2の仮想サーバをそれぞれ割り当てています。したがって，ブレード1，3のいずれか1枚のブレードが正常であれば，経理システムは業務を継続できます。

　以上のことから，構成案1，2における経理システムの構成図は下図のようになり，それぞれの可用性は次のとおりです。

構成案1 における経理システムの可用性 $= 1 - (1-p)^3$

構成案2 における経理システムの可用性 $= 1 - (1-p)^2$

解説 **設問2　可用性（稼働率）の差で判断する**

　まず，現行システムと構成案2の可用性を比較します。ここで，式を見やすく，かつ計算間違いを防ぐため，「$1-(1-p)^2$」を「A」に置き換えて，両者の可用性の差を求めることにします。なお，$0 \leqq 1-(1-p)^2 \leqq 1$ なので，$0 \leqq A \leqq 1$です。

　現行システムの可用性 － 構成案2の可用性

　$= (1- (1-p)^2)^2 - (1- (1-p)^2)$

　$\rightarrow A^2 - A = A \times (A-1) \leqq 0$

となり，「現行システムの可用性 $\leqq$ 構成案2の可用性」です。

　次に，構成案1と構成案2の可用性を比較します。ここでは，「$(1-p)$」を「B」に置き換えて，両者の可用性の差を求めます（$0 \leqq B \leqq 1$）。

　構成案1の可用性－構成案2の可用性

　$= (1- (1-p)^3) - (1- (1-p)^2)$

　$\rightarrow (1-B^3) - (1-B^2) = -B^3 + B^2 = B^2 \times (1-B) \geqq 0$

となり，「構成案1の可用性 $\geqq$ 構成案2の可用性」です。

　以上のことから，可用性の高い順に並べると「**構成案1，構成案2，現行システム**」となります。

　　　解答　設問1　a：**イ**，b：**ア**　設問2　**構成案1，構成案2，現行システム**

システムの性能特性と評価

出題ナビ

コンピュータシステムに要求されるのは，高い稼働率（可用性）だけではありません。いくら可用性が高くても，システム性能が要求水準に達していなければシステムとしては使えません。ここでは，システム性能の測定・評価を行うベンチマークや，現行システムにおける資源の利用状況などを測定するモニタリングなど，システムの性能および評価に関連する重要事項を確認しておきましょう。

システムの性能評価

ベンチマーク

コンピュータの使用目的に合わせて選定した標準的なプログラムを実行させ，その測定結果をもとにコンピュータシステム性能の比較と評価を行うことをベンチマークといいます。主なベンチマークは，次のとおりです。

SPECint	整数演算性能を評価する。"int"は，整数（integer）の略。
SPECfp	浮動小数点演算性能を評価する。"fp"は，浮動小数点（floating point）の略。
TPC-C	受発注業務システム（OLTP）をモデルとした，トランザクション処理やデータベースに関する性能を評価する。「Online Transaction Processing（オンライントランザクション処理）」の略
TPC-E	TPC-Cの後続ベンチマークモデルで証券会社の業務をモデルとしたもの。

システム性能評価法

コンピュータシステムの性能を評価する方法として，次の3つの評価方法も押さえておきましょう。

試験で問われるのはコレ！

モニタリング	各プログラムの実行状態や資源の利用状況を測定し，システムの構成や応答性能を改善するためのデータを得る。
カタログ性能評価	システムの各構成要素に関するカタログ性能データを収集し，それらのデータからシステム全体の性能を算出する。
命令ミックス	命令を分類し，それぞれの使用頻度（出現率）を重みとした加重平均によって全命令の平均実行時間を求める。

キャパシティプランニング

キャパシティプランニングの実施手順

キャパシティプランニングとは，ユーザの業務要件や，業務処理量，サービスレベルなどから，システムに求められるリソース（CPU性能，メモリ容量，ディスク容量など）を見積り，経済性および拡張性を踏まえた上で最適なシステム構成を計画することをいいます。システムの再構築を検討する場合には，次の作業項目の順でキャパシティプランニングが実施されます。

〔キャパシティプランニングの手順〕

1. 現行システムにおけるシステム資源の稼働状況データ（CPU使用率，メモリ使用率，ディスク使用率など）やトランザクション数，応答時間などを収集する。
2. 将来的に予測される業務処理量やデータ量，利用者数の増加などを分析する。
3. 分析結果からシステム能力の限界時期を検討する。
4. 要求される性能要件を満たすためのハードウェア資源などを検討して，最適なシステム資源増加計画を立てる。

サーバの性能向上策

サーバの利用が集中するときの負荷や，将来予測される負荷に対応するためにはサーバの処理能力を向上させる必要があります。サーバ処理能力向上のための施策として，次の2つを押さえておきましょう。

スケールアウト	サーバを追加導入することでサーバ群としての処理能力や可用性を向上させる。
スケールアップ	サーバを構成する各装置をより高性能なものに交換する。あるいはCPU（プロセッサ）の数やメモリを増やすなどして，サーバ当たりの処理能力を向上させる。

システム性能向上率の評価

性能向上率（高速化率）の計算

システムの性能向上策の適用によって，システム全体の性能がどれだけ向上するのかを測るものにアムダールの法則があります。

アムダールの法則は，「性能向上策を適用した部分の割合によって，システム性能向上率が決まる」というもので，性能向上策による性能向上率をV，性能向上策

を適用した部分の割合をaとしたとき，システム性能向上率Pは次の式で求められるとしています。

$$P = \frac{1}{(1-a) + \dfrac{a}{V}}$$

a=1（100%）としたとき，

$$P = \frac{1}{\dfrac{1}{V}} = V$$

例えば，ある機能（機能Aとする）だけが現在利用しているコンピュータの6倍になるコンピュータを導入した場合，業務処理の60%が機能Aを利用し，残りの処理が機能Aを利用しないのであれば，性能向上率は高々2倍です。

$$\frac{1}{(1-0.6) + \dfrac{0.6}{6}} = \frac{1}{0.4 + 0.1} = 2 \, [倍]$$

アムダールの法則は，マルチプロセッサ導入時，並列処理によって達成される高速化率（単一プロセッサ比）を予測するのにも用いられる重要な法則です。"アムダールの法則"という用語自体が試験で問われることはありませんが，公式は覚えておきましょう。並列化が可能な部分の割合で決まる

こんな問題が出る！

システム全体の性能比を表す式

コンピュータシステムにおいて，改善手法を適用した機能部分の全体に対する割合をR（0<R<1），その部分の改善手法を適用する前に対する適用した後の性能比をAとする。このとき，全体の性能比を表す式はどれか。

上記の公式でいうV　　　　　　　　　上記の公式でいうa

ア $\dfrac{1}{(1-R) \times A}$　　イ $\dfrac{1}{(1-R) + \dfrac{R}{A}}$　　ウ $\dfrac{1}{R + \dfrac{1-R}{A}}$　　エ $\dfrac{1}{\dfrac{R}{A}}$

解答　イ

テクノロジ系 コンピュータシステム

問　イベントチケット販売会社であるQ社は、1年前にインターネットチケット予約システムを構築し、運用している。システムは、Webサーバ3台、AP（アプリケーション）サーバ1台、DB（データベース）サーバ1台からなり、顧客のWebブラウザからインターネットを介して利用されている。図にQ社のインターネットチケット予約システム構成を示す。

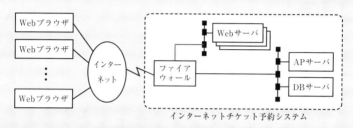

インターネットチケット予約システム

システム構築時は、SPEC（標準性能評価法人）やTPC（トランザクション処理性能評議会）などから公表されている　a　テスト結果を参考に、システム構成の検討を行った。システム構成を確定させるまでの手順は、次のとおりである。

① 対象システムの前提条件、性能要件などを整理する。
② ①からシステム資源の　b　を行う。
③ 　b　内容を評価し、最適値を求め、システム構成を確定する。

このうち、APサーバでのトランザクション処理の前提条件および性能要件は次のとおりであった。これらからCPUの必要個数を算出した結果、　c　個を実装した。ここで、APサーバの処理能力は、CPU使用率が60％を超えずに処理できる1秒当たりのトランザクションの件数で表す。その時点で想定される平均トランザクション件数がこの件数を超えなければよい。

〔APサーバのトランザクション処理の前提条件および性能要件〕
・トランザクション1件を処理するために必要なCPU処理時間：2.4ミリ秒
・APサーバの処理能力：1,000 件／秒
・複数CPU実装時の性能低下は考慮しない。

設問 本文中の a , b に入れる適切な字句を解答群の中から選び,記号で答えよ。また, c に入れる適切な数値を答えよ。

a, b に関する解答群

ア サイジング　　　　イ スケーラビリティ　　　ウ ベーシックモデル

エ ベンチマーク　　　オ ペネトレーション　　　カ ロードバランシング

解説 空欄a SPEC, TPCをヒントに考える

午前問題の知識で解答できます。「SPECやTPC」ときたら**ベンチマーク**です。

解説 空欄b 性能要件から検討する（見積もる）ものは何かを考える

システム資源とは,システムに必要なCPUやディスク装置のことです。

「 b を行う」とあるので,CPUやディスク装置の何を行うのかを考えます。通常,システムに要求される性能要件から,必要なCPU性能や個数,また必要なディスク容量を見積もります。このことから,空欄bに入るのは選択肢アの**サイジング**と予測できます。

選択肢イのスケーラビリティは「拡張ができる性質」,ウのベーシックモデルは「基本型」,オのペネトレーションは「浸透,貫通」,カのロードバランシングは「負荷分散」を意味するので,いずれも空欄bには当てはまりません。なお,オのペネトレーションに関連して,ペネトレーションテストを覚えておきましょう。**ペネトレーションテスト**は,ファイアウォールや公開サーバなどに対して行われる擬似攻撃テストです。実際に侵入を試みることで,セキュリティ上の脆弱性を検証します。

解説 空欄c APサーバに必要なCPU数を条件（要件）から求める

トランザクション1件を処理するのに必要なCPU処理時間が2.4ミリ秒（2.4×10^{-3}秒）なので,トランザクション1,000件を処理するのに2.4秒かかります。ところが,APサーバに求められているのは,1秒間に1,000件のトランザクション処理なので,到底1個のCPUでは間に合いません。ここで安易に,「CPUが3個あれば」と考えてはダメ!「CPU使用率は60%を超えない」という条件があるので,必要CPU個数をNとし,$0.6 \times N$で2.4秒になるNを求める必要があります。つまり,「$0.6 \times N = 2.4$」から,N=4となり,必要CPU個数は**4**個です。

解答 a:エ b:ア c:4

タスク管理の方式

出題ナビ

OS（オペレーティングシステム）の機能には，タスク管理，記憶管理，入出力管理などがあります。タスク管理の役割は，マルチタスクの制御を行い，CPUを有効に活用することです。

ここでは，リアルタイムOS（RTOS）のマルチタスク管理を中心に，タスク管理の基本事項を確認しましょう。なお，記憶管理については，テーマ16（p.114）とテーマ17（p.118）で確認しましょう。

マルチタスクOSにおけるタスクの管理

タスクの生成

起動されたプログラムは，CPUの割当てを受ける単位であるタスク，または プロセス に生成され，実行可能待ち行列（CPU待ち行列ともいう）でCPUが割り当てられるのを待ちます。

UNIX系のOSで用いられる用語。「プロセス＝タスク」と考えてよい

タスクの状態遷移

タスク管理の役割はCPUの有効活用です。そのためには，CPUの空き時間（遊休時間，アイドル時間ともいう）をできるだけ少なくする必要があるので，実行可能状態，実行状態，待ち状態の3つの状態を設け，複数のタスクを1つのCPUで効率よく実行します。

スケジューリング方式

実行可能待ち行列のどのタスクにCPUを割り当てるのかを決めるスケジューリング方式には，次の方式があります。ここで，実行中のタスクからCPU使用権を奪っ

て，他のタスクに割り当てることを**プリエンプション**といい，プリエンプションを行う方式をプリエンプティブ方式といいます。一方，プリエンプションを行わない方式をノンプリエンプティブ方式といいます。

スケジューリング方式をこの2つの方式に区分したとき，到着順方式のみがノンプリエンプティブ方式であることを押さえておきましょう。

優先度方式 **（優先順位方式）**	タスクに優先度を与え，優先度が高い順に実行する方式。実行中のタスクより優先度の高いタスクが実行可能状態になると，実行中のタスクからCPU使用権を奪って，優先度の高いタスクにCPUを割り当てる。優先度をいつ決めるかによって，静的優先度方式と動的優先度方式に分けられる。
到着順方式	FCFS（First Come First Served）方式ともいい，タスクは優先度を持たず，実行可能状態になった順（到着順）に実行する方式。
ラウンドロビン方式	──割当て時間を長くすると到着順方式に近づく 一定時間（タイムクウォンタムという）ごとに**タイマ割込み**を発生させ，実行可能待ち行列の先頭のタスクから順にCPUを割り当て，一定時間内に処理が終了しない場合は，実行可能待ち行列の最後尾に回す方式。**タイムシェアリングシステム**のスケジューリングに適している。
多重待ち行列方式	優先度方式とラウンドロビン方式を合わせた方式。優先度ごとに待ち行列を持ち，タスクに対して最初，高い優先度と短いCPU時間を割り当て，その後は徐々に優先度を低く，割り当てるCPU時間を長くする。
処理時間順方式	処理時間の短いタスクに対し，高い優先度を与え，最初に実行する方式。

こんな**問題**が**出る！**

問1 実行状態から実行可能状態へ遷移する場合

リアルタイムOSのマルチタスク管理機能において，タスクAが実行状態から実行可能状態へ遷移するのはどの場合か。

事象発生でスケジューリングするイベントドリブンプリエンプション方式（p.109）を採用

ア　タスクAが入出力要求のシステムコールを発行した。

イ　タスクAが優先度の低いタスクBに対して，メッセージ送信を送った。

ウ　タスクAより優先度の高いタスクBが実行状態となった。

エ　タスクAより優先度の高いタスクBが待ち状態となった。

問2 3つのタスクA，B，Cの優先度の関係

タスクが実行状態（RUN），実行可能状態（READY），待ち状態（WAIT）の3つの状態で管理されるリアルタイムOSにおいて，3つのタスクA～Cの状態がプリエンプティブなスケジューリングによって，図に示すとおりに遷移した。各タスクの優先度の関係のうち，適切なものはどれか。ここで，優先度の関係は，"高い>低い"で示す。

— 優先度の高いタスクに
CPUを割り当てる

タスクA	RUN	WAIT		READY	RUN	READY
タスクB	WAIT	RUN	WAIT	RUN	WAIT	
タスクC	WAIT	READY	RUN	WAIT		RUN

時 間 →

ア タスクA >タスクB >タスクC　　イ タスクB >タスクA >タスクC
ウ タスクB >タスクC >タスクA　　エ タスクC >タスクB >タスクA

解説 問2 RUNのタスクとREADYのタスクに着目する

プリエンプティブなスケジューリング方式においては，優先度の高いタスクにCPUを割り当てます。そのため，実行状態（RUN）にあるタスクの優先度は，実行可能状態（READY）にあるタスクの優先度より高いと判断できます。このことに着目して図（下図を参照）を見ると，

　　　①B>C　　②B>A　　③C>A

となっているので，優先度の関係はB>C>A（選択肢ウ）とわかります。

②B>A　　　　　　③C>A

タスクA	RUN	WAIT	READY	RUN	READY
タスクB	WAIT	RUN	WAIT	RUN	WAIT
タスクC	WAIT	READY	RUN	WAIT	RUN

①B>C

時 間 →

イベントドリブンプリエンプション方式を用いたリアルタイムシステムのタスクA，B，C それぞれの処理時間と，イベントが発生してから応答するまでに許容される時間（許容応答時間）を表に示す。タスクの優先順位は，すべてのタスクが許容応答時間以内に応答できるように定めた。タスクA，B，Cが同時に実行可能状態になったとき，発生する状況はどれか。

タスク	処理時間（ミリ秒）	許容応答時間（ミリ秒）
A	30	100
B	80	300
C	100	200

ア　タスクAが実行状態になり，タスクB，Cは実行可能状態のまま。

イ　タスクAが実行状態になり，タスクB，Cは待ち状態になる。

ウ　タスクBが実行状態になり，タスクA，Cは実行可能状態のまま。

エ　タスクCが実行状態になり，タスクA，Bは待ち状態になる。

解説　タスクA，B，Cの優先順位を求めれば発生する状況がわかる

　イベントドリブンプリエンプション方式（イベント駆動型プリエンプティブ方式）とは，事象（イベント）が発生したのをきっかけ（トリガ）にタスクの切替え，すなわちスケジューリングを行う方式です。リアルタイムOSで採用されています。この問題は，「タスクA，B，Cが同時に実行可能状態になった」ことに注目して，タスクの優先順位を求めることで解答できます。

　まず，タスクAの処理時間は30ミリ秒，許容応答時間は100ミリ秒です。タスクB，Cの処理時間が80ミリ秒，100ミリ秒なので，タスクAを最初に実行しないと，タスクAは許容応答時間内に応答できません。

　次に，タスクCの処理時間は100ミリ秒，許容応答時間は200ミリ秒です。タスクAが終了した時点で30ミリ秒が経過しているので，タスクB（処理時間80ミリ秒）より先にタスクCを実行しないと，タスクCは許容応答時間内に応答できません。

　以上から，タスクの優先順位はA＞C＞Bで，タスクA，B，Cが同時に実行可能状態になると，まず優先順位の高いタスクAが実行状態になり，タスクB，Cは実行可能状態でCPU割当てを待ちます。

解答　ア

ソフトウェア

排他制御と同時制御の方式

出題ナビ

排他制御とは，複数のタスクを同時並行的に実行しても資源の競合が起こらないようにする仕組みです。同期制御は，タスクどうしを協調動作させる仕組みです。例えば，あるタスクの処理結果を別のタスクが利用するといった場合，タスク間の同期制御が必要になります。ここでは，排他制御の手法としてロック方式とセマフォを，同期制御の手法としてイベントフラグを押さえておきましょう。

排他制御を実現するロックとその問題

ロックとデッドロック

> 更新した内容が他のタスクに上書きされてしまうこと。ロストアップデートともいう

複数のタスクが共有資源（データ）に対して同時に更新処理を行うと，変更消失など予期しない問題が起こり，データの不整合が発生する可能性があります。この問題を解決する方法の1つにロック方式があります。ロック方式とは，更新対象にロックをかけ，タスクが終了するか，あるいはロックを解除するまで他のタスクを待たせるという方式です。しかし，ロックを使うことで変更消失などの問題は解決できても，デッドロックという新たな問題が発生します。

デッドロックは，複数のタスクが，複数の資源に対して異なる順で資源獲得（ロック）を行ったとき，互いに相手のタスクが資源を解放するのを待合い，永久に処理が中断してしまう状態をいいます（下図左）。

デッドロックの発生を防ぐ1つの方法は，資源獲得の順序を両方のタスクで同じにしておくことです。例えば下図右のように，両タスクとも，資源X，Yの順に獲得する場合はデッドロックは発生しません。

資源獲得の順序を同じにする

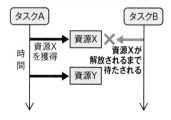

こんな**問題が出る!**

プロセスAとデッドロックを起こす可能性のあるプロセス

　3つの資源X〜Zを占有して処理を行う4つのプロセスA〜Dがある。各プロセスは処理の進行に伴い，表中の数値の順に資源を占有し，実行終了時に3つの資源を一括して解放する。プロセスAとデッドロックを起こす可能性のあるプロセスはどれか。

資源の占有（獲得）順が同じ

プロセス	資源の占有順序		
	資源X	資源Y	資源Z
A	1	2	3
B	1	2	3
C	2	3	1
D	3	2	1

ア　B, C, D　　イ　C, D　　ウ　Cだけ　　エ　Dだけ

解答　イ

デッドロックの検出

　デッドロックの検出に用いられる手法の1つに**待ちグラフ**があります。待ちグラフでは，"タスクXはタスクYがロックしている資源の解放を待っている"状態を「X→Y」で表し，グラフに閉路（ループ）があればデッドロックが発生していると判断します。

　例えば，下図の場合，タスクA，B，Cが閉路（ループ）になっているので，この3つのタスクがデッドロック状態だと判断できます。この場合，いずれか1つのタスクを強制的に終了させるという解除法で対処します。

Aは，Cがロックしている資源の解放を待っている
Cは，Bがロックしている資源の解放を待っている
Bは，Aがロックしている資源の解放を待っている

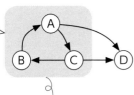

この部分が閉路になっているので，
トランザクションA，B，C間でデッドロックが発生

排他制御を実現するセマフォ

セマフォ

「手旗信号」という意味

セマフォ (semaphore) は、使用可能な資源の個数を表す**セマフォ変数S**と、セマフォ変数Sを操作する**P操作**、**V操作**、および資源の解放を待つタスクの待ち行列から構成される排他制御のメカニズムです。P、V操作は次のとおりです。

他のタスクのアクセスを許すと、正しい結果が得られなくなる部分のこと

P操作	・S≧1の場合、**Sの値を1減算し**、(クリティカルセクション)に入り処理を行う。 ・S<1の場合、待ち行列に入れられ待機状態になる。
V操作	・待ち行列のタスク数≧1の場合、待ち行列のタスク1つを実行可能状態に移す。 ・待ち行列のタスク数=0の場合、**Sの値を1加算する**。

例えば、資源の個数が1つである場合、Sの初期値を1とし、資源を使用するときにP操作を行い、使い終わったらV操作を行います。資源が未使用ならSの値は1なので使用できます。しかし、使用中の場合はSの値は0であり、他のタスクによって使用されているため、そのタスクがV操作を行うまで待ち状態になります。

「ゼネラルセマフォ」ともいう

セマフォには、セマフォ変数Sの値を0または1の2値に限る**バイナリセマフォ**と、0～Nの値をとることができる**計数型セマフォ**があります。

午後問題では、問題文や流れ図の空欄を埋めるという形式で、セマフォの種類やセマフォ変数の初期値が問われます。初期値には、同時に使用可能な資源の個数を設定することを覚えておきましょう。つまり、バイナリセマフォの場合は1、計数型セマフォの場合はN(資源数)を初期値として設定します。

確認のための実践問題

セマフォのP操作、V操作に関する記述のうち、適切なものはどれか。

ア　P操作とV操作は交互に行わなければならない。

イ　P操作は資源のロック、V操作は資源のアンロックを実現するのに使用できる。

ウ　P操作は事象の発生通知、V操作は事象の待合わせに用いられる。

エ　P操作はセマフォ変数の値を増加させ、V操作は減少させる。

解説 **P操作でロック，V操作でアンロックを実現できる**

ア：P操作とV操作を交互に行う必要はありません。例えば，2つのタスクAとBが
並行動作している場合，AがP操作を行い，続いてBがP操作を行うこともあり
ます。

イ：**バイナリセマフォ**の場合，P操作で資源のロック，V操作で資源のアンロック（解
放）を実現できます。

ウ：セマフォは，事象の待合せ（同期）にも用いることができます。この場合，V操
作を事象の発生通知，P操作を事象の待合せに用います。

エ：セマフォ変数の値を増加させるのはV操作，減少させるのはP操作です。

解答　イ

 # 同期制御を実現するイベントフラグ

テクノロジ系 コンピュータシステム

イベントフラグ

32ビットの場合もある

　イベントフラグは，カーネルやOSの共通領域内に用意される16個のビットの集
合体です。イベント（事象）の有無をビットのON／OFFで表現することでタスク
間の同期をとります。例えば，タスクAの要求によって，タスクBが起動された場合，
タスクBは要求された処理を終えたとき，「処理完了」をタスクAに通知する必要が
あります。このとき使用されるのがイベントフラグです。タスクBはイベントフラ
グの当該ビットをONにすることで処理の完了をタスクAに通知します。

こんな問題が出る！

処理の完了を通知する方法

　リアルタイムシステムにおいて，アプリケーションタスクの要求によって入
出力を行うデバイスドライバのタスク部が，要求された処理が完了したときに
行う通知処理はどれか。

ア　イベントフラグを使って入出力要求元のタスクに入出力完了を通知する。

イ　セマフォを使ってOSに入出力完了を通知する。

ウ　ハードウェアに入出力完了を通知する。

エ　メールボックスを介してOSに入出力完了を通知する。

解答　ア

主記憶管理の方式

出題ナビ

記憶管理（OSの機能の1つ）の役割は，主記憶を有効に活用することです。ここでは，記憶管理が行う，主記憶領域の管理方式（固定区画方式，可変区画方式）の特徴と発生する問題点，および空き領域の割当てアルゴリズムを押さえておきましょう。

また，主記憶を効率よく使うためのオーバレイ方式やスワッピングなど，主記憶関連で出題の多い用語の確認もしておきましょう。

記憶領域管理方式と空き領域割当て方式

固定区画方式と可変区画方式

固定区画方式は，主記憶をあらかじめいくつかの大きさの固定長区画に分割し，並行して実行するプログラムに，必要とする大きさを持つ区画を割り当てる方式です。区画の大きさとそこで実行するプログラムの大きさが一致しない場合，区画内に使用できない空き領域が発生します。

可変区画方式は，プログラムの大きさに合わせて主記憶領域を割り当てる方式です。一般に，固定区画方式に比べ主記憶の利用効率がよいとされていますが，プログラムの実行と終了，つまり領域の割当てと解放を繰り返すと不連続な空き領域が多数発生し，連続した空き領域が少なくなります。この現象をフラグメンテーション（断片化）といい，フラグメンテーションが発生すると，主記憶の利用効率が低下するため，適切なタイミングで主記憶上のプログラムを移動し，未使用領域を1つの連続した領域にまとめます。この操作をメモリコンパクションといいます。

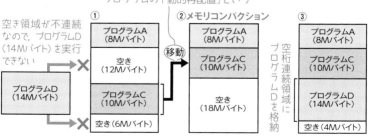

空き領域の割当てアルゴリズム

　主記憶上の空き領域を管理する方法の1つに**リスト** (p.34) 方式があります。リスト方式では，空き領域のアドレスと，その大きさを持たせた要素をリストで繋いで管理します。このリスト管理された空き領域から，要求量の大きさを持つ空き領域を探すわけですが，そのアルゴリズムには次の3つがあります。

問われるのはコレ！

ファーストフィット (最初適合：first-fit)	要求量以上の大きさを持つ空き領域のうちで，最初に見つかったものを割り当てる。空き領域は一般に，アドレスにより順序づけて管理されている。
ベストフィット (最適適合：best-fit)	要求量以上の大きさを持つ空き領域のうちで，最小のものを割り当てる。空き領域は大きさにより順序づけて管理されている。なお，ベストフィットの場合には，空き領域の大きさをキーとする**2分探索木**が用いられることもある。
ワーストフィット (最悪適合：worst-fit)	要求量以上の大きさを持つ空き領域のうちで，最大のものを割り当てる。

こんな問題が出る！

最適適合におけるメモリ割当ての時間が最も短いもの

　要求に応じて可変量のメモリを割り当てるメモリ管理方式がある。要求量以上の大きさをもつ空き領域のうちで最小のものを割り当てる最適適合（best-fit）アルゴリズムを用いる場合，空き領域を管理するためのデータ構造として，メモリ割当て時の平均処理時間が最も短いものはどれか。

ア　空き領域のアドレスをキーとする2分探索木

イ　空き領域の大きさが小さい順の片方向連結リスト ⎫ 2分探索木を用いる方

ウ　空き領域の大きさをキーとする2分探索木 ⎭ が効率よく探索できる

エ　アドレスに対応したビットマップ

└─ビットを固定長の区画（領域）に対応させる方式

解答　ウ

主記憶を効率よく使うための方式

オーバレイ方式

オーバレイ方式は，あらかじめプログラムを排他的に実行できる複数のセグメントに分割しておき，実行時に必要なセグメントを主記憶に読み込んで実行する方式です。読み込んだセグメントは，不要なセグメントの上に動的に配置します。

例えば，3つのモジュールで構成されるプログラム（下図左）の各モジュールをセグメントとした場合のオーバレイ構造は，下図右のようになり，7kバイトの主記憶領域で実行できます。

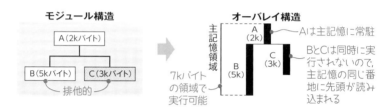

モジュール構造

A（2kバイト）

B（5kバイト）　C（3kバイト）

排他的

オーバレイ構造

主記憶領域

A（2k）　　Aは主記憶に常駐

C（3k）　BとCは同時に実行されないので，主記憶の同じ番地に先頭が読み込まれる

B（5k）

7kバイトの領域で実行可能

スワッピング

プログラムを一時的に停止させ，使用中の主記憶の内容を**スワップ**と呼ばれる補助記憶上の領域に退避（**スワップアウト**）し，再開するときには，退避した内容を主記憶に読み込みます（**スワップイン**）。この操作を**スワッピング**といい，主記憶を効率よく利用する方法の1つです。

主記憶関連で出題の多い用語

メモリリーク

アプリケーションやOSバグなどが原因で，実行中に獲得した主記憶領域が解放されないことを**メモリリーク**といい，これが発生すると主記憶中の利用できる部分が減少します。メモリリークの発生が予想されるか，または発生した場合は，定期的にシステムを再起動することが被害を少なくする有効な1つの方法です。

バイトオーダ（バイト順序）

多バイトのデータを主記憶上に配置する方式には，データの最上位／最下位どちらのバイトから順に配置するかによって，ビッグエンディアンとリトルエンディ

アンの2つの方式があります。

例えば、4バイトで構成されるデータ「ABCD1234 (16)」の場合、**ビッグエンディアン**では、最上位のバイトAB (16) から順に「AB→CD→12→34」と配置します。一方、**リトルエンディアン**では、最下位のバイト34 (16) から順に「34→12→CD→AB」と配置します（主記憶のアドレスは左から右に向かって増えるとする）。

ビッグエンディアン			

主記憶のアドレス 1000 1001 1002 1003

AB	CD	12	34

リトルエンディアン			

1000 1001 1002 1003

34	12	CD	AB

「34 (16)」で1バイトなので、
「4321DCBA」とはならない
ことに注意！

こんな**問題**が**出る！**

記憶管理機能の正しい組合せ

OSの記憶管理機能 a〜c に対応する適切な用語の組合せはどれか。

機能	特徴
a	あらかじめプログラムをいくつかの単位に分けて補助記憶に格納しておき、プログラムの指定に基づいて主記憶に読み込む。
b	主記憶とプログラムを固定長の単位に分割し、効率よく記憶管理する。これによって、少ない主記憶で大きなプログラムの実行を可能にする。
c	プログラムを一時的に停止させ、使用中の主記憶の内容を補助記憶に退避する。再開時には、退避した内容を主記憶に再ロードし、元の状態に戻す。

ページング方式（p.118）

	a	b	c
ア	オーバレイ	ページング	スワッピング
イ	スワッピング	オーバレイ	ページング
ウ	スワッピング	ページング	オーバレイ
エ	ページング	オーバレイ	スワッピング

解答　ア

2
テクノロジ系 コンピュータシステム

仮想記憶管理の方式 （ページング方式）

出題ナビ

仮想記憶は，プログラムやデータを補助記憶装置に格納し，必要に応じて主記憶に読み込むことによって，実際の主記憶容量以上の記憶空間（アドレス空間）を提供するものです。

ここでは，仮想記憶を実現するページング方式を中心に，命令実行の際に行われるアドレス変換の仕組みやページ置換え手順，またページング多発で発生する状況などを確認しておきましょう。

ページング方式

ページテーブルとアドレス変換

ページング方式は，プログラムをページと呼ばれる固定長の単位に分割し，処理に必要なページをそのつど主記憶に読み込みながら実行する方式です。プログラムのどのページが主記憶のどこに格納されたかを，ページテーブル（下図を参照）で管理します。

また，プログラムで扱われるアドレスは，ページ番号とページ内変位（オフセット）から構成される仮想アドレス（論理アドレスともいう）です。そのため，命令実行の際には，仮想アドレスが主記憶上の実アドレスに変換されます。このアドレス変換を，動的アドレス変換（DAT：Dynamic Address Translation）といい，CPU内のMMU（Memory Management Unit：メモリ管理ユニット）がこれを行います。

① ページテーブルを検索し，該当ページの状態を調べる。
② ページフォールト（ページ不在）ならば，ページイン処理を行う。
③ ページ内変位を加えて，実アドレスを得る。――「物理アドレス」ともいう

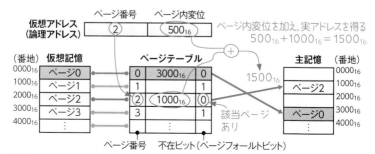

ページテーブルに必要な領域の大きさ

午前問題で，ページテーブルに必要な領域の大きさが問われることがあります。あるプロセスが仮想アドレス空間全体に対応したページテーブルを持つ場合，仮想アドレス空間の大きさを 2^L バイト，ページサイズを 2^N バイト，ページテーブルの各ページ情報（ページ番号，アドレス，不在ビット）の大きさを 2^E バイトとしたとき，ページテーブルに必要な領域の大きさは，次のとおりです。

ページ数 = 仮想アドレス空間の大きさ÷ページサイズ
$$= 2^L \text{バイト} \div 2^N \text{バイト} = 2^{(L-N)} \text{バイト}$$

ページテーブルに必要な領域の大きさ
$$= \text{ページ数×ページテーブルの各ページ情報の大きさ}$$
$$= 2^{(L-N)} \text{バイト} \times 2^E \text{バイト} = 2^{(L-N)+E} \text{バイト}$$

ページフェッチ方式

不要ページの決定については，次ページを参照

対象ページが主記憶に存在しないとき，ページフォールト割込みが発生します。このとき，主記憶に空きページ枠がある場合は，そこへ該当ページを読み込みますが，空きがない場合は，不要となるページを追い出して（ページアウト），該当ページを読み込みます（ページイン）。このように，ページフォールトが発生したときに，該当ページを主記憶に読み込む方式をデマンドページング方式といいます。

これに対して，近い将来必要とされるページを予測し，あらかじめ主記憶に読み込んでおく方式をプリページング方式といいます。プリページング方式は，通常，デマンドページングと組み合わせて用いられます。

こんな問題が出る！

ページフォールトが発生した際の処理の順番

ページング方式の仮想記憶において，主記憶に存在しないページをアクセスした場合の処理や状態の順番として，適切なものはどれか。ここで，現在主記憶には，空きページはないものとする。　　　　　　　ページフォールト発生

ア　置換え対象ページの決定→ページイン→ページフォールト→ページアウト

イ　置換え対象ページの決定→ページフォールト→ページアウト→ページイン

ウ　ページフォールト→置換え対象ページの決定→ページアウト→ページイン

エ　ページフォールト→置換え対象ページの決定→ページイン→ページアウト

解答　ウ

ページ置換えアルゴリズム

どのページを追い出し（置換え）の対象とするのかは，次の表に示す**ページ置換えアルゴリズム**によって決められます。

	追い出し（置換え）対象ページ
FIFO（First In First Out）	最初にページインしたページ
LIFO（Last In First Out）	最後にページインしたページ
LFU（Least Frequently Used）	参照された回数が最も少ないページ
LRU（Least Recently Used）	参照されてから最も時間が経っているページ

こんな問題が出る!

LRU方式を採用したときのページアウト回数

仮想記憶管理におけるページ置換えアルゴリズムとして，LRU方式を採用する。参照かつ更新されるページ番号の順番が，1, 2, 3, 4, 1, 2, 5, 1, 2, 3, 6, 5で，ページ枠が4のとき，ページフォールトに伴って発生するページアウトは何回か。ここで，初期状態では，いずれのページも読み込まれていないものとする。

ア 3 　　　 イ 4 　　　 ウ 5 　　　 エ 6

解説 自分の理解しやすい図を描いて，ページイン/ページアウトを確かめる

ページの参照・更新と，それに伴うページイン/ページアウトの様子は，次のとおりです。

※丸付き数字は参照・更新，▮はページインを表す

参照・更新されるページ番号	1	2	3	4	1	2	5	1	2	3	6	5
ページ枠1	①	1	1	1	①	1	1	①	1	1	1	⑤
ページ枠2		②	2	2	2	②	2	2	②	2	2	2
ページ枠3			③	3	3	3	⑤	5	5	5	⑥	6
ページ枠4				④	4	4	4	4	4	③	3	3
ページアウトしたページ							▼3			▼4	▼5	▼1

ページング多発によって起こる状況

スラッシング

　仮想記憶システムにおいて主記憶の容量が十分でない場合，プログラムの多重度を増加させたりすると，ページ置換えの発生頻度が高くなり**ページング（ページイン／ページアウト）**が多発します。ページングが多発すると，システムのオーバヘッドが増加するため，アプリケーションのCPU使用率が減少し，レスポンスが悪化します。このようにページング多発によって，システムの処理能力が急激に低下する現象を**スラッシング**といいます。

　午後問題対策として，次のポイントを押さえておきましょう。

〔スラッシングに関する午後問題のポイント〕

・OS以外のCPU使用率が極端に低下　┐この現象が起きたら，
・主記憶（メモリ）使用率が100%　　├ スラッシング発生の
・ディスクI/Oが増加　　　　　　　┘可能性大

　　　　　　└ ページングが多発すると，ディスクI/Oが増加する

確認のための実践問題

　ページング方式の仮想記憶において，主記憶への1回のアクセス時間が300ナノ秒で，主記憶アクセス100万回に1回の割合でページフォールトが発生し，ページフォールト1回当たり200ミリ秒のオーバヘッドを伴うコンピュータがある。主記憶の平均アクセス時間を短縮させる改善策を，効果の高い順に並べたものはどれか。

〔改善策〕

a　主記憶の1回のアクセス時間はそのままで，ページフォールト発生時の1回当たりのオーバヘッド時間を1/5に短縮する。

b　主記憶の1回のアクセス時間を1/4に短縮する。ただし，ページフォールトの発生率は1.2倍となる。

c　主記憶の1回のアクセス時間を1/3に短縮する。この場合，ページフォールトの発生率は変化しない。

ア　a, b, c　　　イ　a, c, b　　　ウ　b, a, c　　　エ　c, b, a

テクノロジ系 コンピュータシステム 2

解説 平均アクセス時間を表す式から，各改善策を吟味する（単位に注意！）

まず，主記憶の平均アクセス時間は，「主記憶への1回のアクセス時間」と「オーバヘッド時間」で，どのように表せるのか考えます。

100万（10^6）回に1回の割合でページフォールトが発生するので，ページフォールト発生率は$1/10^6=10^{-6}$です。主記憶への1回のアクセス時間は**300ナノ秒**ですが，ページフォールトが発生すると**200ミリ秒**のオーバヘッドを伴うので，主記憶の平均アクセス時間は次のとおりです。

主記憶への1回のアクセス時間＋オーバヘッド時間の平均

＝ 300ナノ秒 ＋ {200ミリ秒×10^{-6}＋0ミリ秒×（1－10^{-6}）}

　　　　　　　　　単位を「ナノ秒」に揃える　　　ページフォールトでないとき
　　　　　　　　　　　　　　　　　　　　　　　　　（＝0ミリ秒）

＝ 300ナノ秒＋（200×10^6ナノ秒×10^{-6}）

＝ 300ナノ秒＋200ナノ秒
　主記憶への　　　　　　　オーバヘッド時間
　1回のアクセス時間

次に，上で求めた式をもとに，改善策a〜cを施したときの主記憶の平均アクセス時間を求めます。

a：主記憶の1回のアクセス時間はそのまま，ページフォールト発生時の1回当たりのオーバヘッド時間を1/5に短縮するので，平均アクセス時間は，

　　300＋200×（1/5）＝340［ナノ秒］

b：主記憶の1回のアクセス時間を1/4に短縮，ページフォールトの発生率は1.2倍となるので，平均アクセス時間は，

　　300×（1/4）＋200×1.2＝315［ナノ秒］

c：主記憶の1回のアクセス時間を1/3に短縮，ページフォールトの発生率は変化しないので，平均アクセス時間は，

　　300×（1/3）＋200＝300［ナノ秒］

この結果から，主記憶の平均アクセス時間はc，b，aの順に短縮されることがわかります。

解答　エ

〔**補足**〕　ページフォールトの発生による1命令当たりの平均遅れ時間（すなわち，1命令当たりのオーバヘッド時間）を求める式も押さえておきましょう。

　　1命令当たりのオーバヘッド時間

　　＝ 1回当たりのページフォールト処理時間 × ページフォールト発生率

　　　× 1命令当たりの平均主記憶アクセス回数

ファイルシステム（ファイルの指定方法）

出題ナビ

ハードディスク装置などの補助記憶装置の領域に，OSや利用者がファイルやディレクトリ（Windows系OSでは，フォルダ）を作成し，使用できるようにするのが**ファイルシステム**です。

ここでは，ファイルシステムの構造が，ディレクトリ構造を持つ階層構造になっているUNIX系OSを取り上げ，ファイルの指定方法（絶対パス名と相対パス名）を確認しておきましょう。

ファイルの指定方法

絶対パス名と相対パス名

すべてのファイルが，1つの木構造で階層的に管理されているファイルシステムでは，階層構造の最上位にある**ルートディレクトリ**，あるいは現在作業している**カレントディレクトリ**から，すべてのファイルがたどれます。

目的のファイルをたどる経路（パス）を表記したものをパス名といい，パス名には，指定の仕方によって**絶対パス名**と**相対パス名**があります。いずれのパス名も，次々にたどるディレクトリを"/"で区切って指定します。

絶対パス名	**ルートディレクトリ**から目的のファイルへのパスを指定。パス名は"/"から始まる。 例：下図のディレクトリD内にあるファイルhogeの絶対パス名は，「/A/D/hoge」
相対パス名	**カレントディレクトリ**から目的のファイルへのパスを指定。カレントディレクトリは"."で表し，1階層上のディレクトリ（親ディレクトリ）は".."で表す。 例：下図でカレントディレクトリがDのとき，ディレクトリD内のファイルpoiの相対パス名は「./poi（poiのみでもよい）」，ディレクトリC内にあるファイルhogeの相対パス名は「../C/hoge」

最上位ルートディレクトリ　/

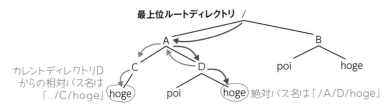

カレントディレクトリD
からの相対パス名は
「../C/hoge」

（hoge）　poi　（hoge）絶対パス名は「/A/D/hoge」

UNIX系OSの特徴と機能

出題ナビ

UNIX系OSといっても，「商用UNIX」や「フリーなUNIX」など，様々なものがあります。現在は，OSS（オープンソースソフトウェア）であるLinuxがよく使われていますが，これにもいくつかのディストリビューションがあります。

ここでは，UNIX互換OSを含むUNIX系OSの一般的な特徴および機能など，UNIX系OSの基本用語を押さえておきましょう。

UNIX系OS関連の基本用語

UNIXのデーモン

デーモン（Daemon）はデーモンプロセスとも呼ばれ，主記憶に常駐し，OSの機能の一部を提供するプロセスです。OSと同時，または必要に応じて起動され，その後はバックグラウンドで常に動作して特定のサービスを実行します。

ここで，**バックグラウンド**とは，文字通り "裏" で実行することをいいます。通常，1つのコマンドを実行している間は，次のコマンド実行はできません。これをフォアグラウンドといいますが，バックグラウンドはフォアグラウンドの裏で実行されます。

シェル（Shell）

OSの中核となる部分（プロセス管理やメモリ管理などの基本機能を提供）

シェルは，ユーザとOS（カーネル）の間のインタフェースを提供するプログラムです。ユーザが入力したコマンドを解釈し，対応する機能を実行するようにOSに指示し，OSからの結果を待ってそれをユーザに返す（表示する）ことを主な役割とします。

シェルはシステムの中に固定して組み込まれているものではないので，各ユーザは自分の好むシェルを指定することができます。ログイン時に起動される最初のシェルを**ログインシェル**といい，ユーザ登録時に指定しますが，後に変更も可能です。

リダイレクション

通常は画面　　　　通常はキーボード

リダイレクションは，コマンドの 出力先 や 入力先 を切り替える機能です。ファイルを出力先にする場合は記号 ">"，入力先にするなら "<" を使います。

例えば，whoコマンドを実行し，その結果をファイルwho_outに出力したい場合は，「who ＞ who_out」と実行します。

└── 現在ログイン中のユーザ情報を表示する

パイプ

パイプは，あるコマンドの出力を別のコマンドの入力につなげる機能です。例えば，ディレクトリ内に多数のファイルがあるとき，ファイル情報確認のための「ls -la」を実行すると，画面がスクロールされる場合があります。

┌── パイプ機能

このような場合は，「ls - la ｜ more」と実行することで，lsコマンドで出力されたデータを more コマンドの入力につなげて，1画面ずつ表示できます。

└── ファイルの内容を1画面ずつ表示する

ソケット

通信の出入リ口（エンドポイント）┐

ソケットは，アプリケーション間で通信を行うための**プログラムインタフェース**です。プロトコル（TCP，UDP）と，IPアドレス，ポート番号の組合せで通信に固有のエンドポイントを識別します。例えば，TCP/IPでサーバとブラウザが通信を行う場合，ブラウザは，サーバに対してHTTPなら80，HTTPS（HTTP over TLS）なら443といった受付ポート番号でTCP接続を開始します。このTCP接続で使用されるのがソケットです。1つの TCPコネクションに対して1つのソケットが使用されます。

└── p.196, 197

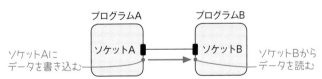

| プログラムA | プログラムB |

ソケットAに
データを書き込む

ソケットA ━━━▶ ソケットB

ソケットBから
データを読む

こんな問題が出る！

コマンド間でデータを受け渡す仕組み

UNIXにおいて複数のコマンドでデータを連続的に処理するときに，コマンド間でデータを受け渡す仕組みはどれか。

ア スレッド　　　　イ ソケット　　　　ウ デーモン　　　　エ パイプ

解答　エ

テクノロジ系 コンピュータシステム

論理回路

出題ナビ

コンピュータの基本論理回路は，AND回路，OR回路，NOT回路です。これらを組み合わせてできる論理回路は，入力に対して出力が一意に決まる組合せ論理回路と，過去の入力による状態と現在の入力とで出力が決まる順序論理回路に分類できます。ここでは，組合せ論理回路である加算器とNAND，順序論理回路の基本要素であるフリップフロップを理解し，応用問題に備えましょう。

2進数の加算を行う加算器

半加算器

半加算器は，2進数1桁の加算を行う論理回路（組合せ論理回路）です。入力値x，yの1ビットどうしを加算し，和の1桁目zと，桁上げcを出力します。半加算器の真理値表と論理回路は，次のとおりです。半加算器は排他的論理和（XOR）と論理積（AND）で構成されることを押さえておきましょう。

$$\begin{array}{r} x \\ +\ y \\ \hline c\ z \end{array}$$

桁上げ
1桁目

x	y	z	c
0	0	0	0
0	1	1	0
1	0	1	0
1	1	0	1

x=1，y=1のときだけ，桁上げが発生

排他的論理和（XOR）

x ○

ⓩ（和の1桁目）
$x \oplus y = x \cdot \bar{y} + \bar{x} \cdot y$

y ○

ⓒ（桁上げ）
$x \cdot y$

論理積（AND）

全加算器

2桁以上の加算に使用される

全加算器は，xとyの他に下位桁からの桁上がりcを入力し加算する論理回路です。2個の半加算器と1個の論理和（OR）回路から構成され，全加算器から出力される和zと桁上げc'は，次の論理式で表されます。

$$z（和）\quad = (x \oplus y) \oplus c$$
$$c'（桁上げ）= x \cdot y + (x \oplus y) \cdot c$$

基本論理回路のNANDのみによる構成

NAND回路

NAND（否定論理積）回路は，AND回路の出力を反転した値が出力される論理回路です。つまり，2つの入力がともに1のときだけ0を出力します。

基本論理演算（AND, OR, NOT）をはじめ，すべての論理演算は，NANDだけで表すことができます。午前問題では，ANDやXORをNANDだけで表した式（次の②，④の式）と，それに対応する論理回路が問われます。押さえておきましょう。

① X AND Y = (X NAND Y) NAND (X NAND Y)
② X OR Y = (X NAND X) NAND (Y NAND Y)
③ NOT X = X NAND X
④ X XOR Y = (X NAND (X NAND Y)) NAND ((X NAND Y) NAND Y)

この2つは同じなので，4つのNANDでXORが実現できる

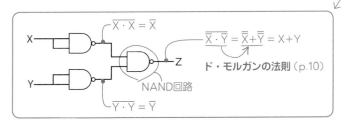

 こんな問題が出る!

論理回路と等価な論理式

図の論理回路と等価な論理式はどれか。ここで，論理式中の"·"は論理積，"+"は論理和，"⊕"は排他的論理和，"X̄"はXの否定を表す。

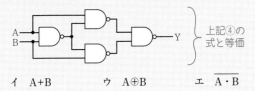

上記④の式と等価

ア A·B　　イ A+B　　ウ A⊕B　　エ $\overline{A \cdot B}$

解答　ウ

順序論理回路の基本要素

フリップフロップ ──様々な回路構成がある

フリップフロップ（FF：Flip-Flop）は，1ビットの情報を一時的に保持することができ，**SRAM**（p.64）の記憶セルなどに使用される論理回路です。

下図に示す論理回路は，否定論理和（NOR）による**リセット・セットフリップフロップ回路**です。入力aをセット側，bをリセット側とすると，

- リセット「a＝0，b＝1」の入力で，yを0
- セット　「a＝1，b＝0」の入力で，yを1

にすることができます。このとき，xの値は禁止入力「a＝1，b＝1」を除いて常にyの否定となり，「a＝0，b＝0」の入力では前の状態をそのまま維持します。

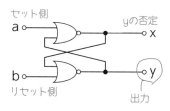

a	b	出力	
（セット側）	（リセット側）	y	x
0	0	（前の状態）	
0	1	0	1
1	0	1	0
1	1	－	

※入力aをリセット側，bをセット側とした
　場合，xが出力になる。yは常にxの否定。

 こんな問題が出る！

x＝1，y＝0に変える入力a，bの組合せ

図の回路において出力がx＝0，y＝1である状態から，x＝1，y＝0に変える入力a及びbの組合せはどれか。

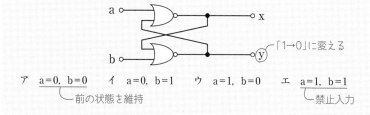

ア　a＝0，b＝0　　イ　a＝0，b＝1　　ウ　a＝1，b＝0　　エ　a＝1，b＝1
　└─前の状態を維持　　　　　　　　　　　　　　　　　　　　└─禁止入力

解答　イ

確認のための**実践問題**

　真理値表に示す3入力多数決回路はどれか。

入力			出力
A	B	C	Y
0	0	0	0
0	0	1	0
0	1	0	0
0	1	1	1
1	0	0	0
1	0	1	1
1	1	0	1
1	1	1	1

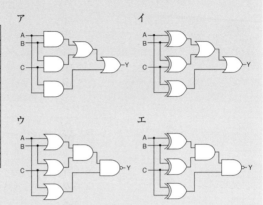

解説　**真理値表と等価な論理式を求め，その論理式と等価な回路を選ぶ**

　3入力多数決回路は，3つの入力のうち2つ以上が1であるとき1を出力する回路です。選択肢の回路ごとに真理値表を作成し，問題に提示された真理値表と一致するか否かを検証すれば正解を得られますが，ここでは，真理値表と等価な論理式を求め，その論理式と等価な回路を選んでいきます。

　真理値表と等価な論理式を求めるために加法標準形を用います。**加法標準形**とは，真理値表で出力が1になる行をANDで表現し，そのすべての行をORでつないだものです。問題に与えられた真理値表は，4，6，7，8行目の出力Yが1になっているので，加法標準形は，次のようになります。

　　$\overline{A}\cdot B\cdot C+A\cdot\overline{B}\cdot C+A\cdot B\cdot\overline{C}+A\cdot B\cdot C$

この論理式に「$A\cdot B\cdot C$」を2項加え簡略化すると，

　　$\overline{A}\cdot B\cdot C+A\cdot\overline{B}\cdot C+A\cdot B\cdot\overline{C}+A\cdot B\cdot C+\mathbf{A\cdot B\cdot C}+\mathbf{A\cdot B\cdot C}$

　$=B\cdot C\cdot(\overline{A}+A)+A\cdot C\cdot(\overline{B}+B)+A\cdot B\cdot(\overline{C}+C)$

　$=B\cdot C+A\cdot C+A\cdot B$　…①

になります。つまり，論理式①が3入力多数決回路を表す論理式です。ここで，論理式①は，3つの論理積（AND）と2つの論理和（OR）から構成されることに着目すれば，これと等価な回路は，選択肢アの回路だと判断できます。

解答　ア

ハードウェア

回路設計（論理設計）と消費電力

出題ナビ

電子機器の回路設計においては，途中で仕様が変更されたり，機能拡張を要求されることが少なくありません。また，特に組込み機器の開発においては低消費電力化の実現が必須となっています。

ここでは，仕様変更や機能拡張に柔軟に対応できる**FPGA**と，システムLSIの設計に用いられる**SystemC**，および消費電力を削減する代表的な技術（低消費電力化技術）を押さえておきましょう。

回路設計手法と低消費電力化技術

FPGA

—回路構成を変更できる

論理回路を自由にプログラムできる論理ICの総称を**PLD**（Programmable Logic Device）といい，その代表的なものに**FPGA**（Field Programmable Gate Array）があります。FPGAの設計フローは，次のとおりです。

〔FPGAの設計フロー〕　　「HDL（Hardware Description Language）」という

① 該当するFPGAが担う機能・動作を，**ハードウェア記述言語**を用いて記述する（機能の記述）。

② 記述したソース・コードを回路に変換する（論理合成）。

③ ②で変換した回路の配置位置や，回路どうしをつなぐ配線経路を決定する（配置配線）。また，回路の入出力信号をFPGAのどのI/Oピンに割り当てるのかを決める。

④ 生成された回路情報をFPGAに書込み，動作検証を行う。

⑤ 動作不良や回路仕様の変更が発生したときは①へ戻る。

SystemC

1つのチップに複数の機能を集約したLSIで
SoC（p.136）などのこと

SystemCは，C++をベースとしたシステムレベル記述言語です。ハードウェア記述言語より抽象度の高い記述ができるため，設計効率の向上が図れます。また，システムLSIのハードウェアやその上で動作するシステムソフトウェアを一貫して設計できるため，システムLSI設計フローの初期段階で利用することで，ハードウェアとソフトウェア仕様の早期整合（**コデザイン**）が可能になります。

低消費電力化技術

低消費電力化の考え方（技術）には，次の2つがあります。

信号を流したり
切ったりする動作

ダイナミック電力の低減	ダイナミック電力とは，回路ブロックの動作（スイッチング動作）に伴って消費される電力のこと。ダイナミック電力の大きさは，電源電圧の2乗と周波数の積に比例するため，許される範囲で可能な限り電源電圧と周波数を低くすればダイナミック消費電力を低減できる。代表的手法に，古くから利用されてきたクロックゲーティングがある。クロックゲーティングは，ダイナミック消費電力の30%～50%はチップのクロック分配回路で消費されることに着目した手法。クロックが不要な回路へのクロック供給を停止することで省電力化を図る。
スタティック電力の低減	スタティック電力とは，動作の有無にかかわらず漏れ出すリーク電流によって消費される電力のこと(リーク電力ともいう)。代表的な手法に，パワーゲーティングがある。パワーゲーティングでは，動作する必要がない回路ブロックへの電源供給を遮断することでリーク電流を削減する。

こんな問題が出る！

問1 ディジタル回路の記述に用いられるもの

FPGAなどに実装するディジタル回路を記述して，直接論理合成するために使用されるものはどれか。

ア　DDL　　　　イ　HDL　　　　ウ　UML　　　　エ　XML

問2 パワーゲーティングの正しい説明

プロセッサの省電力技術の1つであるパワーゲーティングの説明として，適切なものはどれか

ア　仕事量に応じて，プロセッサへ供給する電源電圧やクロック周波数を変える。
イ　動作していない回路ブロックへのクロック供給を停止する。
ウ　動作していない回路への電源供給を遮断する。　——　違いに注意！
エ　マルチコアプロセッサにおいて，使用していないコアの消費電力枠を，動作しているコアに割り当てる。

解答　問1：イ　問2：ウ

組込みシステムの構成部品

出題ナビ

組込みシステムには，用途に応じた様々な**センサ**や**アクチュエータ**が搭載されます。ここでは，組込みシステムを構成する部品として，各種センサの特徴や，アクチュエータの役割を押さえましょう。コンピュータ制御の流れは，「**センサ→コンピュータ→アクチュエータ**」です。また，アクチュエータに関わる事項として**PWM制御**も重要です。午前問題では，PWMの駆動波形が問われます。

センサとアクチュエータ

センサの種類と特徴

センサには，その制御対象に応じた様々な種類がありますが，試験対策として押さえておきたいのは，次の5つです。

ジャイロセンサ	**角速度センサ**とも呼ばれるセンサで，主な役割は，角速度や傾き，振動の検出。
距離イメージセンサ	「Time-of-Flight」の略 **TOF方式**で対象物までの距離を測定するセンサ。TOF方式とは，光源から射出されたレーザなどの光が対象物に反射してセンサに届くまでの時間を利用して距離を測定する方式のこと。家庭用ゲーム機や自動車の先端運転支援システムに採用されている。
ホール素子	ホール効果を用いた非接触型の磁気センサ。**ホール効果**とは，物質中に流れる電流に垂直に磁場をかけると電流と磁場に垂直な方向に起電力（電界）が現れる現象。
サーミスタ	温度の変化によって電気の流れにくさ（抵抗値）が変化する電子部品。温度検知や温度補償，または過熱検知，過電流保護などの用途で用いられる。
ウェアラブル生体センサ	ウェアラブルデバイスに取り付けられる生体センサ。**ウェアラブルデバイス**とは，腕や衣服など身体に装着して利用できるデバイスの総称。

アクチュエータ

アクチュエータは，コンピュータから出力された電気信号を機械的な動きに変換する駆動装置です。例えば，自動車の場合，エンジンやタイヤの状況をモニタするための様々なセンサがついていて，それらが検出した物理量を，自動車に搭載されたコンピュータが処理し，その結果をアクチュエータに伝達します。アクチュエー

タは，受け取った情報をもとに対象を制御するといった動作をします。

アクチュエータを駆動する回路には，期待する動き方に応じて単にアナログの電圧を出力するものと，電圧のON/OFFを繰り返すスイッチング型があります。後者の代表例としては，モータの速度制御などに用いられる**PWM**（Pulse Width Modulation：パルス幅変調）**制御**があります。PWM制御では，1周期に対するONの時間の割合（**デューティ比**という）を変化させることによって，モータの速度を制御します。ONの時間（パルス幅）を長くすれば高い電圧となりモータは速く回転し，逆に短くすれば低い電圧となりモータはゆっくり回転する仕組みです。試験では，PWMの駆動波形（下図右）が問われます。押さえておきましょう。

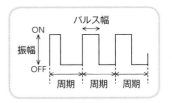
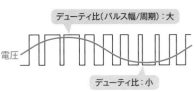

こんな**問題**が**出る**！

問1　ジャイロセンサが検出できるもの

携帯端末に搭載されているジャイロセンサが検出できるものはどれか。

ア　端末に加わる加速度　　　イ　端末の角速度
ウ　地球上における高度　　　エ　地球の磁北

問2　アクチュエータの機能

アクチュエータの機能として，適切なものはどれか。

ア　アナログ電気信号を，コンピュータが処理可能なディジタル信号に変える。
イ　キーボード，タッチパネルなどに使用され，コンピュータに情報を入力する。
ウ　コンピュータが出力した電気信号を力学的な運動に変える。
エ　物理量を検出して，電気信号に変える。

解答　問1：イ　問2：ウ

A/D変換とD/A変換

出題ナビ

音声などのアナログ信号をコンピュータや電子回路で扱うためには，アナログ信号をデジタル信号に変換しなければなりません。この変換を行うのが**A/D変換器**（A/Dコンバータ）です。逆に，コンピュータで処理した結果をアナログ信号に変換するのが**D/A変換器**（D/Aコンバータ）です。ここでは，A/D変換とD/A変換の仕組みを理解し，応用問題に備えましょう。

A/D変換とD/A変換

A/D変換

連続値 / 離散値

A/D変換では，アナログ信号の振幅を一定時間間隔で切り出し，それをディジタル信号に変換します。この変換の際には誤差が生じます。

例えば，分解能が8ビットのA/D変換器を考えます。**分解能**とは，いくつに分解できるかといった変換の細かさのことです。通常，出力ビット数を用いて，次の式で表されます。

変換の細かさ ＝ レンジ幅 ÷ $2^{(\text{出力ビット数})}$
出力ビット数が多いほど細かな変換ができる

分解能が8ビットのA/D変換器では，入力電圧レンジが $-5V \sim +5V$ であった場合，レンジ幅（10V）を 2^8（＝256）に分割して，ディジタル値に対応させます。そのため，入力電圧が＋10/256変化したときに，ディジタル値が1増えることになります。入力電圧−5Vの変換値を$00000000_{(2)}$，つまり16進数で$00_{(16)}$とすると，入力電圧0Vと0.03Vの変換値は同じになり，0.03Vの変換で誤差が生じます。これを**量子化誤差**といいます。

同じ値になってしまう

入力電圧0V → $+5 \div (10/256) = 128 = 80_{(16)}$

入力電圧0.03V → $+5.03 \div (10/256) = 128.768 \fallingdotseq 128 = 80_{(16)}$

誤差

D/A変換

D/A変換では，ディジタル信号をアナログ信号に変換します。変換の考え方は，A/D変換の逆と考えます。つまり，分解能が8ビットのD/A変換器で出力電圧レンジが $-5V \sim +5V$ の場合，ディジタル値が1変化すると，出力が10/256V変化することになります。

問1 A/D変換される変換値

入力電圧レンジが-5～+5Vで出力が8ビットのA/D変換器において，入力電圧-5Vの変換値が16進数で00，入力電圧0Vの変換値が16進数で80であった。入力電圧+2.5Vの16進数での変換値はどれか。ここで，量子化誤差以外の誤差は生じないものとする。——-5Vからの差異は +7.5V

ア 40   イ 60   ウ A0   エ C0

問2 D/A変換される出力値

8ビットのD/A変換器を使って負でない電圧を発生させる。使用するD/A変換器は，最下位の1ビットの変化で出力が10ミリV変化する。データに0を与えたときの出力は0ミリVである。データに16進表示で82を与えたときの出力は何ミリVか。
—— 可変できる最小電圧

ア 820   イ 1,024   ウ 1,300   エ 1,312

解説 問1 入力電圧（-5Vからの差位）÷（入力レンジ幅／$2^{ビット数}$）で求める

入力レンジ幅が10Vで出力が8ビットなので，入力電圧が$10/2^8$，つまり10/256V変化したとき，ディジタル値が1増えます。このことから，入力電圧0Vと入力電圧+2.5Vの変換値は，次のとおりです。

入力電圧0V   → +5÷(10/256) = 128 = $80_{(16)}$
入力電圧2.5V → +7.5÷(10/256) = 192 = **$C0_{(16)}$**

解説 問2 ディジタルデータ値×可変できる最小電圧で求める

このD/A変換器は，ディジタル値が1変化すると，出力が10ミリV変化します。また，0を与えたときの出力は0ミリVなので，データに16進表示で82，つまり10進数で130を与えたときの出力は，次のとおりです。

データ値$82_{(16)}$＝130 → 130×10＝**1,300［ミリV］**

解答 問1：エ 問2：ウ

その他，ハードウェア分野で出題される用語

出題ナビ

ハードウェア分野からの出題数は4〜5問です。このうち，本章の「20 論理回路 (p.126)」で学習した論理回路は，ほぼ毎回出題されています。しかし，その他の問題の出題テーマは多岐にわたります。ここでは，これまで学習した項目以外で，試験に出題されているハードウェア関連の用語をいくつかまとめました。押さえておきましょう。

試験に出題されているハードウェア関連の用語

DSP	Digital Signal Processorの略。ディジタル信号処理に特化したマイクロプロセッサ。特徴の1つに積和演算（「w←w+xy」という形の演算）機能がある。DSPは，ディジタル信号処理に多用される積和演算を高速（リアルタイム）に実行できるため，近年用いられているディジタル信号処理システムは「アナログ入力→A/D変換→**DSP処理**→D/A変換→アナログ出力」という形態が多い。
SoC	System on a Chipの略。従来ボード上で実現していた一連の機能（システム）を，1つの半導体チップ上に実現したもの。
ASIC	Application Specific ICの略。ユーザの要求に合わせた複数機能の回路を1つにまとめた大規模集積回路（カスタムIC）。
MEMS	Micro Electro Mechanical Systemsの略。半導体のシリコン基板，ガラス基板，有機材料などの上に，機械要素部品のセンサやアクチュエータ，電子回路などを集積化したミクロンレベル構造を持つデバイスのこと。
逓倍器	クロック周波数をN倍にする回路。一般に，**PLL** (Phase Locked Loop：位相同期回路) が使用されている。
分周器	クロック周波数を1/N倍にする回路。一般に，T-FF（T型**フリップフロップ**）が使用されている（1つのT-FFで周波数が1/2になる）。
シフトレジスタ	複数の**フリップフロップ**（FF）を接続した回路であり，各FFの記憶内容を隣のFFにシフトしていくレジスタ。例えば，クロックの立上りエッジでデータを最下位ビットから取り込んで上位方向へシフトし，ストローブの立上りエッジで値を確定する8ビットの シリアル入力パラレル出力 **シフトレジスタ**の場合，各信号の波形が図のとおりであるときのシフトレジスタの値は8D(16)。 シリアルデータをパラレルデータに変換 データ 1 0 0 0 1 1 0 1 ストローブ クロック ストローブ立上り →時間

テクノロジ系

第3章

技術要素

01 データベースの概念設計

出題ナビ　　データベースは，概念設計→論理設計→物理設計を経てコンピュータ上に実装されます。概念設計では，業務で必要な情報を分析し，コンピュータへの実装とは独立した（DBMSに依存しない）概念データモデルを作成します。ここでは，概念データモデルの記述に使用される**E-Rモデル** (Entity Relationship Model)の基本事項と解釈方法を確認しましょう。

E-Rモデル（E-R図）

E-Rモデルの要素　　　　　　　システム化対象業務

　概念データモデルの作成では，実世界のデータを，その意味や関係を崩さず，あるがままに表現することに重点がおかれ，一般にE-Rモデルを用いてモデル化されます。**E-Rモデル**は，業務で扱う情報を抽象化し，**エンティティ**（実体）および
エンティティ間の**リレーションシップ**（関連）を表現するデータモデルです。また，これを図式化したものが**E-R図** (ERD：Entity-Relationship Diagram)です。

　例えば，社員は主務として所属している部門のほかに，他の部門にも兼務できるものとして，"社員" と "部門" の関連を表現するE-R図は，次のとおりです。

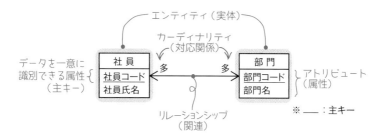

エンティティ（実体）	モデル化の対象となる実世界を構成する要素。エンティティには，「社員」や「部門」など物理的な実体を伴うものと，抽象的な実体（事象）がある。
リレーションシップ（関連）	「社員は部門に所属する」など，業務上の規則やルールなどによって発生するエンティティ間の関係。エンティティ間に複数のリレーションシップが存在する場合もある。

対応関係と主キー・外部キー

1対多

エンティティ間に**1対多**の対応関係があるとき，「多」側のエンティティは「1」側のエンティティの主キー属性を**外部キー**として持ちます。これにより，例えば下図のモデルを，関係データベース上に"学生"表，"クラス"表として実装したとき，相互の表の関連付けと参照制約（p.148）を確保します。

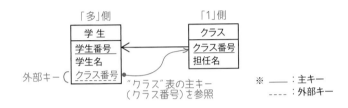

多対多

エンティティ間の**多対多**の対応関係は，1対多の関係に変換できます。例えば，左ページの"社員"と"部門"を1対多の関係に変換するには，"社員"の主キー（社員コード）と"部門"の主キー（部門コード）の組を主キーとしたエンティティ（ここでは"所属"とする）を介入させます。これにより，"社員"と"所属"は1対多，また"所属"と"部門"は多対1になります。

このように，多対多のエンティティ間に介入させたエンティティを**連関エンティティ**といいます。ここで，連関エンティティ"所属"の社員コードは"社員"の社員コードを参照する外部キーに，部門コードは"部門"の部門コードを参照する外部キーになることも押さえておきましょう。

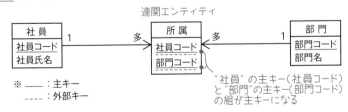

午後問題では，E-R図の穴埋め問題が多く出題されます。解法のポイントは，エンティティ間の対応関係と主キー・外部キーの関係です。主キー側が「1」，外部キー側が「多」であることと，多対多を1対多に変換する連関エンティティの主キーは，双方の主キーの組であることを押さえておきましょう。

3

テクノロジ系 技術要素

こんな問題が出る！

問1　データベースの概念設計に用いられるデータモデル

データベースの概念設計に用いられ，対象世界を，実体と実体間の関連という2つの概念で表現するデータモデルはどれか。

ア　E-Rモデル
イ　階層モデル
ウ　関係モデル
エ　ネットワークモデル

問2　データモデルから作成した表に関する正しい記述

UMLを用いて表した図のデータモデルから，"部品"表，"納入"表及び"メーカ"表を関係データベース上に定義するときの解釈のうち，適切なものはどれか。

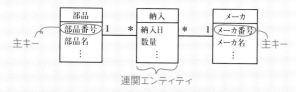

ア　同一の部品を同一のメーカから複数回納入することは許されない。
イ　"納入"表に外部キーは必要ない。
ウ　部品番号とメーカ番号の組みを"納入"表の候補キーの一部にできる。
エ　"メーカ"表は，外部キーとして部品番号をもつことになる。

「主キー」と読み替える
候補キーについては p.144

解答　問1：ア　問2：ウ

コレも一緒に！　覚えておこう

●関係モデル（問1の選択肢ウ）

関係モデルは，関係データベースの基礎となる論理データモデル。関係モデルでは，関係データベースの表に相当するデータの集まりを関係という。関係は，いくつかの属性からなるタプル（組）の集合で構成され，1つの関係内には次の規則がある。

└行のこと

・関係内のタプルの順序，および属性の順序は意味を持たない。
・関係内には同一のタプルは存在しない。

〔補足〕関係では同一のタプルの存在は許していないが，関係データベースでは運用性を高めるため表内に同一の行の存在を許していることに注意！

●UMLのクラス図（問2）

　概念データモデルの記述にUMLのクラス図（p.276）も使用される。UMLのクラス図では，クラスがE-R図のエンティティに相当する。また，クラス間の多重度，すなわちエンティティ間の1対多の対応関係は「1　＊」と表記する。

チャレンジ！午後問題

問　L社は，焼酎を製造販売する酒造会社である。L社では顧客である小売店との取引管理に販売管理システム（以下，本システムという）を利用している。

〔請求締め業務〕

　請求額は，前月度の請求額，今月度（前月21日から今月20日まで）の入金額および今月度の買上額を基に算出する。請求額がマイナスの場合は，預り金が発生していることを示す。本システムによる請求書発行処理は毎月25日20時に実行され，顧客ごとに請求書が発行される。請求書の例を図1に示す。

請求書番号 12125　　**請求書（20XX年10月度）**　発行日 20XX-10-25
M商店N支店 御中　　　　　　　　　　　　　　　　　　株式会社 L社

下記のとおりご請求申し上げます。

前月度ご請求額	340,000円
今月度ご入金額	450,000円
今月度お買上額	350,000円
今月度ご請求額	240,000円

注　今月度ご請求額＝前月度ご請求額－今月度ご入金額＋今月度お買上額

図1　請求書の例

〔入金消込み業務〕

　担当者は顧客からの入金を確認する都度，本システムによって，支払がされていない請求にこの入金を割り当てて入金消込み処理を行う。

本システムでは，1回の請求に対して複数回に分けて入金することが可能であり，複数の請求に対する支払を1回の入金で行うことも可能である。入金で余りが発生した場合は，次回の請求締め業務で精算する。また，入金は本システムが付与する入金番号によって一意に特定できる。

〔本システムのE-R図〕

本システムのE-R図を図2に示す。請求レコードは，請求締め業務の中で作成される。"請求"エンティティの"消込額"は，ある請求に対して，入金によって消し込まれた総額である。また，"入金"エンティティの"消込額"は，ある入金に対して請求への消込みに充てた総額である。

本システムでは，E-R図のエンティティ名を表名，属性名を列名にして，適切なデータ型で表定義した関係データベースによって，データを管理する。

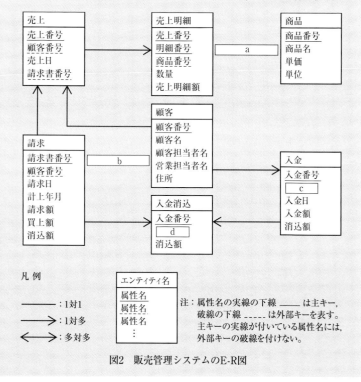

図2　販売管理システムのE-R図

142

設問　図2中の　 a 　～　 d 　に入れる適切な属性名またはエンティティ間の関連を答え，E-R図を完成させよ。属性名が主キーや外部キーの場合は，凡例にならって下線を引くこと。

解説　E-R図問題のポイントは主キーと外部キー

空欄a　主キーと外部キーから，対応関係を判断する

エンティティ間の対応関係は，主キー側が「1」，外部キー側が「多」となります。そこで，2つのエンティティの共通属性 "商品番号" を見ると，"売上明細" エンティティの "商品番号" は外部キー，"商品" エンティティの "商品番号" は主キーなので，"売上明細" 対 "商品" は多対1であり，空欄aには「 ← 」が入ります。

空欄b　主キーと外部キーから，対応関係を判断する

2つのエンティティの共通属性 "顧客番号" を見ると，"請求" エンティティの "顧客番号" は外部キー，"顧客" エンティティの "顧客番号" は主キーなので，"請求" 対 "顧客" は多対1であり，空欄bには「 ← 」が入ります。

空欄c　対応関係から，主キーと外部キーを判断する

"顧客" 対 "入金" が1対多の関係にあるので，2つのエンティティには共通な属性があり，"顧客" 側が主キー，"入金" 側が外部キーになるはずです。このことから，空欄cには「顧客番号」が入ります。

空欄d　連関エンティティの主キーを考える

問題文中の〔入金消込み業務〕にある「1回の請求に対して複数回に分けて入金することが可能であり，複数の請求に対する支払を1回の入金で行うことも可能である」という記述から，"請求" 対 "入金" は多対多の関係にあります。そこで，この多対多を，1対多と多対1の関係に分解するための連関エンティティが，"入金消込" エンティティです。連関エンティティは，多対多の関係にあるエンティティの主キー属性の組を主キーとするので，空欄dには「請求書番号」が入ります。

解答　a：← 　b：← 　c：顧客番号　d：請求書番号

3

テクノロジ系

技術要素

データベースの論理設計

出題ナビ

データベースの論理設計では、実装するデータベースに合わせた
データ構造を作成します。主キーや外部キーを含め、業務上の属性
をすべて定義し、またデータの重複や矛盾が発生しない正規化され
た表を設計するのが論理設計です。

ここでは、関係データベースへの実装を前提に、候補キーや主キー
の制約、正規化操作、さらに参照制約を確認しておきましょう。

キー属性

候補キーと主キー

表内の1つの行を一意に識別できる、属性または冗長性のない（必要最小限の）
属性の組を候補キー（candidate key）といいます。主キー（primary key）は、
候補キーの中から任意に選んだ1つです。また、残りの候補キーを代理キー
（alternate key）といいます。

候補キーには、一意性を保証するため同一表内に同じ値があってはいけないと
いう一意性制約が設定されますが、一般に空値は重複値とは扱われないため候補
キーの値として空値は許されます。一方、主キーには、一意性制約のほか、実体を
保証するため空値は許さないというNOT NULL制約が設定されます。

— NULL（ナル）値

正規化

第1正規化〜第3正規化の手順

正規化は、データの重複や矛盾を排除して、データベースの論理的なデータ構
造を導き出す手法です。例えば、社員の資格取得状況を記録した"資格記録"は、
次の手順で正規化が行われます。

資格記録

繰返し部分

社員コード	社員氏名	部門コード	部門名	資格コード	資格名
123	井橋	EG	営業	FE	基本情報
				AP	応用情報
369	西本	KR	経理	AP	応用情報

〔第1正規化〕

　繰返し属性を持つ表は，関係データベース上に実装できないため，繰返し部分を分割して，繰返し属性が存在しない**第1正規形**にします。

“社員コード”で元の表と関連づける

社員

社員コード	社員氏名	部門コード	部門名
123	井橋	EG	営業
369	西本	KR	経理

社員資格記録

社員コード	資格コード	資格名
123	FE	基本情報
123	AP	応用情報
369	AP	応用情報

重複

　上記のように，第1正規化を行い単に第1正規形にしただけでは，データの重複が残り，データベース操作時に更新時異状（データ矛盾）が発生する可能性があります。そのため，さらに属性間の関数従属性にもとづいた表の分割（第2正規化，第3正規化）を行います。**関数従属**とは，「ある属性Xの値が決まると，属性Yの値が一意に決まる関係にある」ことをいい，「X→Y」と表します。これは「YはXに関数従属する」という意味です。

〔第2正規化〕

厳密には「候補キー」（次ページ「理論的正規形」を参照）
「部分関数従属」という

　主キーを構成する一部の属性に関数従属する非キー属性を分割して，どの非キー属性も，主キーの真部分集合に対して関数従属しない，つまりすべての非キー属性が，主キーに完全関数従属する**第2正規形**にします。上記の“社員資格記録”には，関数従属「資格コード→資格名」が存在するので，資格名を次のように別表に分割します。

社員資格

社員コード	資格コード
123	FE
123	AP
369	AP

資格

資格コード	資格名
FE	基本情報
AP	応用情報

〔第3正規化〕

「主キー → X → Y」ということ

　非キー属性に関数従属する非キー属性を分割して，どの非キー属性間にも関数従属が存在しない，つまりどの非キー属性も，主キーに推移的に関数従属しない**第3正規形**にします。上記の“社員”には，関数従属「部門コード→部門名」が存在するので，部門名を次のように別表に分割します。

社員

社員コード	社員氏名	部門コード
123	井橋	EG
369	西本	KR

部門

部門コード	部門名
EG	営業
KR	経理

145

前ページで説明した正規化操作は，データベース設計で用いられる便宜的な方法です。試験対策としては充分ですが，まれに関係モデルを対象とした理論的正規化問題も出題されるため，ここではデータベース理論としての4つの正規形の定義をまとめておきます。"候補キー"がただ1つであれば，前ページで説明した正規形と同じであることを確認してください。

〔理論的正規形〕

第1正規形	どの属性値も原始的である（属性が集合や繰返しになっていない）。
第2正規形	いずれの非キー属性も，いかなる候補キーに完全関数従属である。
第3正規形	非キー属性が，候補キーに直接に関数従属している（推移的に関数従属していない）。なお，候補キーが複数の場合，任意のキーの要素間に完全関数従属でない関数従属性があっても構わない。
ボイス・コッド 正規形 用語確認 のみでOK	自明でない※ 完全関数従属X→Yについて，その属性Xが関係R内すべての属性集合Aに対してもX→Aが成立する。 〔補足〕属性Aが候補キーの要素なら第3正規形である。例えば，関係R {A, B, C, D} において，BはAにユニーク(A→B, B→A)であり，候補キーが(A, C)と(B, C)の2つ存在するとき，「(A, C)→B, (B, C)→A」という。キーの要素間に部分関数従属が存在するため，関係Rはボイス・コッド正規形ではなく第3正規形である。

※関数従属X→Yについて，YがXの部分集合である場合，これを「自明な関数従属性」という。

正規化の目的と非正規化

データベースの正規化の目的は，データの重複（冗長性）を排除して，データ更新における矛盾の発生を防ぐことです。しかし，正規化が進められると表が複数に分割されるため，データ取り出しの際に行われる結合処理に多くの時間がかかってしまいます。そこで，更新が少なく更新時異状（データ矛盾）が発生する可能性が低い場合や，処理速度が厳密に要求される場合には，正規化を行わないか，あるいは正規化した表を戻す非正規化が行われることがあります。

午後問題では次の点が問われますが，どのような題材の問題でも，解答キーワードは同じです。押さえておきましょう。

〔「正規化」午後問題解答のためのキーワード〕

・「表が正規形ではない場合，どのような問題が生じる可能性があるか？」
　　解答キーワード → 更新時異状（データ矛盾）

・「正規化を行っていない（正規形でない）理由は？」
　　解答キーワード → 変更がない（少ない）から

こんな問題が出る!

問1 表の正規化レベル

次の表はどこまで正規化されたものか。　第2正規形が出題されることが多い

従業員番号	氏名	入社年	職位	職位手当
12345	情報 太郎	1971	部長	90,000
12346	処理 次郎	1985	課長	50,000
12347	技術 三郎	1987	課長	50,000

ア　第2正規形　　イ　第3正規形　　ウ　第4正規形　　エ　非正規形

問2 関係における正規化手順

関係を第2正規形から第3正規形に変換する手順はどれか。

ア　候補キー以外の属性から，候補キーの一部の属性に対して関数従属性がある場合，その関係を分解する。

イ　候補キー以外の属性間に関数従属性がある場合，その関係を分解する。

ウ　候補キーの一部の属性から，候補キー以外の属性への関数従属性がある場合，その関係を分解する。

エ　1つの属性に複数の値が入っている場合，単一の値になるように分解する。

解説 問1　繰返し属性の有無を確認した後，属性間の関数従属性を見る

表は，繰返し属性がないので第1正規形（非正規形ではない）です。次に，従業員番号を主キーと考えた場合，従業員番号にすべての非キー属性（氏名，入社年，職位，職位手当）が関数従属するので，表は第2正規形です。

しかし，職位と職位手当に着目すると，職位手当は職位に関数従属し，「従業員番号→職位→職位手当」という推移的関数従属が存在するので，第3正規形ではありません。したがって，この表は第2正規形の表です。

解説 問2　第2正規形において推移的関数従属の排除を行ったのが第3正規形

非正規形の関係を，選択肢エの操作で第1正規形に変換し，ウの操作で第2正規形に変換し，イの操作で第3正規形に変換します。なお，選択肢アは，第3正規形からボイス・コッド正規形への変換手順です。

解答　問1：ア　問2：イ

右側欄外：3 テクノロジ系 技術要素

参照制約

参照制約と外部キー

外部キーの参照先は，主キー以外の候補キーでも可

　　参照制約は，外部キーの値が被参照表の主キー（候補キー）に存在することを保証する制約です。正規化によって分割された表間で，データの矛盾を起こさないようにするためには，2つの表間に，外部キーによる主キー（候補キー）の参照を設定します。例えば，p.145で"資格記録"を正規化した4つの表の外部キー（破線下線）は，次のとおりです。

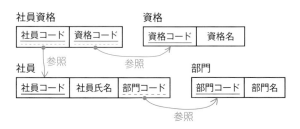

参照制約と参照動作

　　参照制約を設定すると，被参照表の主キー（候補キー）にない値を，参照表の外部キーに追加できません。また参照表の外部キーから参照されている被参照表の主キー（候補キー）は，その削除・更新について制約を受けます。

　　関係データベースでは，データベース言語である**SQL**を用いて，表の定義やデータ操作を行います。表の定義にはCREATE TABLE文（p.150）を使いますが，どのような制約（参照動作）とするのかは，このCREATE TABLE文において，REFERENCES句（参照指定）の後に指定することができます。

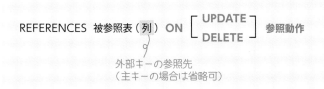

　　参照動作には，右ページのような種類があり，被参照表（外部キーが参照する表）の行を削除（DELETE）したり，更新（UPDATE）したりすると，指定された動作が行われます。

参照動作指定を行わない場合の省略値
（参照動作指定をしない場合は，この動作が行われる）

NO ACTION	当該行の削除（更新）を実行。ただし，外部キーによる参照制約が満たされない場合は実行失敗となる。
RESTRICT	当該行を参照している参照表の行があれば，削除（更新）を拒絶する。
CASCADE	当該行を参照している参照表の行を，すべて削除（更新）する。例えば，左ページの"社員"表からある社員の行を削除すると，それを参照している"社員資格"表の行すべてを削除する。
SET DEFAULT	当該行を参照している参照表の外部キーへ既定値を設定する。
SET NULL	当該行を参照している参照表の外部キーへNULLを設定する。

—— 試験での出題が多い

3 テクノロジ系 技術要素

こんな問題が出る！

問1　参照制約によって拒否される操作

次の表において，"在庫"表の製品番号に定義された参照制約によって拒否される可能性がある操作はどれか。ここで，実線の下線は主キーを，破線の下線は外部キーを表す。

"製品"表にない製品番号は追加できない

在庫（在庫管理番号，製品番号，在庫量）
製品（製品番号，製品名，型，単価）
—— 削除（更新）するときに制約を受ける

ア　"在庫"表の行削除　　　　イ　"在庫"表の表削除
ウ　"在庫"表への行追加　　　エ　"製品"表への行追加

問2　規定値を設定する参照動作

主キーをもつある行を削除すると，それを参照している外部キーへ既定値を自動的に設定するために指定するSQLの語句はどれか。

ア　CASCADE　　　　　イ　CHECK —— 属性値の許容条件を指定
　　　　　　　　　　　　　　　　　　（検査制約）
ウ　RESTRICT　　　　　エ　SET DEFAULT

解答　問1：ウ　問2：エ

03 表(テーブル)の定義

出題ナビ

データベースの論理設計で作成された表 (テーブル) の定義は, CREATE TABLE文を用いて行います。

ここでは, CREATE TABLE文の基本構文を理解し, 列制約や表制約における主キーおよび外部キー (参照制約) の定義方法を確認しておきましょう。なお, 列 (属性) のデータ型については, 直接問われることがないので, ここでは省略します。

表(テーブル)の定義

CREATE TABLEの基本構文

ディスク装置上に実在し, データが格納される表を実表といいます。実表はCREATE TABLE文を用いて定義します。

```
CREATE  TABLE   表名
    ( 列名1     データ型     [ 列制約 ],  ⎫ 行を構成する列の定義
      列名2     データ型     [ 列制約 ],  ⎬
                    :
      [ 表制約 ] )                          ※ [ ]内は省略可能
```

列制約は, 1つの列 (属性)に対する制約です。主なものに, 一意性制約, 非ナル制約 (NOT NULL制約), 参照制約があります。

一意性制約	PRIMARY KEY：主キー列に指定
	UNIQUE：他の行との重複を認めない列に指定
非ナル制約	NOT NULL：空値 (NULL)を認めない列に指定
参照制約 (参照指定)	REFERENCES 被参照表 (列)：外部キー列に指定
	外部キーの参照先。主キーの場合は省略可

表制約は, 表定義の要素として定義される制約です。主キーや外部キーが複数の列 (属性)から構成される場合は, 列制約では定義できないため表制約として定義します。なお, 1つの列 (属性)から構成される場合であっても, それを表制約として定義しても構いません。表制約としての主キーおよび外部キーの定義は, 次のように行います。

| 主キー | PRIMARY KEY (主キー列) |
| 外部キー | FOREIGN KEY (外部キー列) REFERENCES 被参照表 (列) |

例えば，p.148の"社員"表および"社員資格"表の定義は，次のとおりです。

"社員"表の定義
```
CREATE TABLE  社員
   ( 社員コード  CHAR (3),
     社員氏名    CHAR (40),
     部門コード  CHAR (2),          ――主キー
     PRIMARY KEY (社員コード),
     FOREIGN KEY (部門コード) REFERENCES 部門 (部門コード))
                                  ―外部キー        省略可
```

"社員資格"表の定義
```
CREATE TABLE  社員資格
   ( 社員コード  CHAR (3),
     資格コード  CHAR (2),
     PRIMARY KEY (社員コード, 資格コード),
     FOREIGN KEY (社員コード) REFERENCES 社員 (社員コード),
     FOREIGN KEY (資格コード) REFERENCES 資格 (資格コード))
```

午後問題で，CREATE TABLE文の穴埋め問題が出題されることがあります。問題文に提示された条件から，主キー，外部キーを明確にすることが最重要ですが，"PRIMARY KEY"，"FOREIGN KEY"，"REFERENCES" などのスペル間違いにも気をつけましょう。また，表定義の順番にも注意してください。表の定義は，参照される (主キー) 側，参照する (外部キー) 側の順です。

こんな問題が出る!

列の値の重複を禁止する指定

関係データベースの表定義において，列の値の重複を禁止するために指定する字句はどれか。

ア CLUSTERING		イ DISTINCT
ウ NOT NULL		エ UNIQUE

解答 エ

3 テクノロジ系 技術要素

151

データベース

04 関係代数と SELECT文の基本

出題ナビ

関係データベースのデータに対して行える演算には，「行は "列" の集合，表は "行" の集合」として扱った集合演算や関係演算があります。また，これらの演算は，データベース言語であるSQLの中で特に重要なSELECT文と深い関係があります。ここでは，各演算の特徴，演算とSELECT文との関係，そしてSELECT文の基本事項（文を構成する句，処理実行の順序など）を確認しましょう。

関係代数（集合演算と関係演算）

集合演算

集合演算には，和，共通（積，交差ともいう），差，直積の4つの演算があります。そのうち和，共通，差は，列の数と列属性が等しい同じ型の表に対してのみ行える演算です。各演算の特徴は，次のとおりです。

UNIONの使用例 p.158

和 （UNION演算）	「A UNION B」は，AかBの少なくとも一方に属する行（タプル）で新たな表を作る。その際，重複行は取り除かれる。ただし，「UNION ALL」と指定すれば，重複行も含められる。	A∪B 重複する タプル
共通 （INTERSECT演算）	「A INTERSECT B」は，AとBの両方に属する行（タプル）で新たな表を作る。	A∩B
差 （EXCEPT演算）	「A EXCEPT B」は，Aに属してBに属さない行（タプル）で新たな表を作る。	A−B

直積は，異なる型の表でも行える演算です。例えば，表Xと表Yの直積は，X，Yの表におけるすべての行（タプル）の組合せの集合となります。

関係モデルでは，行のことを「タプル（組）」という

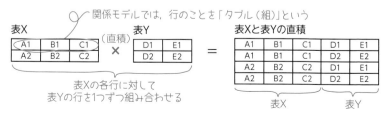

表Xの各行に対して
表Yの行を1つずつ組み合わせる

直積はデカルト積とも呼ばれる演算です。関係データベースのデータに対する問合せを行うSELECT文(p.154)のFROM句において,複数の表を「カンマ(,)」で区切って指定したとき直積演算が行われます。

関係演算

関係演算は,関係モデル特有の演算です。試験に出題されるのは,射影,選択,結合の3つです。各演算の特徴とSELECT文との関係を押さえましょう。

選択	指定した条件を満たす行を取り出す。 条件は,SELECT文の**WHERE句**で指定する。
射影	指定した列を取り出す。 取り出す列は,SELECT文の**SELECT句**で指定する。
結合	2つの表に共通する列(結合列)によって,表を結びつける。 (1)結合列の値が等しい行どうしを結びつける(①と②の方法がある)。 　① 結合する表をSELECT文の**FROM句**の中で「,」で区切って指定し,結合条件を**WHERE句**で指定する(**従来型の結合**)。 　② 結合する表をFROM句の中で「**INNER JOIN**」を使って指定し,結合条件を「INNER JOIN」に続く**ON句**で指定する(**内結合**)。 (2)結合相手の表に該当行がない場合はNULLとして結びつける。 　結合する表をFROM句の中で「[**LEFT｜RIGHT｜FULL**] OUTER JOIN」 　を使って指定し,結合条件を**ON句**で指定する(**外結合**)。

p.160

いずれかを指定

こんな問題が出る!

表から特定の列を取り出す操作

　関係データベースにおいて,表の中から特定の列だけを取り出す操作はどれか。

ア　結合(join)　　　　　　　イ　射影(projection)
ウ　選択(selection)　　　　　エ　和(union)

解答　イ

コレも一緒に! 覚えておこう

●射影の個数

　射影は,特定の列(属性)を取り出す演算。例えば,列の数がn個ある場合,各列について,その列を取り出すか取り出さないかの2通りあるので,射影の個数は全部で2^n個ある。

右側の縦書き:
3
テクノロジ系 技術要素

SELECT文の基本事項

SELECT文の基本構文と実行順序

SELECT文（問合せ指定）の基本構文は，次のとおりです。

```
SELECT  [ALL | DISTINCT]  列のリスト
FROM     表のリスト ──────── 副問合せ（p.162）も指定可
[WHERE]
[GROUP BY]           表式     問合せの対象となる
[HAVING]                      データを生成する部分
                                   ※[ ]は省略可能
```

SELECT文は，「FROM句→WHERE句→ GROUP BY句→HAVING句→SELECT句」の順に実行（評価）した結果を，導出表として出力します。それぞれの句では，その前の句により生成された表を入力し，処理後の表を次の句へ出力します。各句で生成されるのは仮想的な表であること，またSELECT文は1つの表（導出表）を出力するので，表名を指定するところにはSELECT文（副問合せ）を記述できることを押さえておきましょう。 仮想的な表

FROM句

FROM句には，処理の対象となる表やビュー（p.168），あるいは副問合せによる導出表を指定します。指定表が1つであればその表を，複数であれば直積を作成して次の句へ出力します。

WHERE句

WHERE句には，特定の行を選択するための条件や，2つの表を結合するための条件を指定します。FROM句で生成された表を入力し，選択条件および結合条件を満たす行を取り出して次の句へ出力します。

なお，WHERE句の次の句としてGROUP BY句やHAVING句が用いられますが，これらの句についてはp.156で説明します。

SELECT句
全列取出しの場合

SELECT句には，取り出す列あるいは ＊，算術式，集合関数（p.157），定数を指定します。前の句（表式の最後の句）で生成された表を入力し，列名が指定されていればその列を，算術式が指定されていればその算術結果を，集合関数が指定されていればその指定列で集計処理した結果を，定数が指定されていれば定数

値を導出表の列として出力します。なお，DISTINCTを指定すると重複行が取り除かれ，ALLを指定すると重複行も含み出力します。省略時はALLとなります。

SELECT文の解釈

次のSQL文は，営業部で資格を取得している社員を求めるものですが，営業部の社員を求めるために副問合せを使用し，副問合せの結果を"営業部社員"としていることに注目してください。

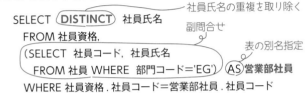

SELECT (DISTINCT) 社員氏名 ← 社員氏名の重複を取り除く

FROM 社員資格，← 副問合せ

(SELECT 社員コード，社員氏名 ← 表の別名指定

FROM 社員 WHERE 部門コード='EG') (AS)営業部社員

WHERE 社員資格.社員コード＝営業部社員.社員コード

社員

社員コード	社員氏名	部門コード
123	井橋	EG
369	西本	KR
789	鈴木	EG

「AS～」で付けられた表名

↓ FROM句：副問合せ

社員資格

社員コード	資格コード
123	FE
123	AP
369	AP

営業部社員

社員コード	社員氏名
123	井橋
789	鈴木

↓ FROM句："社員資格"表と"営業部社員"表との直積を作成

社員コード	資格コード	社員コード	社員氏名
123	FE	123	井橋
123	FE	789	鈴木
123	AP	123	井橋
123	AP	789	鈴木
369	AP	123	井橋
369	AP	789	鈴木

WHERE句：条件を満たす行の取り出し ↓

社員コード	資格コード	社員コード	社員氏名
123	FE	123	井橋
123	AP	123	井橋

SELECT句：指定列の取り出し →

社員氏名
井橋

DISTINCTで重複を取り除く

GROUP BY句

GROUP BY句には，データをグループ化するための列を指定します。前の句（WHERE句がない場合はFROM句）で生成された表を入力し，GROUP BY句の指定列でグループ化した結果（グループ表）を，次の句へ出力します。

HAVING句

HAVING句には，特定のグループを抽出するための条件を指定します。GROUP BY句で生成されたグループ表を入力し，条件を満たすグループだけを取り出して次の句へ出力します。なお，GROUP BY句がない場合は，FROM句またはWHERE句で出力された表を1つのグループとして扱います。

こんな問題が出る!

同姓同名の氏名を検索するSQL文

"社員"表に存在する同姓同名の氏名を検索するSQL文として，適切なものはどれか。

社員

社員番号	氏名	生年月日	所属
0001	新井 健二	1950-02-04	営業部
0002	鈴木 太郎	1955-03-13	総務部
0003	佐藤 宏	1961-07-11	技術部
0004	田中 博	1958-01-24	企画部
0005	鈴木 太郎	1948-11-09	営業部
⋮	⋮	⋮	⋮

氏名の昇順に並べ替える

ア　SELECT DISTINCT 氏名 FROM 社員 ORDER BY 氏名
イ　SELECT 氏名, COUNT(*) FROM 社員 GROUP BY 氏名

ウ　SELECT 氏名 FROM 社員　　　　　　　　　── 行の総数を求める
　　　GROUP BY 氏名 HAVING COUNT(*) >1
エ　SELECT 氏名 FROM 社員 WHERE 氏名 = 氏名

解答　ウ

コレも一緒に！　覚えておこう

●**ORDER BY句**

ASCは昇順，DESCは降順
省略時はASC

SELECT文で求めた結果を並べ替えるときに指定する。
構文：ORDER BY 並べ替えのキー列またはグループ代表値［ASC｜DESC］

●**集合関数（集約関数）**

集合関数は，グループに対して集計を行う関数。GROUP BY句が指定されていない場合は，表全体を1つのグループとみなす。なお集合関数は，SELECT句およびHAVING句で使用できるが，グループ化が行われていないWHERE句では使用できないことに注意。

SUM（列名）	指定列の値の合計を求める。
AVG（列名）	指定列の値の平均を求める。
MAX（列名）	指定列の値の中の最大値を求める。
MIN（列名）	指定列の値の中の最小値を求める。
COUNT（*）	行の総数を求める。
COUNT（列名）	指定列の値が空値でない行の総数を求める。

※補足：列の値が空値のものは除かれてから集計される。
　　　　集合関数のカッコ内には，算術式を指定することもできる。

●**HAVING句を持つSELECT文の実行順序（選択肢ウ）**

① FROM句：処理の対象となる"社員"表を次の句へ出力する。

② GROUP BY句：WHERE句がないのでFROM句からの"社員"表を，氏名でグループ化し，次の句へ出力する。

生成されるグループ表

0001	新井 健二	1950-02-04	営業部
0002	鈴木 太郎	1955-03-13	総務部
0005	鈴木 太郎	1948-11-09	営業部
0003	佐藤 宏	1961-07-11	技術部
0004	田中 博	1958-01-24	企画部

COUNT（*）で求める

③ HAVING句：グループ内の行数 が1より多いグループを取り出し，次の句へ出力する。

④ SELECT句：取り出されたグループの氏名を導出表の列として出力する。

問1 次のSQL文は，和，差，直積，射影，選択の関係演算のうち，どの関係演算の組合せで表現されるか。ここで，下線部は主キーを表す。

SELECT 納品.顧客番号, 顧客名 FROM 納品, 顧客
　　WHERE 納品.顧客番号 = 顧客.顧客番号

納品

商品番号	顧客番号	納品数量

顧客

顧客番号	顧客名

ア　差，選択，射影　　　　　　　イ　差，直積，選択
ウ　直積，選択，射影　　　　　　エ　和，直積，射影

問2 地域別に分かれている同じ構造の3つの商品表，"東京商品"，"名古屋商品"，"大阪商品"がある。次のSQL文と同等の結果が得られる関係代数式はどれか。ここで，3つの商品表の主キーは"商品番号"である。

SELECT * FROM 大阪商品
　　　　WHERE 商品番号 NOT IN (SELECT 商品番号 FROM 東京商品)
UNION
SELECT * FROM 名古屋商品
　　　　WHERE 商品番号 NOT IN (SELECT 商品番号 FROM 東京商品)

ア　(大阪商品 ∩ 名古屋商品) − 東京商品
イ　(大阪商品 ∪ 名古屋商品) − 東京商品
ウ　東京商品 − (大阪商品 ∩ 名古屋商品)
エ　東京商品 − (大阪商品 ∪ 名古屋商品)

解説 問1 結合は，直積と選択の2つの演算の組合せで表現できる

問のSQL文は，"納品"表と"顧客"表を顧客番号で結合して得られた導出表から，顧客番号と顧客名を取り出すものです。したがって，結合と射影の組合せで表現できますが，選択肢に"結合"がないことに注意しましょう。結合（一般には，等結合）は，2つの表の直積とその直積に対する選択の2つの演算の組合せで表すことができます。つまり，選択肢ウが正解です。なお，SQL文実行の際には次の順で関係演算が行われます（p.154）。

① FROM句に指定された"納品"表と"顧客"表から直積を作成する。

② ①で得られた直積から，WHERE句で指定された結合条件「納品.顧客番号＝顧客.顧客番号」を満たす行を選択する。

③ ②で得られた結果から，SELECT句で指定された顧客番号と顧客名を取り出す（射影）。

解説 問2 各SELECT文を差（−）で表し，得られた関係式を簡略化する

上方（1つ目）のSELECT文を実行すると，まず副問合せ「SELECT 商品番号 FROM 東京商品」によって，"東京商品"表に存在する商品番号が得られ，次に主問合せによって，"大阪商品"表の中から，副問合せによって得られた商品番号のいずれとも等しくない商品番号が得られます。つまり，上方のSELECT文は，"大阪商品"表に存在して"東京商品"表に存在しない商品番号が得られることになるので，**大阪商品−東京商品**と同等です。

下方（2つ目）のSELECT文も同様に考えると，"名古屋商品"表に存在して"東京商品"表に存在しない商品番号が得られることになるので，**名古屋商品−東京商品**と同等です。つまり，本問のSQL文と同等の結果が得られる関係式は，

（大阪商品−東京商品）UNION（名古屋商品−東京商品）

と表すことができます。また，この関係式を表した次のベン図からもわかりますが，UNION演算子の左右の項にある東京商品に着目すると，この関係式は，次のように簡略化できます。

（大阪商品 UNION 名古屋商品）−東京商品

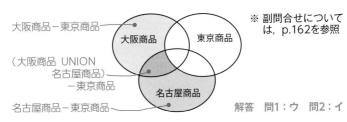

大阪商品−東京商品

（大阪商品 UNION
名古屋商品）
−東京商品

名古屋商品−東京商品

大阪商品

東京商品

名古屋商品

※ 副問合せについては，p.162を参照

解答 問1：ウ 問2：イ

3 テクノロジ系 技術要素

05 表の結合と副問合せ

出題ナビ

結合は，共通する列（属性）によって関連する表を結びつけ，新しい表を導出する操作です。また副問合せとは，SQL文中に現れる括弧で囲んだ問合せ文（SELECT文）のことです。午後問題では，結合操作にINNER JOINやOUTER JOINを使ったSQL文や副問合せを使った複雑なSQL文が出題されます。ここでは，結合操作および副問合せの基本事項を押さえ，午後問題に備えましょう。

 結合操作

従来型の結合

従来型の結合では，結合する表をFROM句に「，」で区切って記述し，その表の結合条件をWHERE句に指定します。例えば，"社員"表と"部門"表を部門コードで結合して，次の結果を得るSQL文は次のとおりです。

社員

社員コード	社員氏名	部門コード
123	井橋	EG
369	西本	KR
789	鈴木	(NULL)

配属先未定

部門

部門コード	部門名
EG	営業
KR	経理
SM	庶務

「部門コード」で結合

社員コード	社員氏名	部門コード	部門名
123	井橋	EG	営業
369	西本	KR	経理

```
SELECT  社員コード，社員氏名，部門．部門コード，部門名
  FROM  社員，部門
  WHERE  社員．部門コード ＝ 部門．部門コード
```

内結合（INNER JOIN）　「内部結合」ともいう

内結合はINNER JOINを使用した結合です。結合する表をINNER JOINを使って指定し，結合条件をON句で指定することによって，従来型の結合と同等な操作ができます。INNER JOINを使ったSQL文は次のとおりです。

```
SELECT 社員コード, 社員氏名, 部門.部門コード, 部門名
  FROM 社員 INNER JOIN 部門
  ON 社員.部門コード = 部門.部門コード
```

外結合 (OUTER JOIN)　──「外部結合」ともいう

外結合 はOUTER JOINを使用した結合です。先の2つの結合とは異なり,結合相手の表に該当行が存在しない場合はNULLとして結びつけます。キーワード「OUTER JOIN」の左の表を基準に結合する**左外結合**,右の表を基準に結合する**右外結合**,両方の表を基準に結合する**完全外結合**の3つがあります。例えば,先の2つの結合では,配属先未定の社員(鈴木)のデータは出力されませんが,この社員を出力するSQL(左外結合)文は,次のとおりです。

```
SELECT 社員コード, 社員氏名, 部門.部門コード, 部門名
  FROM 社員 LEFT OUTER JOIN 部門
  ON 社員.部門コード = 部門.部門コード
```

右外結合:「部門 RIGHT OUTER JOIN 社員」
　　　　　としても同じ結果になる

ON条件に関わらず基準となる"社員"表の各行が結果表に含まれる

社員コード	社員氏名	部門コード	部門名
123	井橋	EG	営業
369	西本	KR	経理
789	鈴木	NULL	NULL

こんな問題が出る！

OUTER JOINを用いたSQL文の実行結果の行数

"商品在庫"表と"商品出荷実績"表に対し,次のSQL文を実行した結果として得られる行数はいくつか。

商品在庫

商品コード	商品名	在庫数
S001	A	100
S002	B	250
S003	C	300
S004	D	450
S005	E	200

商品出荷実績

商品コード	出荷数
S001	50
S005	250
S003	150

3 テクノロジ系 技術要素

```
SELECT  A.商品コード, 出荷数, 在庫数      別名指定（ASは省略可）
  FROM  商品在庫 A  LEFT  OUTER  JOIN  商品出荷実績 B
    ON  A.商品コード = B.商品コード      「商品コード」で左外部結合

ア  3          イ  4          ウ  5          エ  6
```

解説 **"商品在庫"にあり，"商品出荷実績"に無ければNULLで結合**

"商品在庫" 表をA，"商品出荷実績" 表をBとしています。表に別名を付けたら，それ以降は別名を使用しなければいけないことに注意が必要です。

さて，AとBを商品コードで左外部結合しているので，ON句の条件に関わらず結果表にはAの各行が含まれるはずです。つまり，Bの "商品出荷実績" 表には，商品コード「S002」と「S004」の行がありませんが，外結合ではこれをNULLとして結合するので，得られる結果表は5行となります。

解答　ウ

副問合せ

戻す結果からみた副問合せの種類

副問合せには，単一値（1列1行）を戻す**スカラ副問合せ**，行値（1列以上1行）を戻す**行副問合せ**，表値（列，行とも1以上）を戻す**表副問合せ**があります。いずれの副問合せも，括弧で囲んだSELECT文で，構文はみな同じです。

副問合せの使用例

〔比較演算子 ＋ 副問合せ〕

比較演算子と組み合わせて副問合せを使用する場合は，単一値を戻すスカラ問合せが要求されます。例えば，右ページの "社員" 表から，給与が平均給与より多い社員の社員氏名を求めるSQL文は，次のとおりです。

```
SELECT  社員氏名 FROM 社員      330,000を戻すスカラ副問合せ
  WHERE 給与  >  (SELECT  AVG（給与）  FROM  社員)
```

ここで，副問合せの結果が単一値であることが要求される場合，例えば上記の場合，副問合せを，誤って「SELECT 給与 FROM 社員」と指定しないよう注意しましょう。"社員" 表に1行のデータしかない場合は，その行の給与が1つだけ戻さ

れるので問題ありませんが，複数行ある場合は実行時にエラーとなってしまいます。

社員

社員コード	社員氏名	部門コード	給与
123	井橋	EG	360,000
369	西本	KR	320,000
456	稲垣	EG	310,000
789	鈴木	EG	330,000

部門

部門コード	部門名
EG	営業
KR	経理
SM	庶務

資格

資格コード	資格名
FE	基本情報
AP	応用情報

社員資格

社員コード	資格コード
123	FE
123	AP
369	AP

〔**IN ＋ 副問合せ**〕　　　　　「部門コード='EG' OR 部門コード='KR'」と同じ

IN は，「部門コード IN ('EG', 'KR')」というように，列の値が括弧内に記述された値リストのいずれかと等しいかを検査するとき用いますが，この括弧内に副問合せを記述することもできます。なお，副問合せが何も戻さない場合（副問合せからの結果がない場合），NULL値として扱われます。

例えば，副問合せを使用して，営業または経理に所属する社員の社員氏名を求めるSQL文は，次のとおりです。

```
SELECT　社員氏名　FROM　社員
    WHERE　部門コード　IN　　　　同じ属性であること
    （SELECT　部門コード　FROM　部門　　　　　'EG'と'KR'を戻す
        WHERE　部門名='営業'　OR　部門名='経理'）　表副問合せ
```

相関副問合せとEXISTS　　　　主問合せとは独立して実行

先の2つの副問合せは，まず最初に副問合せを実行し，次に結果を主問合せで使用する副問合せです。これに対し，主問合せの1行ずつをもらって順次実行（評価）する副問合せもあり，これを**相関副問合せ**といいます。相関副問合せであるかどうかは，副問合せが，FROM句で指定していない主問合せの表を使用しているか否かで判断できます。

例えば，相関副問合せを使用して，資格を取得している社員の社員氏名を求めるSQL文は，次ページのとおりです。副問合せの前にある**EXISTS**は，副問合せからの結果が1以上あれば「真」，0であれば「偽」と評価します。

SELECT　社員氏名　FROM　社員 — 結果の有無だけを判断するので,
　　WHERE　**EXISTS** 全列を指定する'*'でもよい

　　　　（SELECT　**社員コード**　FROM　社員資格
　　　　　WHERE　**社員**.社員コード＝社員資格.社員コード）

　　　　　　　　　　　— 副問合せのFROM句で指定されていない
　　　　　　　　　　　　表なので, 相関副問合せだと判断できる

　この副問合せは, 主問合せから"社員"表の1行ずつをもらい, 「社員.社員コード＝社員資格.社員コード」であれば, その社員コードを戻します。したがって, "社員資格"表に存在する"社員"表の社員, つまり, 資格を取得している社員を求めることができます。

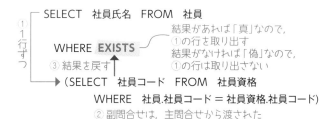

　ここで, 次のSELECT文でも, 上のSELECT文と同じ結果が求められることを確認してください。このように1つの結果を求めるSQL文は1つではありません。

　午後問題で出題されるSQL文はさらに複雑です。複雑なSQL文を解釈できるようになるためにも, SQL文の構文すべてを覚えるより, SQL文の規則を理解することに重点を置いてください。

　　　SELECT　社員氏名　FROM　社員
　　　WHERE　**社員コード**　IN
　　　　（SELECT　DISTINCT　**社員コード** FROM 社員資格）

EXISTSを用いたSQL文の実行結果の行数

　"製品"表と"在庫"表に対し, 次のSQL文を実行した結果として得られる表の行数はいくつか。

SELECT DISTINCT 製品番号 FROM 製品
  WHERE NOT EXISTS
  （SELECT 製品番号 FROM 在庫 ～副問合せでは"在庫"表のみ指定
    WHERE 在庫数 > 30 AND 製品 . 製品番号 = 在庫 . 製品番号）

製品

製品番号	製品名	単価
AB1805	CD-ROMドライブ	15,000
CC5001	ディジタルカメラ	65,000
MZ1000	プリンタA	54,000
XZ3000	プリンタB	78,000
ZZ9900	イメージスキャナ	98,000

在庫

倉庫コード	製品番号	在庫数
WH100	AB1805	20
WH100	CC5001	200
WH100	ZZ9900	130
WH101	AB1805	150
WH101	XZ3000	30
WH102	XZ3000	20
WH102	ZZ9900	10
WH103	CC5001	40

ア 1   イ 2   ウ 3   エ 4

解説 相関副問合せであるか否かを明確にしてからトレースする

1. 単独で実行できる副問合せか，相関副問合せかを判断する

副問合せが，FROM句で指定していない"製品"表を使用しているので，この
SELECT文は**相関副問合せ**です。

2. NOT EXISTSであることに注意して，SELECT文をトレースする

このSELECT文は，まず主問合せを実行し，その結果の1行ずつを副問合せに渡
し実行します。**NOT EXISTS**は，副問合せが結果を戻す場合は「偽」，戻さなけれ
ば「真」と評価するので，"製品"表から製品番号'MZ1000'と'XZ3000'の行が取
り出されることになり，結果表の行数は2行です。

製品番号	製品名	単価	
AB1805	CD-ROMドライブ	15,000	→在庫表にもある。在庫数>30
CC5001	ディジタルカメラ	65,000	→在庫表にもある。在庫数>30
MZ1000	プリンタA	54,000	→在庫表にはない。 　――
XZ3000	プリンタB	78,000	→在庫表にもある。在庫数≦30
ZZ9900	イメージスキャナ	98,000	→在庫表にもある。在庫数>30

解答 イ

3 テクノロジ系 技術要素

データ更新
（追加，変更，削除）

出題ナビ　関係データベースの表にデータを追加したり，データを変更・削除したりするときは，SQLの**INSERT文**，**UPDATE文**，**DELETE文**を用います。これらのSQL文を記述・実行する際は，参照制約（p.148）や一意性制約（p.144）に注意しなければなりません。
　　ここでは，各文の基本構文を確認するとともに，データ更新における参照制約や一意性制約との関係を押さえておきましょう。

データを更新するSQL文

行の挿入（追加）

　　新たな行の挿入（追加）は，**INSERT文**を用いて行います。試験では，挿入する行の列値を値リストにより明示的に指定する方法①と，問合せ（SELECT文）の結果を用いる方法②が出題されます。なお，「（列リスト）」は省略可能で，省略した場合はCREATE TABLE文で定義した列順となります。

　　① **INSERT** INTO　表名（列リスト）VALUES（値リスト）

　　② **INSERT** INTO　表名（列リスト）　SELECT文
　　　　　　　　　　　　　　　　　　　└── SELECT句の列リストと一致

列値の変更

　　行の列値の変更は，**UPDATE文**を用いて行います。どの列の値を変更するのか，列単位でSET句に「列名 = 変更値」と指定し，変更列が複数ある場合は，これをカンマ（,）で区切って指定します。また，WHERE句を指定すると条件に合致した行のみが変更され，省略すると表中のすべての行が変更されます。列の変更値を直接指定する①の形式が基本形ですが，試験では，スカラ副問合せの結果を変更値とする②の形式がよく出題されます。
　　　　　　　　　　　　　　　　　　　　　　　　　└─単一値を戻す

　　① **UPDATE**　表名　SET 列名 = 変更値　[WHERE　条件]

　　② **UPDATE**　表名　SET 列名 =（SELECT文）[WHERE　条件]

行の削除

行の削除は, **DELETE文**を用いて行います。WHERE句を指定すると条件に合致した行のみが削除され, 省略すると表中のすべての行が削除されます。

> DELETE FROM 表名 ［WHERE 条件］

確認のための実践問題

R表に, (A, B)の2列で一意にする制約 (UNIQUE制約) が定義されているとき, R表に対するSQL文のうち, この制約に違反するものはどれか。ここで, R表には主キーの定義がなく, また, 全ての列は値が決まっていない場合 (NULL)もあるものとする。

R

A	B	C	D
AA01	BB01	CC01	DD01
AA01	BB02	CC02	NULL
AA02	BB01	NULL	DD03
AA02	BB03	NULL	NULL

ア DELETE FROM R WHERE A ='AA01' AND B ='BB02'
イ INSERT INTO R(A, B, C, D) VALUES('AA01', NULL, 'DD01', 'EE01')
ウ INSERT INTO R(A, B, C, D) VALUES(NULL, NULL, 'AA01', 'BB02')
エ UPDATE R SET A = 'AA02' WHERE A = 'AA01'

解説 **UNIQUE制約は, NULLは許すが既に存在する値はNG**

選択肢エのUPDATE文は, A列の値が 'AA01'である行の, A列の値を'AA02'に変更するSQL文です。実行すると, 1行目と2行目のA列の値が'AA02'に変更され, 1行目と3行目の (A, B)列の値が重複するので, UNIQUE制約に違反します。

選択肢ア~ウのいずれのSQL文を実行しても, (A, B) 列の値に重複は起こりません。
ア: A列の値が 'AA01'かつB列の値が 'BB02'である行を削除するSQL文
イ: 行 ('AA01', NULL, 'DD01', 'EE01')を挿入するSQL文
ウ: 行 (NULL, NULL, 'AA01', 'BB02')を挿入するSQL文

解答 エ

テクノロジ系 技術要素 3

データベース

07 ビュー（仮想表）

出題ナビ

ビューは，SELECT文を用いて必要なデータを導出し作成した仮想表（導出表に名前を付けたもの）です。ビューを作成する主な目的は，もとの表への不用意な変更を防ぎ，特定の条件で絞り込んだ表を用いることで表操作を容易にすることです。

ここでは，ビュー定義（作成）の方法と，ビューに対する更新，および更新ができないビューの条件を押さえておきましょう。

ビュー

ビューの定義（作成）

ビューは，**CREATE VIEW文**を用いて定義します。基本構文，およびビュー定義の留意点は次のとおりです。

CREATE VIEW　ビュー名（列名リスト）← ビューを構成する
　　　　　　　　　　　　　　　　　　　　列名を列挙（省略可）
　AS　SELECT 列リスト FROM 表名 …
　　　　　　　　　　　　　　　　← ビューの基となる表（基底表）

〔ビュー定義の留意点〕

・ビューを構成する列名を省略すると，SELECT句の列リストに現れる列名がそのままビューの列名となる。

・ビューを構成する列名を列挙する場合，その列数はSELECT句の列リストの数と一致しなければならない。

・ビューを構成する列名は，基底表の列名と異なっても構わない。

ビューに対する更新

ビューに対する更新（**INSERT，UPDATE，DELETE**）は，ビュー定義をもとに，ビューが参照している表（基底表）に対する更新処理に変換されて実行されます。このため，実際に更新対象となる基底表のデータ（行や列）が唯一に決定できないビューの更新はできません。つまり，右ページに示すSELECT文によって作成されるビューは，基本的に更新不可能です。

〔更新不可能なビュー〕

・SELECT句に，演算式や集合関数，DISTINCTが使用されている。

・GROUP BY句，HAVING句が使用されている。

ビュー定義の例

"社員"表と"社員資格"表をもとに，社員ごとの資格取得数を集計したビュー"社員資格取得数"の定義は，次のとおりです。

CREATE VIEW 社員資格取得数 (社員コード, 社員氏名, 資格取得数)

 AS SELECT A.社員コード, A.社員氏名, COUNT (資格コード)

  FROM 社員 A, 社員資格 B

  WHERE A.社員コード = B.社員コード

  GROUP BY A.社員コード, A.社員氏名

"社員"表をA，
"社員資格"表を
Bとして扱う

社員 A

社員コード	社員氏名	部門コード
123	井橋	EG
369	西本	KR
456	稲垣	EG
789	鈴木	EG

社員資格 B

社員コード	資格コード
123	FE
123	AP
369	AP

ビュー
"社員資格取得数"

社員コード	社員氏名	資格取得数
123	井橋	2
369	西本	1

こんな問題が出る!

ビューに関する正しい記述

「Relational DataBase Management System」の略

関係データベース管理システム (RDBMS) におけるビューに関する記述のうち，適切なものはどれか。

ア ビューとは，名前を付けた導出表のことである。

イ ビューに対して，ビューを定義することはできない。

ウ ビューの定義を行ってから，必要があれば，基底表 を定義する。

エ ビューは1つの基底表に対して1つだけ定義できる。 ビューの基となる表

解答 ア

テクノロジ系 技術要素
3

インデックス(索引)

出題ナビ

インデックスは，探すデータを識別する列の値とその値を持つデータの格納位置をセットに持つファイルです。インデックスを利用してデータの格納位置を特定し，その位置を直接アクセスすることでSQL文の検索速度（処理効率）を上げることができます。ここでは，インデックスの作成方法と，インデックス設定の際の留意点，そして試験に出題されるB⁺木インデックスの特徴を押さえておきましょう。

インデックスの作成と留意点

インデックスの作成

インデックスは，**CREATE INDEX文**を用いて定義します。基本構文は，次のとおりです。なお，複数の列を組み合わせて1つのインデックスとしたものを**複合インデックス**といい，この場合は当該列をカンマ (,) で区切って指定します。

└「連結インデックス」ともいう

CREATE INDEX　インデックス名　ON　表名 (列)

インデックスの名前┘　　　　　　　　インデックスを設定する列

インデックスを設定する際の留意点

WHERE句に指定する問合せ（検索）条件や，ORDER BY句，GROUP BY句に頻繁に使用される列にインデックスを設定することで処理効率の向上が図れます。ただし，更新が頻度に行われる表（下記①）の場合，データの更新とともにインデックスの更新も発生するため，かえって処理時間が長くなります。また，②や③の場合にも，インデックス効果が期待できないことを押さえておきましょう。

〔インデックス効果が期待できない場合〕

① 更新（挿入，削除，変更）が頻繁に行われる表
② 行数の少ない表
③ とり得る値の種類が少ない（データ値の重複が多い）列 ⎫
　　　　　　　　　　　　　　　　　　　　　　　　　⎬
設定したインデックスが使われず，効果がない

B⁺木インデックス

B⁺木インデックスの構造と特徴

B⁺木インデックスは，現在，RDBMSのインデックスとして最も多く使われているインデックスです。B⁺木はB木（p.41）を拡張したもので，節（索引部）にはキー値と部分木へのポインタを，葉にはデータ（キー値とデータ格納位置）を格納し，葉どうしをポインタで結んだ構造になっています。B⁺木インデックスのイメージ図（一部省略），およびB⁺木インデックスの特徴は次のとおりです。

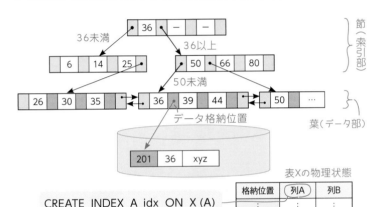

〔B⁺木インデックスの特徴〕

- データの追加・削除に伴い必要な場合は，**ブロックの分割や併合を行う**。
- 値一致検索だけでなく，**範囲検索にも優れている**。　　━━ 試験で問われる
- 葉どうしをポインタで結ぶことで順次検索も高速化している。
- 1件のデータを検索するときの節へのアクセス回数は木の深さに比例する。
- 索引部の節に **多くのキー値を持たせる** ことで検索の効率化が図れる。
　　　　　　　　　　　━━ 木の深さが浅くなる

その他のインデックス

その他，試験では，表と対になるビットマップを用いた**ビットマップインデックス**や，ハッシュ関数を用いた**ハッシュインデックス**も時々出題されるので，それぞれの特徴を次ページにまとめました。確認しておきましょう。

171

ビットマップ インデックス	キー列の値に対してビットマップを用意する方式。とり得る値の種類が少ない（データ値の重複が多い）列に設定する。例えば，キー列が性別の場合，データ（行）数と同じ大きさの「男」と「女」の2つのビットマップを用意して，キー列の値がその値（男／女）に該当するか否かをビット（1，0）で管理する。
ハッシュ インデックス	ハッシュ関数を用いてキー値とデータを直接関係づける方式。一意検索に優れているが，連続したデータの検索や不等号を使った条件検索，範囲検索には不向き。

 こんな問題が出る！

B⁺木インデックスにより検索の性能改善が期待できる操作

　"部品"表のメーカコード列に対し，B⁺木インデックスを作成した。これによって，"部品"表の検索の性能改善が最も期待できる操作はどれか。ここで，部品及びメーカのデータ件数は十分に多く，"部品"表に存在するメーカコード列の値の種類は十分な数があり，かつ，均一に分散しているものとする。また，"部品"表のごく少数の行には，メーカコード列にNULLが設定されている。実線の下線は主キーを，破線の下線は外部キーを表す。

　　部品（部品コード，部品名，メーカコード）
　　メーカ（メーカコード，メーカ名，住所）

ア　メーカコードの値が1001以外の部品を検索する。
イ　メーカコードの値が1001でも4001でもない部品を検索する。
ウ　メーカコードの値が4001以上，4003以下の部品を検索する。　　範囲検索
エ　メーカコードの値がNULL以外の部品を検索する。

解説 B⁺木インデックスは範囲検索に優れている

　検索の性能改善が最も期待できるのは選択肢ウの操作だけです。その他の選択肢は「～以外の検索」なのでインデックスが使われない可能性があり，結果的には全件検索に近くなるため効果は期待できません。ここで，インデックス列に対してNOT条件やNULL条件，LIKE条件が使われている場合や，条件式に計算や関数を含む場合には，**インデックスが使われない可能性がある**ことを押さえておきましょう。

解答　ウ

データベース

09 操作権限の付与と取消

出題ナビ

　1人または複数の利用者に，表やビューに対する操作権限（アクセス権限）を付与したり，逆に権限を取り消すことができます。操作権限には問合せ（SELECT），更新（UPDATE），追加（INSERT），削除（DELETE）などがあり，権限の付与にはSQLのGRANT文を，権限の取消にはREVOKE文を用います。ここでは，GRANT文とREVOKE文の基本構文を押さえておきましょう。

操作権限の付与と取消

GRANT文とREVOKE文の基本構文　　　　試験で，権限名は問われない

　GRANT文およびREVOKE文の基本構文は，次のとおりです。権限リストには，付与する，あるいは取り消す権限（SELECT，UPDATEなど）を指定します。また，すべての権限を付与（取消）する場合は，「ALL PRIVILEGES」と指定します。

〔権限の付与〕　GRANT 権限リスト ON 表名 TO 利用者リスト

〔権限の取消〕　REVOKE 権限リスト ON 表名 FROM 利用者リスト

　　　　　　すべての利用者を対象とする場合は「PUBLIC」

　こんな問題が出る！

表を更新する権限を与える方法

　RDBMSにおいて，特定の利用者だけに表を更新する権限を与える方法として，適切なものはどれか。

　　　　　　　　　データベースに接続する文

ア　CONNECT文で接続を許可する。

イ　CREATE ASSERTION文で表明して制限する。

ウ　CREATE TABLE文の参照制約で制限する。

エ　GRANT文で許可する。　　　　　表間の「制約」を定義する文

解答　エ

トランザクション管理

出題ナビ

データベース管理システム（DBMS）は，トランザクションが
ACID特性を保持しながら同時実行できるようにするトランザク
ションサポート機能を備えています。この機能には，同時実行制
御と障害回復，そしてコミットメント制御（p.178）があります。
　ここでは，ACID特性と同時実行制御，障害回復について，その
内容を確認しておきましょう。

ACID特性とトランザクション

ACID特性

　トランザクションは，データベースの更新などを含む1つの作業（SQL処理）単
位です。1つのトランザクションは，COMMIT（コミット）で更新内容を確定して
完了し，処理途中で何らかのエラーが発生した場合はROLLBACK（ロールバック）
で更新内容を取り消して（元の状態に戻して）完了します。

　このトランザクションが備えるべき特性が，次のACID特性です。これにより，デー
タベースを常に正しく保持できます。

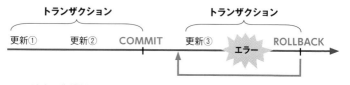

原子性 Atomicity	トランザクションは，そのすべての処理が実行されるか，あるいは全く実行されないかのどちらかで終了すること。
一貫性 Consistency	トランザクション処理によって，データベース内のデータに矛盾を生じないこと（常に矛盾のない状態であること）。
隔離性 Isolation	複数のトランザクションを同時に実行した場合と，順番に実行した場合の処理結果が一致すること（直列可能性）。つまり，他のトランザクションの影響を受けないこと。独立性ともいう。
耐久性 Durability	一度正常終了（コミット）したトランザクションの結果は，その後，障害が発生してもデータベースから消失しないこと。

こんな問題が出る!

ACID特性における耐久性(durability)の正しい説明

トランザクションのACID特性のうち，耐久性(durability)に関する記述として，適切なものはどれか。

ア　正常に終了したトランザクションの更新結果は，障害が発生してもデータベースから消失しないこと

イ　データベースの内容が矛盾のない状態であること

ウ　トランザクションの処理が全て実行されるか，全く実行されないかのいずれかで終了すること

エ　複数のトランザクションを同時に実行した場合と，順番に実行した場合の処理結果が一致すること

解答　ア

同時実行制御

3

テクノロジ系 技術要素

同時実行制御の目的

同時実行制御の目的は，データベースの一貫性を保ちながら複数のトランザクションを並行に実行し，単位時間当たりの実行トランザクション数を最大にすることです。

同時実行制御が行われない環境では，更新内容が他のトランザクションの更新によって上書きされる(**変更消失**)問題や，他のトランザクションが更新したコミットされていないデータを読み込めてしまう問題(**ダーティリード**)が起こる可能性があります。

同時実行制御を実現する方式

RDBMSにおける同時実行制御の代表的な方式は**ロック方式**(p.110)です。ロック方式では，トランザクションがアクセスするデータに対してロックをかけ，個々のトランザクションが2相ロッキングプロトコルなどの規約を順守することで<u>直列可能性</u>を保証します。**2相ロッキングプロトコル**(2相ロック方式ともいう)とは，使用するデータに対し一斉にロックをかけ(第1相目)，処理後にロックを一斉に解除し(第2相目)，その後二度とロックをかけないという方式です。

また，RDBMSでは，トランザクションの同時実行性を高めるため**専有ロック**(排他ロックともいう)と，**共有ロック**の2つのロックモードを提供しています。

専有ロック	データを更新するときに使うロック。専有ロックをかけたデータに対して，他のトランザクションは共有ロックも専有ロックもかけることができない。つまり，読込みも更新もできない。
共有ロック	データを読み込むときに使うロック。共有ロックをかけたデータに対して，他のトランザクションは共有ロックのみかけることができる。つまり，読込みは可能だが更新はできない。

 こんな問題が出る！

ロックに関する正しい説明

RDBMSの ロック に関する記述のうち，適切なものはどれか。ここで，X，Yはトランザクションとする。

ア　XがA表内の特定行aに対して共有ロックを獲得しているときは，YはA表内の別の特定行bに対して専有ロックを獲得することができない。

イ　XがA表内の特定行aに対して共有ロックを獲得しているときは，YはA表に対して専有ロックを獲得することができない。

ウ　XがA表に対して共有ロックを獲得しているときでも，YはA表に対して専有ロックを獲得することができる。

エ　XがA表に対して専有ロックを獲得しているときでも，YはA表内の特定行aに対して専有ロックを獲得することができる。

解答　イ

コレも一緒に！　覚えておこう

●ロックの粒度

ロックの粒度とは，ロックをかける単位（範囲）のこと。ロックの粒度を大きい順に示すと「データベース全体，表，ページ（ブロック），行」となる。

粒度が小さいほどロック待ちが少なく並行実行度を高めることができるが，ロック管理のためのRDBMS側のオーバヘッドが増大する。

一方，粒度が大きければロック待ちが多くなり，並行実行度が低くなる。結果，全体のスループットは低下する。

 障害回復

障害事前処理と障害回復処理

　データベースの障害回復処理を行うためには，事前にバックアップファイルを作成し，トランザクションの実行中は更新前ログや更新後ログを取得しておく必要があります。

　　　　　　　　　└時系列に書き出したデータベース更新の記録

　媒体障害（ハードウェア障害）が発生した際は，事前に作成したバックアップファイルを別の媒体にリストアした後，バックアップファイル作成時点から媒体障害発生までの間に取得した更新後ログを用いて，**ロールフォワード**による回復処理を行います。

　　　　　　　　　└「前進復帰」ともいう

　また，システム障害が発生した際は，システム再立ち上げ時に，障害回復を開始すべき時点（**チェックポイント**）まで戻り，次の手順で回復処理を行います。

〔システム障害からの回復処理手順〕　　　　　　「後退復帰」ともいう
① 障害発生時点からチェックポイントまで逆方向にログファイルを見ていき，コミットしていないトランザクションを，更新前ログを用いて**ロールバック**する。
② チェックポイントから障害発生時点まで正方向にログファイルを見ていき，コミット完了済みのトランザクションを更新後ログを用いて**ロールフォワード**する。

 こんな問題が出る！

媒体障害からの回復方法

　データベースに媒体障害が発生したときのデータベースの回復法はどれか。

　　　　　　　　　トランザクション障害からの回復（p.174）
ア　障害発生時，異常終了したトランザクションをロールバックする。

イ　障害発生時点でコミットしていたがデータベースの実更新がされていないトランザクションをロールフォワードする。── 上の②の処理

ウ　障害発生時点でまだコミットもアボートもしていなかった全てのトランザクションをロールバックする。── 上の①の処理

エ　バックアップコピーでデータベースを復元し，バックアップ取得以降にコミットした全てのトランザクションをロールフォワードする。

解答　エ

データベース

分散データベース（コミットメント制御）

出題ナビ　　コミットメント制御とは，トランザクションのACID特性の原子性および一貫性を保証するための機能です。複数サイトに配置された分散データベースでは，2相あるいは3相のコミットメント制御（同期型更新）によってトランザクションを管理し，データの整合性を維持します。ここでは，試験で出題される2相コミットメント制御のシーケンスを確認しましょう。

分散データベース

2相コミットメント制御（2相コミット）

分散データベースシステムにおいて，一連のトランザクション処理を行う複数サイトに更新処理が確定可能かを問い合わせ，すべてのサイトの更新処理が確定可能である場合にだけ，更新処理を確定する方式を2相コミットメント制御といいます。2相コミットメント制御の流れは，次のとおりです。図は，UMLのシーケンス図の記法（p.276）を用いたものです。

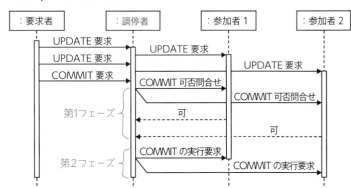

〔第1フェーズ〕　　　　　　更新処理の確定
① 調停者は，参加者に「COMMIT 可否」を問い合わせる。
② 参加者は，調停者に「COMMITの可否」を返答する。このとき，各データベースサイトはコミットもロールバックも可能なセキュア状態となる。

〔**第2フェーズ**〕

③ 調停者は,すべての参加者から「COMMIT可」が返された場合のみ,「COMMITの実行要求」を発行する。もし1つでも「COMMIT 否(No)」の参加者があれば,「ROLLBACKの実行要求」を発行する。

 こんな**問題が出る!**

2相コミットメント制御に関する正しい記述

　分散トランザクション処理で利用される2相コミットプロトコルでは,コミット処理を開始する調停者(coordinator)と,調停者からの指示を受信してから必要なアクションを開始する参加者(participant)がいる。この2相コミットプロトコルに関する記述のうち,適切なものはどれか。

「2相コミットメント制御」のこと

ア　参加者は,フェーズ1で調停者にコミット了承の応答を返してしまえば,フェーズ2のコミット要求を受信しなくても,ローカルにコミット処理が進められる。

イ　調停者に障害が発生するタイミングによっては,その回復処理が終わらない限り,参加者全員がコミットもロールバックも行えない事態が起こる。

ウ　1つの分散トランザクションに複数の調停者及び参加者が存在し得る。例えば,5個のシステム(プログラム)が関与している場合,調停者の数が2,参加者の数が3となり得る。

常に1

エ　フェーズ1で返答のない参加者が存在しても,調停者は強制的にそのトランザクションをコミットすることができる。

解説　消去法で解答

　選択肢イが正解です。コミットもロールバックも行えない状態を**ブロック状態**といいます。第2フェーズの直前で調停者に障害が発生したり,あるいは「COMMIT/ROLLBACKの実行要求」送信時に通信障害が発生すると,調停者からの指示が届かない参加者はブロック状態になります。試験では,ブロック状態が発生するタイミングが問われることもあります。押さえておきましょう。

　なお,ブロック状態を解決したのが**3相コミットメント制御**ですが,ネットワークトラフィックが増大するなどの理由から採用は少なく,試験でも問われません。

解答　**イ**

データベース応用

出題ナビ

企業の様々な活動を介して得られた大量のデータを整理・統合して蓄積しておき，意思決定支援などに利用するデータベース，あるいはその管理システムをデータウェアハウスといいます。

ここでは，データベース応用として，データウェアハウスの概要，データの多次元分析をサポートするOLAP，そして大量のデータから新たな知識を見つけ出すデータマイニングを押さえましょう。

データベースの応用

データウェアハウスとOLAP

この一連の処理を「ETL」という

データウェアハウスは，全社のデータを統合した時系列データベースです。基幹系システムからのデータ抽出（Extract），変換（Transform），データウェアハウスへのロード（Load）という一連の処理を経て構築されます。変換処理では，業務ごとに異なるデータの名前（異音同義語，同音異義語）や桁，属性，単位などを統一（データクレンジング）し，業務系システムから抽出したデータをデータウェアハウスへ格納するための形式変換を行います。

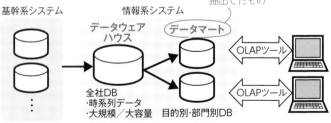

利用者視点で必要なデータを抽出したもの

利用者は，データウェアハウスに蓄積されたデータをもとに，様々な視点から（すなわち利用者それぞれの主題を軸に）多次元的にデータを分析・加工します。これを多次元分析といい，この多次元分析をサポートする技術にOLAP（Online Analytical Processing：オンライン分析処理）があります。OLAPの主な機能は，次のとおりです。

〔OLAPの主な機能〕

・1つの属性の特定の値を指定してデータを水平面で切り出す**スライス**。
・任意の切り口で取り出したデータを，より深いレベルのデータに詳細化する**ドリルダウン**。また，その逆の**ロールアップ**。
・データ集計の軸を，例えば「顧客，商品，販売店」別から「商品，顧客，販売店」別というように切り替える**ダイス**。
　　　　　└─立方体の面を回転させる

データマイニング

　　　　　　　　　　　　　┌─ビッグデータも含む

　データマイニングは，大量に蓄積されたデータ に対して統計処理などを行い，単なる検索だけではわからない隠れた法則性や因果関係を見つけ出す技術です。

〔データマイニングの種類〕

関連付け	データ属性間の同時出現回数を求め，「A商品を購入する顧客は同時にB商品も購入する」といったルールを導き出す。
順序	時系列データから「顧客は次に何を購入するか」といったパターンを導き出す。
分類・予測	決定木やニューラルネットワークを用いて，データの分類・予測を行う。
クラスタ	データの中から互いに類似するグループ（クラスタ）を見つける。

3 テクノロジ系 技術要素

こんな問題が出る！

統計的手法などを用いて新たな知識を見つけ出す技法

　ビッグデータの活用例として，大量のデータから統計学的手法などを用いて新たな知識（傾向やパターン）を見つけ出すプロセスはどれか。

ア　データウェアハウス　　　　　イ　データディクショナリ
ウ　データマイニング　　　　　　エ　メタデータ

解答　ウ

コレも一緒に！　覚えておこう

●メタデータとデータディクショナリ

　メタデータとは，データの属性，意味内容，格納場所などデータを管理するための情報。**データディクショナリ**はメタデータを収集・管理したもの。

データベース

ビッグデータの基盤技術 (NoSQL)

出題ナビ

ビッグデータとは,「Volume (データ量が膨大), Variety (データの種類が多様), Velocity (データの発生速度・頻度が高い)」といった3つのVの特徴を持つ, 巨大で複雑なデータの集合です。

ここでは, ビッグデータの基盤技術として利用されるNoSQLと, NoSQLが採用しているBASE特性, さらにビッグデータ関連で試験に出題されているデータレイク, CEPを押さえておきましょう。

NoSQLとBASE特性

NoSQL ——「Not only SQL」の略

NoSQL は, データへのアクセス方法をSQLに限定しないデータベースの総称で, 一般には, 関係データベース管理システム (RDBMS) 以外のDBMSという意味で用いられます。NoSQLに分類される主なデータベース (データモデル) として, 次の4つを押さえておきましょう。

〔NoSQLの分類〕

キーバリュー型	データを1つのキーに対応付けて管理する。**キーバリューストア** (KVS : Key-Value Store) とも呼ばれる。
カラム指向型 (列指向型)	キーバリュー型にカラム (列) の概念をもたせたもの。キーに対して, 動的に追加可能な複数のカラム (データ) を対応付けて管理できる。
ドキュメント指向型	キーバリュー型の基本的な考え方を拡張したもの。データを "ドキュメント" 単位で管理する。個々のドキュメントのデータ構造 (XMLやJSONなど) は自由。
グラフ指向型	グラフ理論にもとづいてデータ間の関係性を表現する。ノードとノード間のエッジ (関係, リレーションシップ), そしてノードとエッジにおける属性 (プロパティ) により全体をグラフ形成する。

BASE特性

RDBMSでは**ACID特性** (p.174) を採用し整合性を保証していますが, NoSQLにおいては, ビッグデータなど膨大なデータを高速に処理する必要があります。そのため, 一時的なデータの不整合があってもそれを許容することで整合性保証のための処理負担を軽減し, 最終的に一貫性が保たれていればよいという考えを採用しています。これを**結果整合性**といい, 結果整合性を保証するのが**BASE特性**です。

BASEは，"Basically Available (可用性が高く，常に利用可能)"，"Soft state (厳密な状態を要求しない)"，"Eventually consistent (最終的には一貫性が保たれる：結果整合性)"の3つの特性を意味します。

なお，試験で問われるのは結果整合性です。結果整合性では，一時的なデータの不整合 (同期の一時的な遅れ)を許容することを押さえておきましょう。

その他のビッグデータ関連用語

その他，試験に出題されているビッグデータ関連の用語として，**データレイク**と**CEP**も押さえておきましょう。

データレイク	ビッグデータのデータ貯蔵場所であり，IoTデータ，オープンデータ，SNSのログなど，あらゆるデータを発生した元のままの形式や構造で格納できる一元化されたリポジトリ。
CEP	Complex Event Processing (複合イベント処理) の略。刻々と発生する膨大なデータをリアルタイムで分析し処理する技術。データの処理条件や分析シナリオをあらかじめCEPエンジンに設定しておき，メモリ上に取り込んだデータが条件に合致した場合，対応するアクションを即座に実行することでリアルタイム性を実現する。

3 テクノロジ系 技術要素

 こんな問題が出る！

NoSQLに分類されるデータベース

ビッグデータの基盤技術として利用されるNoSQLに分類されるデータベースはどれか。

オブジェクト指向データベース

ア 関係データモデルをオブジェクト指向データモデルに拡張し，操作の定義や型の継承関係の定義を可能としたデータベース

イ 経営者の意思決定を支援するために，ある主題に基づくデータを現在の情報とともに過去の情報も蓄積したデータベース ── データウェアハウス

ウ 様々な形式のデータを1つのキーに対応付けて管理するキーバリュー型データベース

エ データ項目の名称や形式など，データそのものの特性を表すメタ情報を管理するデータベース データディクショナリ

解答 ウ

14

分散型台帳技術 （ブロックチェーン）

出題ナビ

ブロックチェーンは，ネットワーク上のコンピュータにデータを分散保持させる分散型台帳技術であり，チェーン（鎖）のように連結していながらデータを保管する分散型のデータベースです。

ここでは，ブロックチェーンの概要とCAP定理を押さえておきましょう。また，試験に出題されているブロックチェーンに関連する用語も確認しておきましょう。

 ブロックチェーンとCAP定理

ブロックチェーン

ブロックチェーンでは，"ブロック"と呼ばれるデータの単位を，鎖のように繋ぐことで台帳を形成し，P2Pネットワークで管理します。

└── ノードどうしが対等な関係で直接に通信する方式

新たなブロックを生成するとき，そのブロックに直前のブロックのハッシュ値を埋め込みブロックを相互に関連づけます。これにより，矛盾なく改ざんすることを困難にしています。つまり，データを改ざんすると，ハッシュ値が変わるため，当該ブロック以降のすべてのブロックのハッシュ値も変更しなければならず事実上改ざんは不可能です。

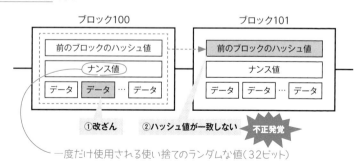

CAP定理

CAP定理とは，分散型データベースシステムにおいてデータストアに望まれる一貫性（Consistency），可用性（Availability），分断耐性（Partition-tolerance）

の3つの特性のうち,同時に満たせるのは2つまでという理論です。ブロックチェーンでは,可用性と分断耐性は保証しますが,一貫性についての完璧な実現は保証していません。

一貫性	すべてのユーザはデータをすべて同一のもの(最新データ)として見ることができる。
可用性	必ずデータにアクセスできる(単一障害点)が存在しない)。
分断耐性	ネットワークの一部が遮断された場合でも)データにアクセスできる。

そこが故障するとシステム全体が停止となる箇所のこと。
SPOF(Single Point Of Failure)ともいう

その他,ブロックチェーン関連の出題用語

仮想通貨マイニング	ブロックのハッシュ値には,「上位N桁(通常3桁)がすべて0」という制約があり,これを満たした場合のみ正当とされ,新しいブロックがブロックチェーンに追加される。ブロック内に格納される「データ」と「1つ前のブロックのハッシュ値」は決まっているため,条件を満たすハッシュ値を得るためには適切な「ナンス値」を見つける必要があるが,この作業には膨大な計算が必要になる。そこで,ネットワーク参加者に依頼し,利用できるナンス値すなわちハッシュ値を見つけた人には報酬を支払うという仕組みが採られる。例えば,仮想通貨のブロックチェーンであれば,成功報酬として新規に発行された仮想通貨が付与される。このように,目的のハッシュ値を得るための計算作業に参加し,報酬として仮想通貨を得ることを**仮想通貨マイニング**という。
クリプトジャッキング	PCにマルウェアを感染させ,そのPCのコンピュータ資源を不正に利用して,暗号資産(仮想通貨)の取引承認に必要となるハッシュ値の計算を行わせる行為。

3 テクノロジ系 技術要素

こんな**問題**が**出る!**

取引データの完全性と可用性が確保される技術

取引履歴などのデータとハッシュ値の組みを順次つなげて記録した分散型台帳を,ネットワーク上の多数のコンピュータで同期して保有し,管理することによって,一部の台帳で取引データが改ざんされても,取引データの完全性と可用性が確保されることを特徴とする技術はどれか。

ア MAC(Message Authentication Code) イ XML署名
ウ ニューラルネットワーク エ ブロックチェーン

解答 エ

15 OSI基本参照モデルと LAN間接続装置

出題ナビ

OSI基本参照モデルは通信機能を7つの階層に分けて整理・定義した最も有名なネットワークモデルです。また、LAN間接続装置はLAN内接続やLAN間接続などに用いられる中継装置で、代表的なものに、リピータ、ブリッジ、ルータ、ゲートウェイなどがあります。
ここでは、OSI基本参照モデルの各層の機能と、その機能を担うLAN間接続装置の特徴を押さえておきましょう。

OSI基本参照モデル

OSI基本参照モデルの各層の役割 (機能)

「レイヤ」ともいう

OSI基本参照モデルでは、データ通信に必要な機能を7層に分けています。

第1～4層は高品質なデータを通信相手に届ける役割を持ち、第5～7層は下位層を利用しアプリケーションどうしの通信を行う機能を担います。

〔OSI基本参照モデルの7階層〕

第7層	**アプリケーション層**	通信を行う各種のアプリケーション固有の動作(情報構造や手順)を規定。電子メールやファイル転送などの機能を実現。
第6層	**プレゼンテーション層**	アプリケーション固有の表現形式を共通の表現形式に変換。例えば文字コード変換やデータの圧縮などを行う。
第5層	**セション層**	アプリケーション間における会話制御と管理 (順序制御、同期点制御など) を行い、順序正しいデータ通信と効率のよいデータ通信を提供。 いくつかの同期点ももうけておき、正しく送信できなかった場合は、直前の同期点から再度送り直す
第4層	**トランスポート層**	下位層のサービス品質の差異を吸収・補完し、上位層に高品質なデータを提供 (信頼性の高いデータ伝送を実現)。
第3層	**ネットワーク層**	ルーティング(p.215) 経路選択機能や中継機能を持ち、通信を行うノード (エンドシステムという) に相手ノードの物理的な位置などを意識させない透過的なデータ転送を行う。
第2層	**データリンク層**	隣接ノード間の伝送制御 (誤り制御、再送制御)を行う。
第1層	**物理層**	物理的な通信媒体の特性の差を吸収し、上位層に透過的な伝送路を提供。

代表的なLAN間接続装置の特徴と役割

OSI基本参照モデルとLAN間接続装置

　OSI基本参照モデルと代表的なLAN間接続装置の対応は，次のとおりです。各装置が位置する層を押さえましょう。

リピータ，ハブ

　リピータは，伝送中に減衰した電気信号を再生・増幅する機能を持つ装置です。単に伝送距離を延長するときに用いられます。同等の機能を持ったものに，複数の接続口（ポート）を持つハブ（リピータハブ）があります。

ブリッジ，スイッチングハブ（レイヤ2スイッチ） L2スイッチ

　ブリッジは，LAN上を流れるフレームを中継する装置です。フレームのMACアドレス（データリンク層のアドレス）をチェックして，他のセグメントに流すか否かの判断（中継／フィルタリング）を行います。具体的には，ブリッジが持つMACアドレステーブルを使って，次の手順で行われます。

MACアドレスとポートの
対応を記録しておく表

〔ブリッジの動作〕

① 宛先MACアドレスをもとにMACアドレステーブルを参照する。

② 宛先MACアドレスの接続ポートがフレームを受信したポートと別ポートならそのポートにフレームを転送し，同一ポートならフレームを破棄する。

③ 宛先MACアドレスが記憶されていない場合や，受信フレームが ブロードキャストフレーム の場合は，受信ポート以外のすべてのポートにフレームを転送する。

宛先MACアドレスは，「FF-FF-FF-FF-FF-FF」。
これをブロードキャストアドレスという

スイッチングハブ（レイヤ2スイッチ：**L2スイッチ**）は，ブリッジと同等の機能 ┌L2SW
を持った中継装置です。従来のハブ（リピータハブ）は，受信したフレームをすべ
てのポートに送出しますが，スイッチングハブは，宛先MACアドレスをもとに送
信先のノードがつながっているポートにだけフレームを送出します。2つのノード
間のみで通信を行うことができるため，衝突（コリジョン）は発生しません。また，
LAN全体の負荷が軽減します。

ルータ，レイヤ3スイッチ

ルータは，LANどうしやLANとWANを接続して，ネットワーク層での中継を行
う装置です。ルータの主な機能は，中継とルーティング（経路選択）です。パケッ
トの宛先IPアドレスをもとに，ルータが持つルーティングテーブルから転送先のルー
タ（ネクストホップ）を決定し，パケットを転送します（p.215）。「IPデータグラム」
ともいう

レイヤ3スイッチ（**L3スイッチ**）は，ルータと同様，パケットの宛先IPアドレスを ┌L3SW
もとに，パケットの行き先を判断して転送を行う装置です。ルータは，IPパケット
の転送処理をソフトウェアで行っていますが，この転送処理をハードウェア化し，
高速化したのがレイヤ3スイッチです。

ゲートウェイ

ゲートウェイは，トランスポート層以上が異なるネットワークどうしを接続する
装置で，全階層の中継を行います。例えば，表示機能に限界がある携帯電話から
インターネットのホームページが見られるように，プロトコル変換するのはゲート
ウェイの役割です。

 こんな問題が出る!

問1　LAN間接続装置を下位層から順に並べたもの

OSI基本参照モデルの各層で中継する装置を，物理層で中継する装置，デー
タリンク層で中継する装置，ネットワーク層で中継する装置の順に並べたもの
はどれか。

ア　ブリッジ，リピータ，ルータ　　　　イ　ブリッジ，ルータ，リピータ
ウ　リピータ，ブリッジ，ルータ　　　　エ　リピータ，ルータ，ブリッジ

問2 スイッチングハブの機能

CSMA/CD方式のLANで使用されるスイッチングハブ（レイヤ2スイッチ）は，フレームの蓄積機能，速度変換機能や交換機能をもっている。このようなスイッチングハブと同等の機能をもち，同じプロトコル階層で動作する装置はどれか。

次テーマ（p.190）を参照

ア ゲートウェイ　　イ ブリッジ　　ウ リピータ　　エ ルータ

解答　問1：ウ　問2：イ

確認のための実践問題

図のようなIPネットワークのLAN環境で，ホストAからホストBにパケットを送信する。LAN1において，パケット内のイーサネットフレームの宛先とIPデータグラムの宛先の組合せとして，適切なものはどれか。ここで，図中のMACn/IPmは，ホスト又はルータがもつインタフェースのMACアドレスとIPアドレスを示す。

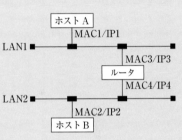

	イーサネットフレームの宛先	IPデータグラムの宛先
ア	MAC2	IP2
イ	MAC2	IP3
ウ	MAC3	IP2
エ	MAC3	IP3

解説　AからBへの送信ルートは「A→ルータ→B」

異なるLAN間では，**ルータ**が通信を中継します。問題の図のIPネットワーク環境で，ホストAからホストBにデータを送信する場合，宛先IPアドレスには送信先であるホストB（IP2）を指定しますが，宛先MACアドレス（イーサネットフレームの宛先）には，中継を行うルータ（MAC3）を指定します。

解答　ウ

16 メディアアクセス制御

データの送受信方法や誤り検出方法などを規定するのが，OSI基本参照モデルのデータリンク層（第2層）にあたるMAC（Media Access Control：メディアアクセス制御）です。

ここでは，イーサネット（LAN）で使用される代表的なメディアアクセス（媒体アクセス）制御方式であるCSMA/CDとトークンパッシングの特徴を押さえておきましょう。

MACアドレスとメディアアクセス制御方式

MACアドレス

MACアドレスは，ネットワーク上の機器を識別するため，各機器に付けられている6バイト（48ビット）の識別番号です。OSI基本参照モデルでいうと，データリンク層のアドレスにあたります。先頭24ビットがOUI（ベンダID），後続24ビットが固有製造番号（製品に割り当てた番号）となっています。

CSMA/CD方式　　搬送波感知（伝送路の通信状態を監視）　　衝突検出

CSMA/CD（Carrier Sense Multiple Access with Collision Detection）方式は，伝送路上にフレーム（データリンク層における信号送信単位）が流れていないかどうかを常時監視し，フレームが流れていないことを確認後に送信を開始します。

送出したフレームの衝突（コリジョン：collision）を検知した場合は送信を中止し，他のノード（端末）に衝突を知らせるジャム（妨害）信号を送出し，その後ランダムな時間の経過後にフレームを再送信します。

CSMA/CD方式では，伝送路使用率の増加に伴ってフレームが衝突する確率が高くなり，再送が増えてきます。このため，伝送路使用率がある程度の値（30％程度）を超えると，伝送遅延が急激に大きくなります。

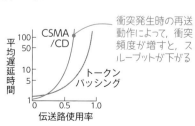

衝突発生時の再送動作によって，衝突頻度が増すと，スループットが下がる

トークンパッシング方式

トークンパッシング方式は，伝送路上に巡回しているフリートークンを獲得したノードだけがフレームを送信する方式です。伝送路使用率の増加に伴ってフリートークンを獲得しにくくなり，送信待ち時間が長くなりますが，フレームの衝突がなく，衝突による再送制御の必要がないため，伝送路使用率に対する遅延時間の増加の程度はCSMA/CD方式より緩やかです。

こんな問題が出る!

CSMA/CD方式に関する正しい記述

イーサネットで使用されるメディアアクセス制御方式であるCSMA/CDに関する記述として，適切なものはどれか。

ア　それぞれのステーションが キャリア検知 を行うとともに，送信データの
　　衝突が起きた場合は再送 する。　——決め手はココ！
イ　タイムスロットと呼ばれる単位で分割して，同一周波数において複数の
　　通信を可能にする。——TDMA
ウ　データ送受信の開始時にデータ送受信のネゴシエーションとしてRTS/CTS
　　方式を用い，受信の確認はACKを使用する。——CSMA/CA with RTS/CTS
エ　伝送路上にトークンを巡回させ，トークンを受け取った端末だけがデー
　　タを送信できる。

解答　ア

コレも一緒に!　覚えておこう

●TDMA（選択肢イ）

TDMA（Time Division Multiple Access：時分割多元接続）は，同一周波数帯を単位時間（タイムスロット）ごとに分割して，それを複数の主体に順番に割当てることで多重化を行う方式。

●CSMA/CA with RTS/CTS（選択肢ウ）

CSMA/CAは，無線LAN（IEEE 802.11）で採用されているアクセス制御方式。RTS/CTSは，無線LANの"隠れ端末問題"を回避するための方式で，RTSは"Request To Send（送信要求）"，CTSは"Clear To Send（送信可能）"の意味。CSMA/CAおよびRTS/CTSについては，p.192を参照。

3
テクノロジ系 技術要素

無線LAN

出題ナビ

前テーマでは，イーサネットLANで使われるCSMA/CD（搬送波感知多重アクセス／衝突検出）方式を学習しましたが，無線LANにおいては「CSMA/CA」という方式が使われます。

ここでは，CSMA/CA方式とはどのような方式なのかを確認するとともに，無線LANの基本事項として，IEEE 802.11（無線LANの規格）や接続方式についても押さえておきましょう。

無線LANにおけるメディアアクセス制御方式

CSMA/CA方式

衝突回避 ⌐

CSMA/CA（Carrier Sense Multiple Access with Collision Avoidance）は，搬送波感知多重アクセス／衝突回避という意味です。無線LANは物理的な伝送路がないため，衝突を検知できません。そこで，衝突を検知するのではなく，回避しよう（衝突が起こらないようにしよう）というのがCSMA/CA方式です。

CSMA/CA方式では，フレームが流れていないことを確認後，直ぐには送信せず必ずランダムな時間だけ待った後で送信を開始します。また，受信の確認はACKを使用し，ACKが返ってくれば正常，返ってこなければ衝突が発生したと判断して，再送を行います。　「OK」を意味する応答

しかし，他の端末との距離が離れすぎていたり，障害物がある場合は，互いの通信を検知できず衝突が生じます。これを隠れ端末問題といい，回避策としては，送信開始前にRTS/CTS信号をやり取りするRTS/CTS方式があります。

〔無線LANの隠れ端末問題〕

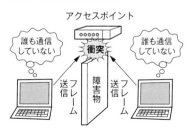

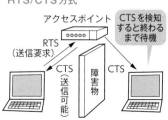

無線LANの規格と接続方式

IEEE 802.11

「CD」と間違えないよう注意！

IEEE 802.11は，メディアアクセス制御にCSMA/CA方式を使う無線LANの規格です。主な規格（IEEE 802.11シリーズ）には，次のものがあります。

複数のアンテナで送受信を行い通信を高速化する**MIMO**（Multiple-Input and Multiple-Output）技術を採用

規格	IEEE 802.11a	IEEE 802.11b	IEEE 802.11g	IEEE 802.11n	IEEE 802.11ac	IEEE 802.11ax
周波数帯	5GHz	2.4GHz	2.4GHz	2.4／5GHz	5GHz	2.4／5GHz
最大伝送速度	54Mbps	11Mbps	54Mbps	600Mbps	約7Gbps	9.6Gbps

無線LAN接続の2つのモード

無線LANの接続方法には，無線LANノードがアクセスポイントを介して相互に通信を行う方式（**インフラストラクチャモード**）と，アクセスポイントを介さずに無線LANノードどうしが直接通信を行う方式（**アドホックモード**）があります。

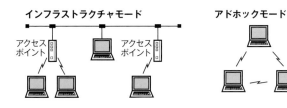

インフラストラクチャモード　　　　　アドホックモード

アクセスポイント　　アクセスポイント

 ### こんな問題が出る！

無線LANの正しい記述

無線LANに関する記述のうち，適切なものはどれか。

ア　PC以外では使用することができない。
イ　アクセスポイントが無くても1対1でなら通信できる動作モードがある。
ウ　暗号化の規格は1種類に統一されている。無線LANの暗号化規格はp.240
エ　障害物が無ければ距離に関係なく通信できる。

解答　イ

3
テクノロジ系 技術要素

ネットワーク

18 LANに関連するIEEE規格 (IEEE 802)

出題ナビ

IEEE 802はOSI基本参照モデルにおける物理層とデータリンク層の2つの層にまたがる規格です。IEEE 802の規格は広範囲にわたりますが，試験対策として重要なのは無線LANの規格IEEE 802.11（前テーマ参照）と，LAN（イーサネット）についての規格IEEE 802.3とIEEE 802.1の3つです。ここでは，試験に出題されるIEEE 802.3およびIEEE 802.1規格を押さえておきましょう。

IEEE 802.3規格 とIEEE 802.1規格

リンクアグリゲーション (IEEE 802.3ad)

リンクアグリゲーションはスイッチングハブどうし，あるいはコンピュータとスイッチングハブを接続する際に，複数のポートを束ねて1つの論理ポートとして扱う技術です。IEEE 802.3adで規格化されています。 「リンク」という

リンクアグリゲーションを使用する利点は，ネットワークの高速化と冗長性の確保（信頼性の向上）です。例えば，1Gbpsの回線2本で2Gbpsの仮想的な1本の回線が実現でき，仮に1本に不具合が生じても通信を継続できます。

「Gビット／秒」

2Gbps

スイッチングハブ

PoE規格 (IEEE 802.3af)

UTPケーブル(Unshielded Twist Pair cable：非シールドツイストペアケーブル)

PoE（Power over Ethernet）は，LANケーブルを通じて機器への給電も行う技術です。当初，LANケーブルではデータの送受信しかできませんでしたが，PoEと呼ばれるIEEE 802.3af規格が制定されたことによりデータと同時に電力の供給も可能になりました。PoE（IEEE 802.3af）における給電能力は1ポート当たり15.4Wです。主に無線LANアクセスポイントやLANスイッチ，IP電話機やWEBカメラなどで利用されています。

午後問題で，「AP（アクセスポイント）は ＿a＿ 対応の製品なので電源工事が不要」といった記述中の空欄が問われたら，迷わずPoEです。

なお，PoE規格にはIEEE 802.3afの他，消費電力が大きい機器を想定し，電力

供給を拡張した**IEEE 802.3at** (**PoE+**) や**IEEE 802.3bt** (**PoE++**) があります。最大給電能力はそれぞれ30W，90Wです。押さえておきましょう。

スパニングツリープロトコル (IEEE 802.1D)

スパニングツリーはデータリンク層 (レイヤ2) において，ループを防止しながらネットワークを冗長化し，信頼性を向上させる仕組みです。

宛先MACアドレス「FF-FF-FF-FF-FF-FF」

データリンク層で動作するブリッジやスイッチングハブ (L2SW) などのLANスイッチは，受信したブロードキャストフレームを受信ポート以外のすべてのポートに転送します。そのため，これらの機器をループ状に接続し冗長化させた場合，ブロードキャストフレームが永遠に回り続けながら増殖し，最終的にはネットワークダウンを招いてしまいます。この現象を**ブロードキャストストーム**といい，これを防ぐために規定されたのが**スパニングツリープロトコル** (STP) です。**IEEE 802.1D**で規格化されています。

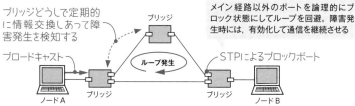

ブリッジどうしで定期的に情報交換しあって障害発生を検知する

ブロードキャスト

メイン経路以外のポートを論理的にブロック状態にしてループを回避。障害発生時には，有効化して通信を継続させる

STPによるブロックポート

ブリッジ　ノードA　ループ発生　ブリッジ　ノードB

3 テクノロジ系 技術要素

こんな問題が出る！

複数の物理回線を論理的に1本の回線に束ねる技術

コンピュータとスイッチングハブ，または2台のスイッチングハブの間を接続する複数の物理回線を論理的に1本の回線に束ねる技術はどれか。

ア　スパニングツリー　　　　　　イ　ブリッジ
ウ　マルチホーミング　　　　　　エ　リンクアグリゲーション

解答　エ

コレも一緒に！　覚えておこう

●マルチホーミング (選択肢ウ)

マルチホーミングは，インターネットへ接続する際，複数のISP (Internet Services Provider) を利用し，各ISPにパケットを振り分けて通信を行うこと。負荷を分散したり，信頼性 (対障害性) の向上が図れる。

19

TCP/IP
(TCPとUDP)

出題ナビ

TCP/IPは、LANやインターネットで広く利用されているプロトコル群です。通信を実現するための一連のプロトコル群（プロトコルスイートという）を4つの階層に分けてモデル化しています。

ここでは、OSI基本参照モデルの7階層とTCP/IPとの関係を確認し、TCP/IPの中心的な役割を果たすTCPおよびTCPと同じ層にあるUDPについて、それぞれの特徴と相違点を押さえておきましょう。

 ## TCP/IPにおけるトランスポート層のプロトコル

OSI基本参照モデルとTCP/IP

OSI基本参照モデルとTCP/IPの階層モデルの対応は、次のとおりです。TCPとUDP、およびIPがOSI基本参照モデルのどの層に対応するのかを押さえましょう。

インターネットプロトコル (p.208)

アプリケーション層のプロトコル(p.204)

OSI基本参照モデル		TCP/IP	
第7層	アプリケーション層	アプリケーション層	DHCP, FTP, HTTP, NTP, POP3, IMAP4, SMTP, SNMP, SSL/TLS, TELNET など
第6層	プレゼンテーション層		
第5層	セション層		
第4層	トランスポート層	トランスポート層	TCP, UDP
第3層	ネットワーク層	インターネット層	IP, ARP, ICMP など
第2層	データリンク層	ネットワークインタフェース層	イーサネット(IEEE802.3), IEEE802.11, PPP, PPPoE, ATM など
第1層	物理層		

「IP層」ともいう

TCPとUDP

TCP (Transmission Control Protocol) は、コネクション型の通信プロトコルです。通信に先立って、TCPコネクションと呼ばれる論理的な通信路を確立し、セグメント（TCPにおけるデータ転送の単位）のやり取りを行います。TCPは、ACKによる確認応答、シーケンス番号の管理による欠落したセグメントや時間内に確認応答が返ってこなかったときのセグメントの再送、さらに確認応答を待たずに先送りでセグメントを送信できるウィンドウ制御などの機能を持ち、信頼性が高い通信を提供します。

一方，**UDP**（User Datagram Protocol）は，コネクションを確立しない**コネクションレス型**のプロトコルです。信頼性を確保する機能は持ちませんが，TCPと比べて高速な通信を提供します。

TCPヘッダとUDPヘッダ

TCPヘッダとUDPヘッダは次のとおりです。UDPヘッダには，シーケンス番号や確認応答番号，ウィンドウサイズなどがないことを確認してください。

TCPヘッダ

0 4 10 15 16	31
送信元ポート番号	宛先ポート番号
シーケンス番号	
確認応答番号（ACK番号）	
データオフセット / 予約 / フラグ / **ウィンドウサイズ**	
チェックサム	緊急ポインタ
オプション（可変長）	パディング

UDPヘッダ

0 15 16	31
送信元ポート番号	宛先ポート番号
セグメント長	チェックサム

↖ UDPヘッダには，シーケンス番号や確認応答番号がない

ポート番号	通信先ホスト内のアプリケーションを識別するための番号。指定できる範囲は，TCPやUDPなどの通信プロトコル毎に0～65535と決まっており，このうち0～1023はFTPやHTTPといったTCP/IPの主なプロトコルで使用される。ポート。これを**ウェルノウンポート**という。1024～49151は個々のアプリケーションに割り当てられているポート，49152～65535は動的（自由）に使えるポート。
シーケンス番号	送信したセグメントの位置を表す番号。セグメントの順番を管理したり，セグメントに抜けがないかをチェックしたりするのに使う。
確認応答番号	受信側が期待する（次に受信すべき）セグメントのシーケンス番号。受信側は，受信したセグメントのシーケンス番号に1を加えた値を確認応答番号にセットし，ACK（確認応答）として返送する。
ウィンドウサイズ	確認応答（ACK）を待たずに，連続して送信できる最大オクテット数。データを続けて送信できるかどうかの判断に使用される。なお，**オクテット**とは，8ビットを1とした数。例えば，6オクテットは48ビット。

TCPコネクション

TCPコネクションの識別

TCPコネクションは，宛先IPアドレス，宛先TCPポート番号，送信元IPアドレス，送信元TCPポート番号の4つによって識別されます。

例えば，次ページの図のような構成で，組織内のネットワークにあるクライアン

トが, **プロキシサーバ** を経由してWebサーバにアクセスする場合は, トランスポート層以上のプロトコルを解釈する通信機器 (プロキシサーバ) でコネクションが設定されます。

つまり, **TCPコネクション**は, クライアントとプロキシサーバ, プロキシサーバとWebサーバの間で, 別々に設定されます。

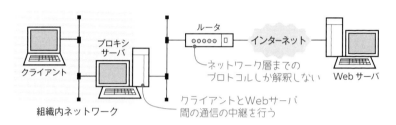

「フォワードプロキシ」ともいう

TCPコネクションの確立

TCPでは, **3ウェイハンドシェイク**を使用してTCPコネクションを確立します。例えば, クライアントからサーバにコネクション確立の要求をする場合の手順は, 次のとおりです。

〔3ウェイハンドシェイクの手順〕

① クライアントがサーバに対して, 「通信開始OKか?」を意味する**SYN**パケットを送信する。このときのシーケンス番号は, ランダムな値が割り当てられ (下図の場合100), 確認応答番号はなし。
② サーバは, 「通信OK。そちらも通信開始OKか?」を意味するACKとSYNパケットを組み合わせた**SYN+ACK**パケットを送信する。
③ クライアントは, 「OK」を意味する**ACK**パケットを送信する。

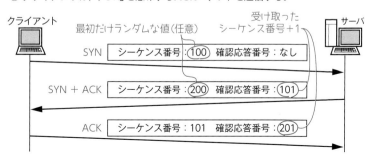

 こんな**問題**が**出る!**

問1 コネクションレス型のプロトコル

IPの上位階層のプロトコルとして, コネクションレスのデータグラム通信を実現し, 信頼性のための確認応答や順序制御などの機能をもたないプロトコルはどれか。
トランスポート層

ア ICMP   イ PPP   ウ TCP   エ UDP

問2 確認応答を待たず送信できる最大メッセージ数

TCPを使用したデータ転送において, 受信ノードからの確認応答を待たずに, 連続して送信することが可能なオクテット数の最大値を何と呼ぶか。

ア ウィンドウサイズ   イ 確認応答番号
ウ シーケンス番号   エ セグメントサイズ

解答 問1:エ 問2:ア

 チャレンジ!**午後問題**

問 TCPとUDPは, OSI参照モデルの │ a │ 層のプロトコルである。その下位層である │ b │ 層のプロトコルにIPがある。TCPとUDPでは, │ c │ で識別される │ d │ 間の通信を行う。IPでは, IPアドレスで識別されるネットワーク機器間の通信を行う。

TCPとUDPを比較すると, TCPは通信の信頼性を確保するため, データパケットを確実に送信するための機能を備えている。その1つとして, TCPはコネクション確立を必要とし, 1対1の通信だけを行う。例えば, クライアント/サーバ間でデータパケットの送信を交互に1パケットずつ行う場合, コネクション確立から切断までのパケットシーケンスは次ページの図のようになる。それに対して, UDPは │ c │ の管理以外は行わないので, 信頼性はTCPに比べて低下するが, 通信処理の負荷は小さい。また, UDPはコネクションレスであり, 1対多の通信も可能である。

このような特徴から, TCPはSMTP, HTTP, FTPなどデータがすべて確実に伝わることが要求されるプロトコルに利用されている。一方, UDPは音声通話, 映像配信などで多く利用されている。音声通話の1つであるIP電話で

3 テクノロジ系 技術要素

は，データがすべて確実に伝わることよりも，リアルタイム性が優先される
ので，UDPが利用されている。また，UDPはネットワーク内で不特定多数の
相手に向かって同じデータを送信する e や，ある特定の複数の相手を対象
に同じデータを送信する f を使用した放送型の配信に利用されている。

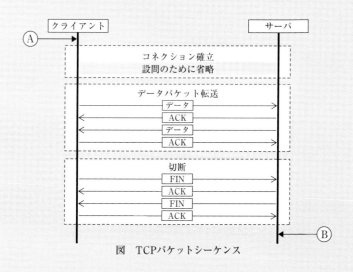

図　TCPパケットシーケンス

設問1　本文中の a ， b に入れる適切な字句を，カタカナで答えよ。

設問2　本文中の c ～ f に入れる適切な字句を解答群の中から選び，
記号で答えよ。

解答群

ア　IP アドレス　　　イ　SMTP　　　　　　ウ　SNMP

エ　SNTP　　　　　　オ　アプリケーション　カ　エニーキャスト

キ　シーケンス番号　ク　セッション　　　　ケ　ブロードキャスト

コ　ポート番号　　　サ　マルチキャスト　　シ　ユニキャスト

ス　ルーティング

設問3 図のTCPパケットシーケンスについて，次の (1)，(2) のパケット数をそれぞれ答えよ。
(1)図において，A からB までの間でやり取りされるパケット総数
(2)図と同じデータの通信をUDPで実装した場合にやり取りされるパケット総数。ただし，パケットの破損や損失への対応は行わないものとする。

解説 設問1　OSI基本参照モデルの7階層とTCP/IPの関係を思い出そう！

　TCPとUDPは，OSI基本参照モデルの**トランスポート**（空欄a）層のプロトコルです。トランスポート層の下位層である**ネットワーク**（空欄b）層のプロトコルにIPがあります。

解説 設問2（空欄c, d）　ポート番号でアプリケーションを識別

　トランスポート層に位置するTCPとUDPでは，**ポート番号**（空欄c）で識別される**アプリケーション**（空欄d)間の通信を行います。

解説 設問2（空欄e, f）　ブロードキャストとマルチキャストに絞って考える

　ネットワークアドレスが同じ1つのネットワーク内で，不特定多数の相手に向かって同じデータを送信することを**ブロードキャスト**（空欄e）といいます。また，ある特定の複数の相手を対象に同じデータを送信することを**マルチキャスト**（空欄f）といいます。

解説 設問3（1）　コネクション確立におけるシーケンスがポイント！

　図から，“データパケット転送”で**4**パケット，“切断”で**4**パケットがやり取りされていることがわかります。ポイントは，“コネクション確立”でやり取りされるパケット数ですが，**TCP**では，コネクションを確立するため，**3ウェイハンドシェイク**を使用します。したがって，AB間でやり取りされるパケットの総数は**11**（＝4+4+3)パケットです。

解説 設問3（2）　コネクションレスは“確立”と“切断”がない

　UDPはコネクションレス型のプロトコルなので，通信の信頼性確保の部分が省かれます。つまり，“コネクション確立”も“切断”もなく，またACK応答もないので，AB間でやり取りされるパケットの総数は**2**パケットです。

　　　　　解答　設問1　a：トランスポート　b：ネットワーク
　　　　　　　　設問2　c：コ　d：オ　e：ケ　f：サ
　　　　　　　　設問3 （1）11 （2）2

3
テクノロジ系
技術要素

ネットワーク

20 TCP/IPネットワークの 主なプロトコル

出題ナビ

TCP/IPは4つのプロトコル階層から構成され，それぞれの階層には複数のプロトコルがあります。ここでは，試験での出題が多いプロトコルの特徴と役割を学習しますが，注意点が1つあります。それは，試験においてはOSI基本参照モデルの階層名が用いられることが多いということです。したがって，p.196の「OSI基本参照モデルとTCP/IP」の関係を意識しながら学習を進めてください。

データリンク層，ネットワーク層の 主なプロトコル

ARPとRARP

ARP(Address Resolution Protocol) は，IPアドレスをもとにMACアドレスを問い合わせるプロトコルです。目的IPアドレスを指定したARP要求パケットをLAN全体にブロードキャストし，各ノードはそれが自分のIPアドレスであれば，ARP応答パケットに自分のMACアドレスを入れて，ユニキャストで返す仕組みになっています。一方ARPとは逆に，MACアドレスをもとにIPアドレスを問い合わせるプロトコルがRARP(Reverse ARP)です。

PPP

PPP(Point to Point Protocol)は，認証機能や圧縮機能を持った，2点間を接続する通信プロトコルです。WANを介して2つのノードをダイヤルアップ接続するときになどに使用されます。OSI基本参照モデルのデータリンク層に位置し，コネクション確立や切断および認証を行うリンク制御プロトコルと，ネットワーク層のプロトコルに必要な制御を行うネットワーク制御プロトコルから構成されています。ネットワーク層のプロトコルを選択できる(IP以外でも利用可)といった特徴があります。なお，PPPが規定している認証プロトコルは，PAP(Password Authentication Protocol)とCHAP(Challenge-Handshake Authentication Protocol)です。

└ チャレンジレスポンス方式 (p.253) を採用した認証

PPPoE (PPP over Ethernet)

PPPoE (PPP over Ethernet) は，PPPフレームをイーサネットフレームでカプセル化することで，イーサネット上でPPPを実現するプロトコルです。

ICMP

ICMP（Internet Control Message Protocol）は，IPパケットの送信処理における**エラーの通知**や**通信に関する情報の通知**に使用されるプロトコルです。

ICMPを利用しているコマンドに**ping**があります。pingでは，**ICMPのエコー要求**（Echo Request），**エコー応答**（Echo Reply），**到達不能**（Destination Unreachable）メッセージなどによって，通信相手との接続性を確認します。

このように，ICMPにはいくつかのメッセージがありますが，試験対策として覚えておきたいのは，上記3つのメッセージとICMPリダイレクトです。

ICMPリダイレクト（Redirect）は，**経路変更要求**メッセージです。例えば，転送されてきたデータを受信したルータが，そのネットワークの最適なルータを送信元に通知して経路の変更を要請するときに使用されます。

VRRP

VRRP（Virtual Router Redundancy Protocol）は，複数のルータをまとめて仮想ルータとして利用することにより，**ルータの冗長化**を実現するプロトコルです。VRRPを利用することで，マスタルータに障害が発生した場合は，直ちに予備のルータへ切り替えられ処理を引き継げるようになります。

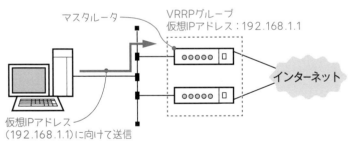

こんな問題が出る!

2点間を接続して通信を行うためのプロトコル

WANを介して2つのノードをダイヤルアップ接続するときに使用されるプロトコルであり，リンク制御やエラー処理機能をもつものはどれか。

ア FTP　　　イ PPP　　　ウ SLIP　　　エ UDP

解答 イ

アプリケーション層のプロトコル

DHCP

DHCP (Dynamic Host Configuration Protocol) は，IPアドレスの設定を自動化するためのプロトコルです。DHCPを利用することで，**IPアドレス**などのネットワーク接続に必要な情報や，IPアドレスの**リース期間**および**サブネットマスク**などのオプション情報をDHCPサーバから自動的に取得し，PCに設定できます。

試験では，DHCPでのメッセージのやり取りが出題されます。特に，次の2つのメッセージが重要です。DHCPディスカバやDHCPオファーは，トランスポート層のプロトコルに**UDP**を使用した<u>ブロードキャスト送信</u>であることを押さえておきましょう。

ネットワーク内のすべてのノードにデータを送信する

DHCPディスカバ **(DHCPDISCOVER)**	DHCPクライアントが，ネットワーク上のDHCPサーバを探すためのメッセージ (ネットワーク設定情報の要求)。
DHCPオファー **(DHCPOFFER)**	DHCPサーバが，DHCPクライアントに提供できるIPアドレスなどのネットワーク設定情報を通知するためのメッセージ。

SNMP

SNMP (Simple Network Management Protocol) は，<u>ネットワーク上にある機器を監視し管理する</u>ためのプロトコルです。SNMPでは，マネージャ (管理ステーションともいう) がエージェント (ルータ，スイッチ，サーバなど) に対して，**MIB** (Management Information Base) の取得要求，あるいは設定／変更の要求を行い，エージェントがその要求に応答するという基本操作を繰り返すことによって，ネットワーク機器の管理を実現します。

エージェントが持つ管理情報

また，エージェントは，設定されている事象や異常が発生したとき，<u>マネージャに対して通知 (Trap) を行う</u>こともできます。なお，SNMPでは管理情報を効率よく送受信するため**UDP**を使用します。

管理情報の取得要求 (GetRequest)
管理情報の設定／変更要求 (SetRequest)

マネージャ　　　　エージェント　　　　マネージャ　　　　　　　エージェント

Trap

応答
(GetResponse)

異常の発生

その他のアプリケーション層のプロトコル

その他，試験に出題されているアプリケーション層のプロトコルをまとめておきます。押さえておきましょう。なお，午後問題でポート番号を問われるものについては，そのポート番号も記してあります。

ポート番号

FTP	File Transfer Protocolの略。ファイル転送に用いられるプロトコル（**TCP**/(20, 21)）。FTPでは，TCPを利用してデータ転送用と制御用の2つのコネクションを確立するため，通常（アクティブモードという）では，データ転送用の20番ポートと制御用の21番ポートの2つを使用する。
HTTP	Hyper Text Transfer Protocolの略。WebサーバとWebブラウザの間で，HTMLなどのファイルを送受信するプロトコル（**TCP/80**）。
HTTPS	Hypertext Transfer Protocol Secureの略。SSL/TLSの認証機能や通信の暗号化によってHTTP通信のセキュリティを強化したもの。一般には，TLSを利用した**HTTP over TLS**のことをHTTPSという（**TCP/443**）。p.234
LDAP	Lightweight Directory Access Protocolの略。ネットワーク機器やユーザなどの情報を管理するディレクトリサービスにアクセスするためのプロトコル。
NTP	Network Time Protocolの略。ネットワーク上の各ノードが持つ時刻の同期を図るためのプロトコル（**UDP/123**）。**NTP4**には認証・暗号機能があるが，**NTP3**にはない。なお，NTPの簡易版（簡単に時刻同期を行えるようにしたもの）に**SNTP**（Simple NTP）がある。
POP3	Post Office Protocol version3の略。メールサーバから電子メールを取り出すときに利用されるプロトコル（**TCP/110**）。
IMAP4	Internet Message Access Protocol version4の略。メールサーバから電子メールを取り出すときに利用されるプロトコル。選択されたメールだけを利用者端末へ転送する，サーバ上のメールを検索する，メールのヘッダだけを取り出すなどの機能を持つ。
IMAPS	IMAP over SSL/TLSの略。IMAPにSSL/TLSを組み合わせたもの。パスワードやメール本体，添付ファイルなどを暗号化して送受信できる。
SMTP	Simple Mail Transfer Protocolの略。利用者からメールを送信するときや，メールサーバ間でメールを転送するときに利用されるプロトコル（**TCP/25**）。
TELNET	目の前にある(自分が操作している)コンピュータから，ネットワーク上の他のコンピュータを遠隔操作するためのプロトコル。遠隔操作ができる仮想端末機能を提供する。
SSH	Secure SHellの略。ネットワークでつながれた別のコンピュータを，暗号化や認証技術を利用して，安全に遠隔操作するためのプロトコル。TELNETがテキストベースの通信であるのに対し，SSHは暗号化を行うため安全に遠隔操作を行える。
SIP	Session Initiation Protocolの略。IP電話で使用されるセッションの開始と終了を制御するためのプロトコル。

3 テクノロジ系 技術要素

こんな問題が出る！

問1　DHCPDISCOVERの送信元と宛先のIPアドレス

IPv4ネットワークにおいて，IPアドレスを付与されていないPCがDHCPサーバを利用してネットワーク設定を行う際，最初にDHCPDISCOVERメッセージを ブロードキャスト する。このメッセージの送信元IPアドレスと宛先IPアドレスの適切な組合せはどれか。ここで，このPCにはDHCPサーバからIPアドレス192.168.10.24が付与されるものとする。

	送信元IPアドレス	宛先IPアドレス
ア	0.0.0.0	0.0.0.0
イ	0.0.0.0	255.255.255.255
ウ	192.168.10.24	255.255.255.255
エ	255.255.255.255	0.0.0.0

ブロードキャスト
アドレス

問2　UDPを使用するプロトコル

UDPを使用するプロトコルはどれか。

ア　DHCP　　　　イ　FTP　　　　ウ　HTTP　　　　エ　SMTP

問3　暗号化や認証機能を持つ遠隔操作プロトコル

暗号化や認証機能をもち，遠隔にあるコンピュータに安全にログインするためのプロトコルはどれか。

ア　L2TP　　　　イ　RADIUS　　　　ウ　SSH　　　　エ　TLS
　　　　　　　　　　p.241　　　　　　　　　　　　p.234

解答　問1：イ　問2：ア　問3：ウ

コレも一緒に！　覚えておこう

●L2TP（問3の選択肢ア）

L2TP（Layer 2 Tunneling Protocol）は，VPN（Virtual Private Network：仮想専用線）を構築するために用いられるデータリンク層のトンネリングプロトコル。

確認のための実践問題

問1 DHCPを用いるネットワーク構成で，リレーエージェントが必要になるのは，ネットワークにどの機器が用いられている場合か。

ア スイッチングハブ　　イ ブリッジ　　ウ リピータ　　エ ルータ

問2 ネットワーク管理プロトコルであるSNMPv3で使われるPDUのうち，事象の発生をエージェントが自発的にマネージャに知らせるために使用するものはどれか。ここで，エージェントとはエージェント相当のエンティティ，マネージャとはマネージャ相当のエンティティを指す。

ア GetRequest-PDU　　　　　　イ Response-PDU
ウ SetRequest-PDU　　　　　　エ SNMPv2-Trap-PDU

3
テクノロジ系 技術要素

解説 問1 ルータはブロードキャストを中継しないことに注目！

DHCPクライアントは，自身が接続したネットワークのアドレスも，DHCPサーバのIPアドレスも知らないので，**ブロードキャスト**を利用して**DHCPディスカバ**（DHCP要求）を送信します。ところが，DHCPサーバが別のネットワーク上にある場合，通常，ルータはブロードキャストを他のネットワークに中継しないため，DHCP要求はDHCPサーバに届きません。そこで，これを<u>DHCPサーバに中継</u>するのが**DHCPリレーエージェント**です。

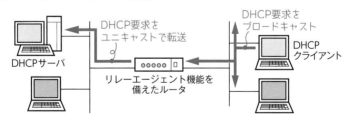

解説 問2 事象発生の通知はTrap

PDU（Protocol Data Unit）とはデータの送受信単位の総称です。ここでは「PDU＝SNMPメッセージ」と考えましょう。**SNMPメッセージ**のうち，<u>エージェントに発生したイベント（状態変化）をマネージャに伝えるために使用されるのは「**Trap**」</u>です。つまり，選択肢エのSNMPv2-Trap-PDUが正解です。

解答　問1：エ　問2：エ

インターネットプロトコル IPv4

出題ナビ

インターネットプロトコル（IP）は，TCP/IPの中心的な役割を果たす，インターネット層（OSI基本参照モデルにおける**ネットワーク層**）の通信プロトコルです。IPには**IPv4**と**IPv6**があります。

ここでは，IPv4のIPアドレスに関連する基本事項を確認しておきましょう。なお，IPv6については次テーマ「22 インターネットプロトコル IPv6」で確認しましょう。

IPv4のIPアドレス

IPv4のIPアドレス構成

IPv4（Internet Protocol version 4）のIPアドレスは**32ビット**です。アドレスフィールドは，ネットワークを識別するための**ネットワークアドレス部**と，ネットワーク内のホストを識別するための**ホストアドレス部**とに分けられます。

IPアドレスに**クラス**という概念がありますが，これは<u>ネットワークアドレス部の長さを8ビットの倍数で区切って</u>，IPアドレスをいくつかのカテゴリに分類するものです。上位ビットのパターンによって，**クラスA〜C**と，**クラスD**（上位4ビットが1110：**マルチキャスト用**），クラスE（上位4ビットが1111：実験用）の，5つのクラスがあります。

	ネットワークアドレス部	ホストアドレス部	同一ネットワーク内で割当て可能なIPアドレス
クラスA	0（8ビット）	24ビット	16,777,214個（$=2^{24}-2$）
クラスB	10（16ビット）	16ビット	65,534個（$=2^{16}-2$）
クラスC	110（24ビット）	8ビット	254個（$=2^{8}-2$）

プライベートIPアドレス

インターネットに直接接続できるIPアドレス（**グローバルIPアドレス**）は，インターネット上では重複が許されず，IPv4では2^{32}（約43億）個しかありません。そこで，外部と接続していない閉域的なネットワークでは，組織内で**プライベートIPアドレ**

スを自由に付与して利用します。プライベートIPアドレスの範囲は，RFC1918
（Request For Comment：1918）と呼ばれる文書で次のように規定されている
ので，通常はその範囲内で設定します。

〔プライベートIPアドレスとして設定可能な範囲〕
・クラスA：10.0.0.0～10.255.255.255
・クラスB：172.16.0.0～172.31.255.255
・クラスC：**192.168.0.0～192.168.255.255** ← 試験で「範囲」が問われる

こんな問題が出る！

クラスCのIPアドレス

クラスCのIPアドレスとして，コンピュータに付与できるものはどれか。

ア　192.168.32.0　　　　　　　　イ　192.168.32.1
ウ　192.168.32.255　　　　　　　エ　192.168.32.256

解説　IPアドレスの下位8ビットの値に着目
　ホストアドレス部のビットが，すべて0のIPアドレスはネットワーク自身を表す
ネットワークアドレスです。また，すべて1のIPアドレスは**ブロードキャストアドレ
ス**です。そのため，この2つのアドレスはコンピュータに付与できません。
　クラスCの場合，下位8ビットがホストアドレス部であり，8ビットの取り得る値
は0～255（00000000₂～11111111₂）です。このうち「0」と「255」は付与でき
ないため，コンピュータに付与できるのは選択肢イのIPアドレスだけです。

解答　イ

サブネットマスクとCIDR

サブネットマスク

　サブネットマスクは，ネットワークを識別する部分のビットを1に，ホストを識
別する部分のビットを0にした32ビットのビット列です。サブネットマスクを用い
てホストアドレス部の一部を，サブネット識別部分として扱うことで，1つのネッ
トワークを複数のサブネットに分割できます。

例えば，クラスCのネットワークを4つのサブネットに分割するためのサブネットマスクは，255.255.255.192となります。

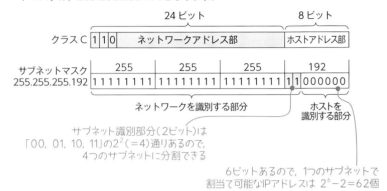

CIDR

CIDR（Classless Inter-Domain Routing）は，IPv4のアドレス割当てを行う際，クラスA～Cといった区分を取り払い，IPアドレスを無駄なく効率的に割り当てる方式です。**サブネットマスク**を使って，どこまでがネットワークアドレスなのかを示すことで，任意の長さの（1ビット単位での）ネットワークアドレスを指定することができます。

CIDR記法では，IPアドレスの後ろにネットワークアドレスの長さのビット数を，"/"で区切って記述します。例えば，192.168.0.0/16は，**ネットワークアドレス**の長さが16ビットであり，先頭から16ビットがネットワークアドレス部であることを表しています。　　　　　　　　　　　　　　　　「プレフィックス」という

ブロードキャストアドレスを求める

ネットワークアドレス部が28ビット
ネットワークアドレス192.168.10.192 /28 のサブネットにおける **ブロードキャストアドレス** はどれか。　　　　ホストアドレス部がすべて1

ア　192.168.10.199　　　　　　　イ　192.168.10.207
ウ　192.168.10.223　　　　　　　エ　192.168.10.255

解説 ブロードキャストアドレスはホストアドレス部がすべて1

「/28」とあるので28ビット目までがネットワークアドレス部で，下位4ビットが
ホストアドレス部です。下位4ビットを含む第4オクテットに対して次の操作を行う
ことで，ブロードキャストアドレスが求められます。

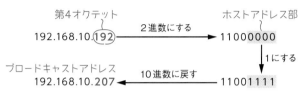

解答 イ

確認のための実践問題

2つのIPv4ネットワーク192.168.0.0/23と192.168.2.0/23を集約したネットワー
クはどれか。

ア 192.168.0.0/22　　　　　イ 192.168.1.0/22
ウ 192.168.1.0/23　　　　　エ 192.168.3.0/23

解説 共通しているビット位置までをネットワークアドレス部にする

複数のネットワークをまとめて1つのネットワークとして再構成することをネッ
トワークの集約，あるいはスーパーネット化といいます。連続するネットワークを，
1つのより大きなネットワーク単位に集約することで，ルータが保持する経路情報
の削減やルーティング負荷の軽減が可能になります。

では，問題に示された2つのネットワークを見ていきましょう。各ネットワーク
のアドレスを2進数表記すると，次のようになります。

ネットワークアドレス部（23ビット）
192.168.0.0/23 ＝ **11000000　10101000　0000000**0　00000000
192.168.2.0/23 ＝ **11000000　10101000　0000001**0　00000000

2つのネットワークはともに23ビット目までがネットワークアドレス部ですが，
このうち22ビット目までは同じです。そこで，22ビット目までをネットワークアド
レス部として集約します。集約後のネットワークは192.168.0.0/22になります。

解答 ア

211

インターネットプロトコル IPv6

出題ナビ

IPv4では，単純に考えると，2^{32}（約43億）個のアドレスが使用できますが，今日のインターネット接続機器数の増加を考えると，IPv4アドレスをすべて使い切ってしまうのは時間の問題です。そこで，開発されたのがIPv6（IPバージョン6）です。出題はまだ多くありませんが，今後は増えることが予想されます。ここでは，IPv6の基本事項を整理し，IPv4との違いを押さえておきましょう。

IPv6のIPアドレス

IPv6のIPアドレス表記法

IPv4アドレスの枯渇問題を解決するため，IPv6（Internet Protocol version 6）では，アドレス空間を128ビットに拡張しています。アドレスの表記には，128ビットを16ビットごとにコロン（：）で区切り，各16ビット（セクションという）を16進数で表す方法が用いられています。また，アドレス表記の冗長性を解消するため，次の規則が適用される場合があります。

〔アドレス表記の圧縮規則〕

① 各セクションの先行する0は省略可能。例えば，0012は12と表す。ただし，0000のときは0とする。

② 0のセクションが連続するところは1か所に限り“::”で省略可能。例えば，

2001:0db8:0000:0000:0000:ff00:0042:8329 は，

2001:db8::ff00:42:8329 と表す。

プレフィックス長

IPv6もIPv4と同様に，アドレスフィールドはネットワークアドレス部とホストアドレス部から構成され，ネットワークアドレス部の長さは，プレフィックス長を用いて示します。例えば，2001:db8:abcd:12::/64 は，先頭から64ビットがネットワークアドレス部であることを表します。

プレフィックス長

IPv4から仕様変更された内容

IPv6においてIPv4から仕様変更された主な内容は，次のとおりです。

〔IPv4から仕様変更された主な内容〕

① アドレス空間が32ビットから**128ビット**に拡張。 セキュアプロトコル（p.238）

② IPレベルのセキュリティ機能（**IPsec**）に標準対応。

③ ルーティングに不要なフィールドを**拡張ヘッダ**に分離することで基本ヘッダを簡素かつ固定長にし，ルータなどの中継機器の負荷を軽減。

④ 特定グループのうち経路上最も近いノード，あるいは最適なノードにデータを送信する**エニーキャスト**の追加。

⑤ IPアドレスの自動設定機能の組込み。

IPv4ヘッダ

0   3   7   15 16   31
v4 / ヘッダ長 / サービスタイプ / パケット長
識別子 / フラグ / フラグメントオフセット
生存時間（TTL） / **プロトコル番号** / ヘッダチェックサム
送信元IPアドレス（32ビット）
宛先IPアドレス（32ビット）
オプション（可変長） / パディング

暗号化などの付加サービスに関する情報が入る

IPv6ヘッダ（基本ヘッダ）

0   3   11   15 16   23   31
v6 / **優先度** / **フローラベル**
ペイロード長 / **次ヘッダ** / **ホップ・リミット**
送信元IPアドレス（128ビット）
宛先IPアドレス（128ビット）

※上記基本ヘッダに拡張ヘッダ（複数可）が続く。

「Time To Live」

生存時間（TTL）	IPパケットの生存時間（通過可能なルータの最大数）。IPパケットの転送がループしないよう，ルータを通過するごとに1つずつ減らし，0になったらIPパケットを破棄し送信元にエラーを通知。
ホップ・リミット	
プロトコル番号	上位層のプロトコル番号。例えば，上位プロトコルがTCPなら6，UDPなら17。なお，IPv6では暗号化などの付加情報の格納に拡張ヘッダが使用される。この場合次ヘッダには，次に続く拡張ヘッダの種別が入る。
次ヘッダ	

こんな問題が出る！

拡張ヘッダの利用で実現できるセキュリティ機能

IPv6において，拡張ヘッダを利用することによって実現できる**セキュリティ機能**はどれか。 暗号化と認証

ア　URLフィルタリング機能　　イ　暗号化通信機能
ウ　情報漏えい検知機能　　エ　マルウェア検知機能

解答　イ

2台のPCをIPv6ネットワークに接続するとき，2台ともプレフィックスが 2001：db8：100：1000：：/56 のIPv6サブネットに入るようになるIPアドレスの組合せはどれか。

	1台目のPC	2台目のPC
ア	2001：db8：100：：aa：bb	2001：db8：100：：cc：dd
イ	2001：db8：100：1000：：aa：bb	2001：db8：100：2000：：cc：dd
ウ	2001：db8：100：1010：：aa：bb	2001：db8：100：1020：：cc：dd
エ	2001：db8：100：1100：：aa：bb	2001：db8：100：1200：：cc：dd

解説 同じネットワークアドレスのものを選ぶ

プレフィックスが 2001：db8：100：1000：：**/56** なので，ネットワークアドレスは先頭から56ビットです。

16ビット　　　　　8ビット　　　　0のセクションが，4セクション連続

2001：db8：100：1000：：/56

ネットワークアドレス（56ビット）

PCのIPアドレスの56ビット目までが，上記ネットワークアドレスと一致していれば同じサブネットに入るので，選択肢ウが正解です。

1台目のPC「**2001：db8：100：10**10：：aa：bb」
2台目のPC「**2001：db8：100：10**20：：cc：dd」

解答　ウ

〔補足〕

ここで，前ページ〔IPv4から仕様変更された主な内容〕の⑤「IPアドレスの自動設定機能の組込み」について，少し説明しておきます。

IPv6では，IPv6用のDHCP（DHCPv6）を利用しなくても，IPアドレスの自動設定が可能です。これは，ルータとPCとが，ICMPv6に規定されている**RS**（Router Solicitation）と**RA**（Router Advertisement）といった**近隣探索メッセージ**をやり取りすることで実現しています。試験対策として，「PCはルータからの情報によって自分のIPアドレスを自動設定できる」と覚えておきましょう。

IPv4のICMPの機能に加えてARPに相当する機能やマルチキャスト機能などが含まれている

23 ルーティング（経路選択）

出題ナビ

IPパケットを目的ノードまで届けるために最適な経路を選択して転送することを**ルーティング**といいます。ここでは，最適経路選択のためルータが保持する**ルーティングテーブル**，およびルータにおけるルーティング動作の基本事項を確認します。また，午後問題対策として，最適経路を動的に決定する**ダイナミックルーティングプロトコル**（RIPとOSPF）の特徴を押さえておきましょう。

 ルーティング

ルータの動作（パケットの中継）

ルータは最適経路を選択するために**ルーティングテーブル**（経路表）を使用します。ルーティングテーブルには，受信したパケットをどこへ転送すべきかを決定するための経路情報が保持されています。

ルータは，送信先IPアドレスとルーティングテーブルの宛先ネットワークとを比較して転送先のルータ（**ネクストホップ**）を決定し，パケットを転送します。このとき，IPヘッダの**生存時間**（**TTL**）を1つ減らします。ルーティングテーブルのイメージは，次のとおりです。

〔ルーティングテーブルの例〕

宛先ネットワーク	ネクストホップ
1xx.64.10.8/29	1xx.64.10.3
1xx.64.10.64/26	1xx.64.10.2
0.0.0.0/0	1xx.64.10.4

「デフォルトルート」
上記ネットワーク宛て
以外のパケットの経路

 ダイナミックルーティング

ダイナミックルーティングのプロトコル

ダイナミックルーティングとは，経路に関する情報を他のルータと交換しあうことによって，動的に作成・更新されたルーティングテーブルを使用したルーティングのことです。ダイナミックルーティングのためのプロトコルは，**IGP**（Interior Gateway Protocol）と**EGP**（Exterior Gateway Protocol）に大別できます。

IGPは自律システム内のルーティングに使用されるプロトコルで，EGPは自律システム間のルーティングに使用されます。**自律システム**はAS（Autonomous System）とも呼ばれ，同じ運用ポリシーのもとで動作するネットワークの集合のことです。

午後問題では，IGPに分類される**RIPとOSPF**が出題されています。特徴を押さえておきましょう。

	距離　　方向
RIP	Routing Information Protocolの略。（ディスタンス）（ベクタ）型のルーティングプロトコル。ルーティングテーブルの情報を30秒ごとに交換しあい，宛先までのルータ数（ホップ数）を基準に最適経路を決定する。宛先に到達可能な最大ホップ数は15（16ホップの経路は到達不能）であり，また，RIPでは回線速度を一切考慮しないため，宛先までの転送速度が最大の経路が選択されるとは限らない。なお，IPv6版は**RIPng**（RIP next generation）。
OSPF	Open Shortest Path Firstの略。**リンクステート型**のルーティングプロトコル。リンクステートとは，"各ルータの繋がっている状態"という意味。OSPFでは，各ルータがリンクの状態（リンクステート情報）を交換しあうことで，どのルータとどのルータが繋がっているのかを表すリンクステートデータベースを構築し，自ルータを起点としたSPFツリー（ネットワーク構成図）を作成する。このSPFツリーをもとに，宛先までの<u>コスト値</u>が最小となる経路を判断してルーティングテーブルを作成・更新する。なお，**OSPFv3**（バージョン3）でIPv6用に拡張されている。　回線速度をもとに計算

　確認のための実践問題

2つのルーティングプロトコルRIP-2とOSPFを比較したとき，OSPFだけに当てはまる特徴はどれか。

ア　可変長サブネットマスクに対応している。
イ　リンク状態のデータベースを使用している。
ウ　ルーティング情報の更新にマルチキャストを使用している。
エ　ルーティング情報の更新を30秒ごとに行う。

解説 **OSPFはリンクステートデータベースを使用する**

　OSPFでは，ネットワーク上のルータから収集したリンクステート情報をもとに**リンクステートデータベース**を構築して，それをもとに最適ルートを判断します。つまり，選択肢イがOSPFの特徴です。ア，ウは，OSPFとRIP-2に共通する特徴です。なお，RIPには，RIP-1とRIP-2の2つのバージョンがあります。RIP-1は可変長サブネットマスクに未対応で，ルーティング情報の更新にはブロードキャストを使用します。エは，RIP（RIP-1，RIP-2）の特徴です。

解答　イ

216

ネットワーク

24 IPアドレス変換 (NATとNAPT)

出題ナビ

プライベートIPアドレスしか持たない端末が, インターネットなど外部ネットワークにアクセスするために利用されるのが, IPアドレス変換技術の**NAT**や**NAPT**です。

午前問題で問われるのは用語の意味だけですが, 午後問題ではNAPTの仕組みが問われます。NATとNAPTの違いを確認し, 午後問題に対応できる応用力を付けておきましょう。

IPアドレス変換

1対1に変換するNAT

NAT (Network Address Translation)は, プライベートIPアドレスとグローバルIPアドレスを相互に変換する仕組みです。具体的には, パケットのヘッダにある送信元のプライベートIPアドレスとルータの外側のグローバルIPアドレスを相互に変換します。そのため, 外部ネットワークと同時に通信できる端末の数は, ルータが持つグローバルIPアドレスの数に制限されます。

複数で共有できる(NAPT)　　「IPマスカレード」とも呼ばれる

NAPT (Network Address and Port Translation) では, IPアドレスに加えポート番号も変換するため, プライベートIPアドレスを使用する複数の端末が, 1つのグローバルIPアドレスを共有して同時に外部ネットワークにアクセスすることができます。

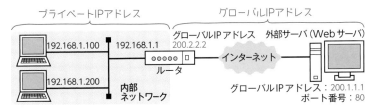

NAPTなどのIPアドレス変換は, 一般に, 外部ネットワークに接続されたルータによって行われます。ルータでは, プライベートIPアドレスを持つ端末から外部ネットワークへの通信が発生した時点で, アドレス変換テーブルを作成し, 変換前と変換後のアドレスを管理(保持)します。

こんな問題が出る！

グローバルIPアドレスを共有するアドレス変換の仕組み

　TCP, UDPの ポート番号を識別 し，プライベートIPアドレスとグローバル
IPアドレスとの対応関係を管理することによって，プライベートIPアドレスを
使用するLAN上の複数の端末が，1つのグローバルIPアドレスを共有してイ
ンターネットにアクセスする仕組みはどれか。

p.205

ア IPスプーフィング　　イ IPマルチキャスト　　ウ NAPT　　エ NTP

　別のIPアドレスになりすまして行う攻撃

解答　ウ

コレも一緒に！　覚えておこう

●IPマルチキャスト（選択肢イ）

　IPマルチキャストとは，複数のホスト（マルチキャストグループのメンバ）
に対して同じデータを送信する仕組み。特定のホストから送信されたマルチ
キャストパケットを，ルータが複製し，複数の目的ホストに転送する。

　マルチキャストグループ管理用のプロトコルが IGMP（Internet Group
Management Protocol）。グループへの参加や離脱をホストが通知したり，
グループに参加しているホストの有無をルータがチェックするときに使用される。

チャレンジ！午後問題

　問　インターネット環境が普及するにしたがって，Webサイトの開設やメー
ルの送受信，映像の配信に必要なサーバを，自宅で運用する人も出てきている。
自宅に設置されているルータに静的アドレス変換の設定をすることで，外出
先から自宅のネットワーク（以下，ホームネットワークという）上のサーバに
アクセスすることができる。

　K君は，図のような構成で，ホームネットワーク上のサーバをインターネット
に公開することにした。図中のexample.comは公開サーバ用に取得したドメイ
ン名である。ドメイン名の名前解決のためには，プロバイダが提供するDNSサー
ビスを利用する。公開サーバの用途とプロトコルは，表1のとおりである。

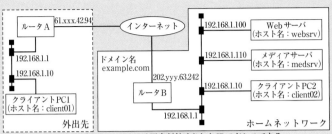

注：61.xxx.42.94および202.yyy.63.242は固定割付けされたIPアドレスである。

図　ネットワーク構成

表1　公開サーバの用途とプロトコル

公開サーバ	用途	公開ポート番号	使用プロトコル
Webサーバ	個人用Webページ	80	HTTP
メディアサーバ	ストリーミング配信	52000	独自プロトコル
	設定管理用Webページ	52080	HTTP

　Webサーバは，個人用Webページをインターネットに公開する。メディア
サーバは，独自のプロトコルでビデオや音声のコンテンツをクライアントにス
トリーミング配信する。また，メディアサーバに設置されている設定管理用
Webページによって，K君は外出先からメディアサーバの設定管理を行うこ
とができる。K君は，外出先ではクライアントPC1から，ホームネットワーク
内ではクライアントPC2から，公開サーバにアクセスする。

〔ルータBの静的アドレス変換の仕組み〕
　インターネット上の任意のクライアントから公開サーバにアクセスする場合
を考える。クライアントは，アクセス要求のパケットをルータBのグローバル
IPアドレスに送信する。ルータBは，次ページ表2のアドレス変換表に設定さ
れたルールに従ってパケットの内容を書き換え，公開サーバに送信する。
　要求のパケットを受け取った公開サーバは，応答のパケットをルータBに送
信する。ルータBは，応答パケットの内容を書き換え，クライアントに送信する。
なお，ルータBの静的アドレス変換の機能は，インターネット上のホストから
公開サーバへのアクセスとその応答に対してだけ機能するようになっている。
　クライアントPC1から，メディアサーバの設定管理用Webページにアクセ
スする場合のアクセス経路とアドレス変換の例を次ページ表3に示す。

表2　ルータBのアドレス変換表

公開ポート番号	転送先IPアドレス	転送先ポート番号
80	192.168.1.100	80
52000	192.168.1.110	52000
52080	192.168.1.110	80

表3　アクセス経路とアドレス変換の例

アクセス経路		送信元IPアドレス	送信元ポート番号	送信先IPアドレス	送信先ポート番号
要求	client01→ルータA	192.168.1.10	1500	202.yyy.63.242	52080
	ルータA→ルータB	a	3363	b	52080
	ルータB→medsrv	a	5127	192.168.1.110	80
応答	medsrv→ルータB	192.168.1.110	80	c	d
	ルータB→ルータA	b	52080	c	e
	ルータA→client01	202.yyy.63.242	52080	192.168.1.10	1500

注：ポート番号1500，3363および5127は，クライアントおよびルータが自動的に割付けた番号である。

設問　静的アドレス変換について，表3中の　a　～　e　に入れる適切な字句を答えよ。なお，同じ字句が入る場合もある。

解説 **空欄a，b　クライアントPC1からメディアサーバへの要求**

　クライアントPC1（client01）は，メディアサーバの設定管理用Webページ（ポート番号52080）へのアクセス要求パケットをルータB（グローバルIPアドレス202.yyy.63.242）に送信しますが，client01のIPアドレス192.168.1.10は，クラスCのプライベートIPアドレス（192.168.0.0～192.168.255.255の範囲にある）です。そのため，**ルータAが**送信元IPアドレスをルータAのグローバルIPアドレス61.xxx.42.94に，送信元ポート番号を3363に書き換えます。ここでポート番号3363は，ルータが自動的に割り付けたポート番号なので，特に気にする必要はありません。

client01が送信するIPパケット（client01→ルータA）

送信元IPアドレス	送信元ポート番号	送信先IPアドレス	送信先ポート番号
client01 192.168.1.10	1500	ルータB 202.yyy.63.242	52080

①ルータAで変換後のIPパケット（ルータA→ルータB）

送信元IPアドレス	送信元ポート番号	送信先IPアドレス	送信先ポート番号
ルータA **61.xxx.42.94**	3363	ルータB 202.yyy.63.242	52080
(a)		(b)	

ルータBは，ルータAから受信した要求パケットの送信先ポート番号が52080なので，送信先IPアドレスを192.168.1.110に，送信先ポート番号を80に書き換えてメディアサーバmedsrvに転送します。またポート番号で通信の区別を行うため送信元ポート番号も書き換えます（この場合5127）。

②ルータBで変換後のIPパケット（ルータB→medsrv）

送信元IPアドレス	送信元ポート番号	送信先IPアドレス	送信先ポート番号
ルータA 61.xxx.42.94	**5127**	**medsrv** **192.168.1.110**	**80**
(d)			

解説 空欄c, d, e　メディアサーバからの応答

メディアサーバmedsrvは，応答パケットをルータBに送信しますが，送信先はあくまでも受け取った要求パケットの送信元であるルータAです。つまり，②の要求パケットの送信元と送信先を入れ替えた，次の内容になります。

③medsrvが送信するIPパケット（medsrv→ルータB）

送信元IPアドレス	送信元ポート番号	送信先IPアドレス	送信先ポート番号
medsrv 192.168.1.110	80	**ルータA** **61.xxx.42.94**	**5127**
		(c)	(d)

ルータBは，管理（保持）している「①→②」の変換内容をもとに，メディアサーバmedsrvからの応答パケットの内容を変換する（元に戻す）作業を行います。つまり，パケットの内容は次のようになります。

④ルータBで変換後のIPパケット（ルータB→ルータA）

送信元IPアドレス	送信元ポート番号	送信先IPアドレス	送信先ポート番号
ルータB **202.yyy.63.242**	**52080**	ルータA 61.xxx.42.94	**3363**
(b)		(c)	(e)

解答　a：61.xxx.42.94　b：202.yyy.63.242
c：61.xxx.42.94　d：5127　e：3363

3
テクノロジ系 技術要素

ネットワークの仮想化

出題ナビ

サーバ環境は，クラウドや仮想サーバの導入によって必要なリソースを必要なときに用意できるという迅速性と柔軟性を実現できています。一方，ネットワークは信頼性と性能を重視した固定的な仕組みであるため柔軟な変更は困難で大変手間がかかります。そこで登場したのが**ネットワーク仮想化**という技術です。ここでは，その代表技術である**SDN**と**NFV**の概要を押さえておきましょう。

ネットワーク仮想化の代表的な技術

SDNとOpenFlow

ネットワーク仮想化とは，ソフトウェアを使ってネットワークの各要素を仮想化する技術です。その代表技術の1つが**SDN** (Software-Defined Networking) です。SDNでは，ネットワーク機器 (L2SWやL3SWなど) が持つネットワーク制御機能とデータ転送機能を分離し，ネットワーク制御を**コントローラ**と呼ばれるソフトウェアが行います。そして，ネットワーク機器はコントローラからの指示に従いデータ転送のみを行います。これにより，ソフトウェアよるネットワークの集中管理と制御，および迅速かつ柔軟な変更や管理の効率化を実現します。

OpenFlowはSDNを実現する技術の1つです。従来のネットワーク機器はメーカによって制御プロトコルが異なるため，これを標準化するために策定されたのが，ネットワーク機器の制御のための**OpenFlowプロトコル**です。OpenFlowプロトコルを使用するSDNでは，コントローラを**OpenFlowコントローラ**といい，データ転送機能に特化した機器を**OpenFlowスイッチ**といいます。SDNとOpenFlowはセットで覚えておきましょう。

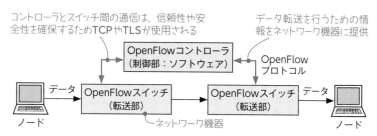

コントローラとスイッチ間の通信は，信頼性や安全性を確保するためTCPやTLSが使用される

データ転送を行うための情報をネットワーク機器に提供

NFV

「欧州電気通信標準化機構」のこと

NFV(Network Functions Virtualization)は，ETSIによって提案された技術です。NFVでは，スイッチやルータ，ファイアウォール，ロードバランサといったネットワーク専用機器が持つ特定の機能を仮想化します。

例えば，不正な通信の特定と遮断を行うファイアウォールの機能や，Webシステムにかかる負荷を複数のサーバに分散させるロードバランサの機能などを，汎用サーバ上の仮想マシンで動くソフトウェアとして実装します。NFVを使用すると，異なる機能を持つネットワーク機器をすべて汎用サーバで置き換えることができるため，物理リソースが減り全体的なコストの削減および作業工数の削減ができます。さらに，ネットワーク構成の変更に柔軟に対応できるようになります。

バーチャルマシン
（VM：Virtual Machine）

ソフトウェアベースの
ネットワーク機能

※ FW：ファイアウォール
　LB：ロードバランサ
　RT：ルータ
　SW：スイッチ

3 テクノロジ系 技術要素

こんな問題が出る！

OpenFlowを用いたSDNの正しい説明

ONF(Open Networking Foundation)が標準化を進めているOpenFlowプロトコルを用いたSDN(Software-Defined Networking)の説明として，適切なものはどれか。

ア　管理ステーションから定期的にネットワーク機器のMIB(Management Information Base)情報を取得して，稼働監視や性能管理を行うためのネットワーク管理手法 〜SNMP

イ　データ転送機能をもつネットワーク機器同士が経路情報を交換して，ネットワーク全体のデータ転送経路を決定する方式 — RIP，OSPF

ウ　ネットワーク制御機能とデータ転送機能を実装したソフトウェアを，仮想環境で利用するための技術 〜NFV

エ　ネットワーク制御機能とデータ転送機能を論理的に分離し，コントローラと呼ばれるソフトウェアで，データ転送機能をもつネットワーク機器の集中制御を可能とするアーキテクチャ

解答　エ

暗号化技術

26

出題ナビ

インターネットを介して重要な情報のやり取りを行うとき起こり得る"盗聴"に対する有効な対策がデータの暗号化です。暗号通信を実現する代表的かつ暗号化の基本となる方式には，**共通鍵暗号方式と公開鍵暗号方式**の2つがあります。

ここでは，この2つの暗号方式の特徴，利点／欠点，および代表的なアルゴリズムを確認し，違いを明確にしておきましょう。

共通鍵暗号方式

共通鍵暗号方式の特徴　　　「秘密鍵暗号方式」ともいう

共通鍵暗号方式は，暗号化と復号に同じ鍵（共通鍵）を使用する方式です。暗号化や復号に要する計算量が少ないため高速処理ができますが，共通鍵を通信相手に安全に届けるための配送手段が難しい（手間がかかる），通信相手が多くなるにしたがって，鍵管理の手間が増えるといった欠点があります。

N人の送受信者が，共通鍵暗号方式によって，それぞれ暗号通信を行う場合，必要な共通鍵の総数は送受信者のペア数，すなわちN人の中から2人を選ぶ組合せの数$_N C_2$と同数になり，次の式で求めることができます。

$$_N C_2 = \frac{N!}{(N-2)!\,2!} = \frac{N \times (N-1)}{2!} = \frac{N \times (N-1)}{2}$$

2！＝2×1＝2（！は階乗）

代表的な暗号方式（アルゴリズム）

代表的な暗号方式（アルゴリズム）は，NIST（アメリカ国立標準技術研究所）が制定した**AES**です。かつて主流だった**DES**の鍵長は56ビットですが，AESでは128ビット，192ビット，256ビットから選択でき，鍵長により処理の回数が異なります。　　　　　　　　　　　　「段数」という。試験に出るので注意！

ブロック暗号とストリーム暗号

共通鍵暗号方式には，ブロック単位で暗号化や復号を行う**ブロック暗号**と，ビットまたはバイト単位で暗号化や復号を行う**ストリーム暗号**があります。

DESやAESはブロック暗号，無線LANの暗号化方式WEP（p.241）で採用されている**RC4**や，**KCipher-2** はストリーム暗号です。　　選択肢によく出てくる

公開鍵暗号方式

公開鍵暗号方式の特徴

送信者は受信者の**公開鍵**で暗号化し，
受信者は自身の**秘密鍵**で復号

公開鍵暗号方式は，公開鍵と秘密鍵の2つで1組となる鍵ペアによって暗号化と復号を行う方式です。暗号化や復号の処理が複雑なため高速処理はできませんが，鍵の配送は必要なく（公開鍵を公開するだけ），鍵管理も容易です。

N人の送受信者が，公開鍵暗号方式によって，それぞれ暗号通信を行う場合に必要となる異なる鍵（公開鍵，秘密鍵をそれぞれ1つと数える）は全体で**2N**個です。

代表的な暗号方式（アルゴリズム）

代表的な暗号方式（アルゴリズム）は**RSA**です。RSAは，大きな数の素因数分解の困難性を利用した暗号方式です。鍵長が短いと解読されてしまうため，安全性上2,048ビット以上の鍵の使用が推奨されています。

その他の主な暗号方式としては，楕円曲線暗号や ElGamal暗号があります。このうち試験で問われるのは**楕円曲線暗号**です。TLS（p.234）にも利用されている暗号方式であることと，RSAの鍵長2,048ビットで実現できる安全性を鍵長224ビットで実現できることを押さえておきましょう。**ElGamal暗号**は選択肢にはよく出てきますが，ElGamal暗号そのものは問われません。

試験では「エルガマル暗号」とも出るので注意！

こんな問題が出る！

暗号方式に関する正しい説明

暗号方式に関する説明のうち，適切なものはどれか。

ア 共通鍵暗号方式で相手ごとに秘密の通信をする場合，通信相手が多くなるに従って，鍵管理の手間が増える。

イ 共通鍵暗号方式を用いて通信を暗号化するときには，送信者と受信者で異なる鍵を用いるが，通信相手にその鍵を知らせる必要はない。

ウ 公開鍵暗号方式で通信文を暗号化して内容を秘密にした通信をするときには，復号鍵を公開することによって，鍵管理の手間を減らす。

エ 公開鍵暗号方式では，署名に用いる鍵を公開しておく必要がある。

公開する鍵は「暗号化鍵」

署名に用いる鍵は「秘密鍵」（p.227）

解答 ア

225

セキュリティ

27 ディジタル署名と公開鍵証明書

出題ナビ

インターネットを利用したデータのやり取りに関する脅威は，"盗聴""改ざん""なりすまし""否認"の4つです。"盗聴"に対してはデータの暗号化が有効ですが，"改ざん"や"なりすまし"，"否認"に対しては公開鍵暗号方式で署名する**ディジタル署名**が有効です。ここでは，ディジタル署名の仕組みを中心に，公開鍵の正当性を証明する**公開鍵証明書**や**認証局 (CA)** の役割を押さえておきましょう。

改ざん検出

メッセージダイジェスト

── 単に「ハッシュ関数」ともいう

データ (メッセージ) を，**セキュアハッシュ関数**を用いて固定長のビット列に変換したものを**メッセージダイジェスト**といい，データの改ざん検出に用いられます。**セキュアハッシュ関数**は，一方向性関数あるいは不可逆関数ともいわれる関数で，特徴は次のとおりです。

〔**セキュアハッシュ関数の特徴**〕

・生成されるハッシュ値 (メッセージダイジェスト) は固定長。

・メッセージが少しでも異なれば，異なったハッシュ値が生成される。

・ハッシュ値から元のメッセージを復元することは困難 (一方向性)。

・同じハッシュ値を生成する異なる2つのメッセージの探索は困難。

└「衝突発見困難性」という

次の表に，主なセキュアハッシュ関数をまとめました。各関数が生成するハッシュ値の長さを押さえておきましょう。特に，SHA-256は頻出です。

┌「Message Digest」の略

　　　　　　　　　　　　　　　　　メッセージの長さに関係なく，
　　　　　　　　　　　　　　　　　ハッシュ値は256ビット

MD5	ハッシュ値は128ビット。
SHA-1	ハッシュ値は160ビット。
SHA-2	SHA-1に代わるハッシュ関数規格。SHA-224，**SHA-256**，SHA-384，SHA-512などがある。なお，末尾の数字がハッシュ値のビット長を表す。
SHA-3	SHA-2の次の世代のハッシュ関数規格。ハッシュ値は固定長 (224，256，384，512ビット) と可変長がある。

└「Secure Hash Algorithm」の略

改ざん検出と送信者確認

ディジタル署名 　🖉 広義には「電子署名」ともいう

ディジタル署名は，メッセージ認証の仕組みを利用することで改ざんを検出し，公開鍵暗号方式における公開鍵と秘密鍵を逆に利用することで送信者の本人確認を行う，つまりなりすましを検出する手段です。さらにデータを送信した事実を否認できなくする否認防止にもディジタル署名は有効です。

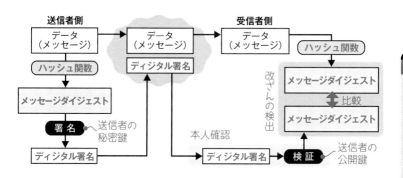

> **テクノロジ系** 技術要素 3

送信者は，相手に送るメッセージからハッシュ関数を用いてメッセージダイジェスト（ハッシュ符号ともいう）を生成し，**送信者の秘密鍵**を適用し署名したディジタル署名をメッセージとともに送信します。

受信者は，受け取ったディジタル署名を**送信者の公開鍵**で検証します。検証できれば，送信者が正当な相手であることが確認できます。また送信者と同じハッシュ関数を用いて，受信したメッセージからメッセージダイジェストを生成し，送信者の公開鍵で検証したメッセージダイジェストと比較して，一致すれば，内容が改ざんされていないことが確認できます。

署名アルゴリズム 　🖉 公開鍵暗号方式にRSA，ハッシュ関数にSHA-1を使用

公開鍵暗号方式とハッシュ関数の組合せを**署名アルゴリズム**といいます。代表的なものに，**Sha-1WithRSA**EncryptionやSha-256WithRSAEncryptionがあります。

問題文に「メッセージにRSA方式のディジタル署名を付与して…」と記述されていることがありますが，RSAは公開鍵暗号方式なので，「公開鍵暗号方式のディジタル署名を付与して…」と読み替えましょう。

227

こんな問題が出る!

送信者の本人確認の方法

送信者は自身の**秘密鍵**で署名し,
受信者は送信者の**公開鍵**で検証する

公開鍵暗号方式を用いて送信者が文書に ディジタル署名 を行う場合,文書が間違いなく送信者のものであることを受信者が確認できるものはどれか。

ア 送信者は自分の公開鍵を使用して署名処理を行い,受信者は自分の秘密鍵を使用して検証処理を行う。

イ 送信者は自分の秘密鍵を使用して署名処理を行い,受信者は送信者の公開鍵を使用して検証処理を行う。

ウ 送信者は受信者の公開鍵を使用して署名処理を行い,受信者は自分の秘密鍵を使用して検証処理を行う。

エ 送信者は受信者の秘密鍵を使用して署名処理を行い,受信者は自分の公開鍵を使用して検証処理を行う。

解答 イ

ディジタル証明書と認証局の役割

ディジタル証明書(公開鍵証明書)

ディジタル署名や公開鍵暗号方式を利用するときには,事前に通信相手の公開鍵を入手する必要があり,公開鍵の真正性の確認には,信頼のおける第三者機関(認証局)が発行するディジタル証明書(公開鍵証明書)を利用します。ディジタル証明書の仕様はITU-T X.509で規定されています。現在主流のバージョン3の構成は,次のとおりです。

〔X.509 v3 ディジタル証明書〕

認証局が
証明書に署名する
際のアルゴリズム

バージョン番号
証明書シリアル番号
署名アルゴリズム識別子
発行者(認証局)名
有効期間(開始時刻,終了時刻)
所有者名(サーバのFQDN名を含む)
所有者(申請者)の公開鍵
…(略)…
認証局のディジタル署名

ダイジェスト

認証局の
秘密鍵で
署名

228

認証局（CA）の役割

　公開鍵の真正性を証明するディジタル証明書（公開鍵証明書）の発行と管理を行う機関が**認証局**（**CA**：Certificate Authority）です。

〔認証局の主な機能〕
・ディジタル証明書の発行申請の受付と審査
・**ディジタル証明書の作成と発行** ──── 試験で「認証局の役割」として問われる
・ディジタル証明書と申請者の公開鍵の保管
・ディジタル証明書の有効期限の管理（期限切れのディジタル証明書は廃棄）
・規定違反のディジタル証明書の無効化（**CRL**の発行）
・ディジタル証明書の確認応答

CRL（証明書失効リスト）

　有効期限内に，秘密鍵の紛失や漏えい，規定違反行為の判明などの理由で失効したディジタル証明書のリストを**CRL**（Certificate Revocation List）といいます。証明書が失効した場合は，発行者である認証局が当該証明書を無効とし，失効情報（証明書の**シリアル番号**，失効日時，失効理由など）をCRLに登録します。ディジタル証明書の利用の際には，証明書に記載された有効期限を確認するのは勿論，その証明書が失効していないかを確認することが重要です。

　失効情報を確認する方法には，認証局が公開するCRLを取得する方法の他，オンラインでリアルタイムに確認できる**OCSP**モデルがあります。証明書の利用者（OCSPクライアントという）が問合せを行うと，OCSPサーバ（OCSPレスポンダという）から有効，失効，不明のいずれかが返されます。

「Online Certificate Status Protocol」の略

 こんな問題が出る！

CRLに記載されるもの

　CRL（Certificate Revocation List）に掲載されるものはどれか。

ア　有効期限切れになったディジタル証明書の公開鍵
イ　有効期限切れになったディジタル証明書のシリアル番号
ウ　有効期限内に失効したディジタル証明書の公開鍵
エ　有効期限内に失効したディジタル証明書のシリアル番号

解答　エ

問　販売業を営むX社は，社内業務で利用している電子メールで顧客情報などの個人情報や機密性の高い販売業務に関する情報を安全に取り扱うために，公開鍵基盤を用いた社員認証システム（以下，本システムという）を導入している。本システムを含む社内業務システムの概要を下図に示す。

〔本システムの概要〕

(1) 本システムは，ディレクトリサーバ，認証局サーバ，社員ごとのPCおよびIC社員証カード（以下，ICカードという）から構成される。

(2) ディレクトリサーバでは，社員の公開鍵証明書や電子メールアドレスなどの属性情報の登録および検索が行われる。

(3) 本システムでは，プライベート認証局を使用している。

(4) ICカードには，社員個人の秘密鍵，公開鍵証明書およびPIN（Personal Identification Number）が格納されている。社員が本システムを利用する際には，自分のICカードをPCのICカードリーダに挿入し，ICカードのパスワードであるPINを入力する。

(5) PCには，本システムにおける認証機能や暗号化機能および電子メールのクライアント機能を提供するソフトウェア（以下，PCサブシステムという）が導入されている。

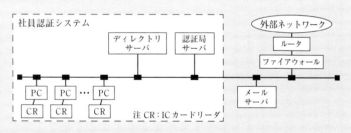

図　社内業務システムの概要

〔新規発行〕

　システム管理者が，社員AにICカードを新規に発行する場合の処理の流れは，次のとおりである。

(1) システム管理者は，認証局サーバで，　a　と　b　の対を生成する。

(2) 認証局サーバは，ⓑ と社員名や有効期間などを結び付けた情報に ⓒ で署名し，ⓓ を生成する。

(3) 認証局サーバは，ⓓ をディレクトリサーバに登録する。

(4) 認証局サーバは，新規のICカードに，生成した ⓐ と ⓓ ，および事前申請されたPINを記録する。

(5) システム管理者は，社員AにICカードを配付する。

〔電子メールのメッセージの送受信〕

　社員Aが社員Bあてに，業務情報を暗号化して電子署名を付与したメッセージを送信し，社員Bが受信する際の処理の流れは，次のとおりである。

《送信側》

(1) 社員Aは，自分のICカードをPCのICカードリーダに挿入し，PINを入力することで，PCサブシステムにログインする。

(2) 社員Aは，社員Bに送信したい電子メールのメッセージを作成した後，PCサブシステムに対し処理を依頼する。

(3) PCサブシステムは，作成したメッセージのハッシュ値を求め，そのハッシュ値を社員Aの秘密鍵で暗号化して，電子署名を生成する。

(4) PCサブシステムは，ディレクトリサーバから社員Bの公開鍵証明書を取得し，有効であることを確認する。

(5) PCサブシステムは，社員Bの公開鍵証明書に結び付けられた社員Bの公開鍵を用いて，作成したメッセージと電子署名を暗号化し，社員Bに送信する。

《受信側》

(1) 社員Bは，自分のICカードをPCのICカードリーダに挿入し，PINを入力することで，PCサブシステムにログインする。

(2) | ⓔ |

(3) | ⓕ |

(4) | ⓖ |

設問1 ICカードを新規に発行する処理に関して，本文中の ⓐ ～ ⓓ に入れる適切な字句を，次ページの解答群の中から選び，記号で答えよ。

解答群

ア　システム管理者の公開鍵	イ　システム管理者の公開鍵証明書
ウ　システム管理者の秘密鍵	エ　社員Aとシステム管理者の共通鍵
オ　社員Aの公開鍵	カ　社員Aの公開鍵証明書
キ　社員Aの秘密鍵	ク　認証局とシステム管理者の共通鍵
ケ　認証局と社員Aの共通鍵	コ　認証局の公開鍵
サ　認証局の公開鍵証明書	シ　認証局の秘密鍵

設問2　受信後の処理の流れに関して，本文中の　e　～　g　に入れる適切な字句を解答群の中から選び，記号で答えよ。

解答群

ア　PCサブシステムは，社員Aの公開鍵証明書をディレクトリサーバから取得し，有効であることを確認する。

イ　PCサブシステムは，社員Bの公開鍵で暗号化されたメッセージと電子署名を受信し，社員Bの秘密鍵で復号する。

ウ　PCサブシステムは，復号されたメッセージのハッシュ値を計算し，社員Aの公開鍵証明書に結び付けられた社員Aの公開鍵で電子署名から復号されたハッシュ値と比較し，改ざんの有無を確認する。

解説 **設問1　考えやすい空欄からパズル形式で解答していく**

社員AにICカードを新規に発行する場合の，処理の流れが問われています。

空欄が多く，一見複雑そうに感じますが，この問題は1つの空欄が決まれば（わかれば），他の空欄も埋められるといったパズル形式の問題です。あわてず，考えやすい空欄から解答していきましょう。

（1）に「認証局サーバで，　a　と　b　の対を生成する」とあります。"対"をキーワードに考えると，空欄aおよびbには "社員Aの公開鍵"，"社員Aの秘密鍵" のどちらかが入ると推測できますが，この時点ではどちらが公開鍵でどちらが秘密鍵なのか判断できません。そこで，次を考えます。

（4）に「認証局サーバは，新規のICカードに，生成した　a　と　d　，および事前に申請されたPINを記録する」とあります。〔本システムの概要〕（4）を見ると，「ICカードには，社員個人の秘密鍵，公開鍵証明書およびPINが格納されている」と記述されているので，空欄aおよびdには "社員Aの秘密鍵"，"社員Aの公開鍵証明書" のどちらかが入ります。

　ここで，先の空欄a，bと合わせて考えると，空欄aが社員Aの秘密鍵 だと分かります。その結果，bが社員Aの公開鍵，dが社員Aの公開鍵証明書 となります。

　最後に空欄cを考えます。公開鍵証明書には，認証局のディジタル署名が付いています。このディジタル署名は，発行者や所有者（申請者）の情報，公開鍵などから算出したハッシュ値を，認証局の秘密鍵で署名したものです。したがって，空欄cには認証局の秘密鍵が入り，「認証局サーバは，b：社員Aの公開鍵 と社員名や有効期間などを結び付けた情報にc：認証局の秘密鍵で署名し，d：社員Aの公開鍵証明書 を生成する」となります。

3 テクノロジ系 技術要素

解説 **設問2　受信者側の処理手順は，送信者側の処理手順の逆になる**

　送信者側の処理は，次のとおりです。

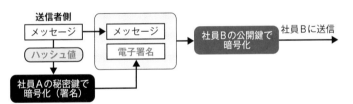

　受信者側の処理は，次のようになります。

① 受信した暗号化メッセージは，社員Bの公開鍵で暗号化されているので，社員Bの秘密鍵で復号します（選択肢イに該当）。

② 次に，電子署名を復号しますが，これには社員Aの公開鍵が必要です。そこで，社員Aの公開鍵証明書をディレクトリサーバから取得し，まず最初に，有効であることを確認します（選択肢アに該当）。

③ 有効性が確認できたら，公開鍵証明書に結びつけられた社員Aの公開鍵を用いて電子署名を復号し，ハッシュ値を得ます。また，①の復号において得られたメッセージからハッシュ値を計算し，電子署名を復号して得られたハッシュ値と比較し，改ざんの有無を確認します（選択肢ウに該当）。

解答　設問1　a：キ　b：オ　c：シ　d：カ　　　設問2　e：イ　f：ア　g：ウ

28 セキュアプロトコル (TLS, S/MIME)

出題ナビ セキュアプロトコルとは，暗号化や認証の技術を利用して，安全に通信を行うためのプロトコルのことです。ここでは，**PKI**(Public Key Infrastructure：公開鍵基盤) を活用し，安全な通信を実現する**TLS**通信の手順や**S/MIME**の仕組みを押さえておきましょう。なお**PKI**とは，公開鍵暗号技術を利用したセキュリティ"基盤"のことで，通信を行う利用者の身元保証を実現する仕組みです。

通信相手の認証とデータの暗号化を行うTLS

TLS

TLS (Transport Layer Security) は，通信相手であるサーバ（場合によってはクライアント）の認証と，通信の暗号化を実現する**セキュアプロトコル**です。アプリケーション層の様々なプロトコル（HTTP，SMTP，POPなど）と組み合わせることで，安全な通信のための仕組みを提供します。

> HTTPにTLSを組み合わせたものを，「HTTPS(HTTP over TLS)」という

TLSとSSL

TLSは，従来より広く普及していた**SSL** (Secure Sockets Layer) をベースに策定されたプロトコルなので，実際にはTLSを使っていても慣例的にSSLと呼ぶことがあります。また，この2つを同列に扱うことも多く，この場合は，**SSL/TLS**と呼んでいます。ただし，現在インターネット標準として利用されているのは**TLS**です。そのため，試験では近年，"TLS"と出題されることが多くなってきました。

これに伴い，午後問題で例えば「顧客との通信には，インターネット標準として利用されている ┌─ a ─┐ による暗号化通信を用いる」といった記述中の空欄が問われた場合，"SSL"と解答してしまうと不正解になる可能性があるので注意しましょう。正解は "TLS" です。

〔SSL/TLSのプロトコルバージョン〕

現在（2024年6月）の最新バージョン

SSL2.0	SSL3.0	TLS1.0	TLS1.1	TLS1.2	(TLS1.3)

→ プロトコルのバージョンが後になるほど，より安全性が高い

TLSによるクライアントとWebサーバ間の通信手順

　Webサーバにアクセスしたクライアントが，サーバ証明書（ディジタル証明書）を入手した後に，認証局の公開鍵を利用する処理がよく問われます。通信手順を押さえておきましょう。

〔TLSによる通信手順〕

バージョンロールバック攻撃や
ダウングレード攻撃(p.236)の危険あり

① 暗号化通信で使うTLSのプロトコルバージョンや暗号アルゴリズムなどを，クライアントとWebサーバ間で折衝し，決める。また，Webサーバは，身元を保証するサーバ証明書をクライアントに送信する。

② クライアントは，サーバ証明書に含まれている認証局のディジタル署名を，**認証局の公開鍵を用いて検証**し，メッセージダイジェスト（MD）を取り出す。またサーバ証明書のMDを生成し，この2つのMDを比較することで，サーバ証明書の正当性を確認する。

③ クライアントは，共通鍵生成用のデータ(乱数)を作成し，サーバ証明書に添付された**Webサーバの公開鍵**で共通鍵生成用のデータを暗号化してWebサーバに送信する。

④ Webサーバは，それを自分の秘密鍵で復号して共通鍵生成用のデータを得る。

⑤ クライアントとWebサーバの両者は，同一の共通鍵生成用データによって，実際の通信で使用する共通鍵を作成する。

⑥ 以降，クライアントとWebサーバは，この共通鍵による暗号化通信を行う。

3
テクノロジ系 技術要素

こんな問題が出る!

PCが，認証局の公開鍵を利用して行う処理

　A社のWebサーバは，サーバ証明書を使ってTLS通信を行っている。PCからA社のWebサーバへのTLSを用いたアクセスにおいて，当該PCがサーバ証明書を入手した後に，認証局の公開鍵を利用して行う動作はどれか。

ア　暗号化通信に利用する共通鍵を生成し，認証局の公開鍵を使って暗号化する。

イ　暗号化通信に利用する共通鍵を，認証局の公開鍵を使って復号する。

ウ　サーバ証明書の正当性を，認証局の公開鍵を使って検証する。

エ　利用者が入力して送付する秘匿データを，認証局の公開鍵を使って暗号化する。

解答　ウ

TLSに対する攻撃　　　何を選択するかで，TLS通信の安全性強度が変わる

　TLSでは暗号化通信を行う前に，使用するプロトコルバージョンや暗号アルゴリズムをクライアントとWebサーバ間で折衝し決めます。これは，クライアントとWebサーバの相互接続性を確保するためです。一方，この相互接続性優先の弊害として，**中間者攻撃**（Man-in-the-middle攻撃）に対する脆弱性が指摘されています。中間者攻撃とは，通信者どうしの間に勝手に割り込み，通信内容を盗み見たり，改ざんしたりした後，改めて正しい通信相手に転送するバケツリレー型攻撃のことです。TLSに対する中間者攻撃には，次の2つがあります。

ダウングレード攻撃	脆弱性が見つかっている暗号アルゴリズムの使用を強制して，暗号化通信を解読する。
バージョンロールバック攻撃	意図したよりも古いバージョン（脆弱性のあるSSL2.0やSSL3.0）を強制的に使わせる。

 こんな**問題**が**出る！**

SSL/TLSのダウングレード攻撃に該当するもの

　SSL/TLSのダウングレード攻撃に該当するものはどれか。

ア　暗号化通信中にクライアントPCからサーバに送信するデータを操作して，強制的にサーバのディジタル証明書を失効させる。

イ　暗号化通信中にサーバからクライアントPCに送信するデータを操作して，クライアントPCのWebブラウザを古いバージョンのものにする。

ウ　暗号化通信を確立するとき，弱い暗号スイートの使用を強制することによって，解読しやすい暗号化通信を行わせる。　　　「暗号アルゴリズムの組」のこと

エ　暗号化通信を盗聴する攻撃者が，暗号鍵候補を総当たりで試すことによって解読する。　　　　　　　暗号鍵に対する総当たり攻撃
　　　　　　　　　　　　　　　　　　　　　　（ブルートフォース攻撃）

解答　ウ

コレも一緒に！　覚えておこう

●暗号スイート

　TLSでは，署名や暗号化など複数のセキュリティ技術が使用される。暗号スイートとは，それぞれの技術に使用するアルゴリズムの組合せのこと。

証明書を利用した電子メール

S/MIME

この部分が「MIME」

S/MIME(Secure Multipurpose Internet Mail Extension)は，電子メールの暗号化とディジタル署名に関する標準です。**MIME**をベースに，メッセージの暗号化とディジタル署名によってセキュリティを強化しています。

S/MIMEでは，暗号化されたメールを安全にやり取りできるように認証局（CA）が発行する**ディジタル証明書（公開鍵証明書）**を利用します。例えば，メール受信者が自身のディジタル証明書を送信者に送り，送信者はそのディジタル証明書の有効性を確認した後，送信メールを暗号化した共通鍵を，ディジタル証明書に含まれている受信者の公開鍵で暗号化して送信します。

 こんな問題が出る！

インターネット電子メールの暗号方式の規約

インターネットで電子メールを送信するとき，メッセージの本文の暗号化に共通鍵暗号方式を用い，共通鍵の受渡しには公開鍵暗号方式を用いるのはどれか。

このキーワードは S/MIME！

ア　AES　　　　　　　　　　イ　IPsec
ウ　MIME　　　　　　　　　 エ　S/MIME

解答　エ

コレも一緒に！　覚えておこう

●MIME (Multipurpose Internet Mail Extension)

電子メールで，各国語，音声，画像などを扱うための規格。MIME規格制定以前はASCII文字しか扱えなかったが，MIMEでは，画像データや音声データなどを添付することができ，またヘッダフィールド（宛先やタイトル）に日本語などASCII以外の文字コードも使用できる。なお，MIMEにおける画像などのバイナリデータを扱うためのエンコード方式に**Base64**がある。

〔補足〕

Base64は，バイナリデータを先頭から6ビットごとに区切り，各6ビットを，「A-Z, a-z, 0-9, +, /」の64文字に対応させ，その文字コードに変換する符号方式。

3 テクノロジ系 技術要素

29 セキュアプロトコル (IPsec)

出題ナビ

前テーマで学習したTLSやS/MIMEの他,試験によく出題されているセキュアプロトコルに,IPv6で標準対応となった**IPsec**や,無線LANで使用される**WPA2**などがあります。

ここでは,IPsecに関連する基本事項を確認しておきましょう。なお,WPA2については次テーマ「30 無線LANのセキュリティ」で確認しましょう。

IP層でセキュリティを実現するIPsec

IPsec ── IPv6は標準実装,IPv4ではオプション

IPsec (Security Architecture for Internet Protocol) は,IP (Internet Protocol) を用いた通信において,IP層 (ネットワーク層) で暗号化や認証などのセキュリティ機能を実現するプロトコルです。暗号化や認証を行う**ESP**や**AH**,鍵交換を行う **IKE** など複数のプロトコルから構成されており,これらの機能を利用することによって,相手を限定したセキュリティ強度の高い安全な通信を実現します。

「IPsecの鍵交換」ときたら,IKE(右ページ参照)

IPsecの利用

インターネットを使って**VPN** (Virtual Private Network : 仮想専用網) を構築する際に利用されるのが**IPsec**です。VPNとは,不特定多数のユーザが共有して利用する公衆ネットワーク上に,専用回線であるかのような仮想専用ネットワークを動的に構築する技術の総称です。

試験で,「インターネットを使ってVPNを構築する際に利用されるネットワーク層のセキュリティプロトコルは?」と問われたら,迷わずIPsecと答えましょう。

IPsecの構成要素

AHとESP   ── 「認証」という意味

IPsecでは,使用目的に応じて**AH** (Authentication Header : 認証ヘッダ) か**ESP** (Encapsulating Security Payload : 暗号ペイロード) のいずれかを選んで利用します (AHとESPの組合せも可)。

　　AHは，データの**完全性**（内容が改ざんされていないこと）の確保とデータ送信元の**認証**，そしてリプレイ攻撃の阻止といった機能を提供します。**リプレイ攻撃**とは，正規利用者の認証情報（パスワードなど）を盗聴し，その認証情報を利用する，なりすまし攻撃のことです。

　　一方，**ESP**は，AHの機能（データの完全性確保，送信元認証，リプレイ攻撃の阻止）に加えて，**データの暗号化**機能を提供するプロトコルです。

鍵交換プロトコル

　　IPsecで認証や暗号化通信を行う際には，認証や暗号化の規格（アルゴリズム），使用する共通鍵などを，あらかじめ通信者間で共有しておく必要があります。この共有すべき情報のやり取りに，**IPsecでは**IKE（Internet Key Exchange）という鍵交換プロトコルが利用されています。

　　試験で，「暗号化に使用する鍵を安全に交換する仕組みの1つとして，**Diffie-Hellman 鍵交換法（DH法）**を利用する」と出題されることがあります。「えっ，鍵交換はIKEじゃ〜ないの？」と不安に思わないでください。DH法は，IKEを構成する要素の1つなので，このような言い方になるわけです。

3

テクノロジ系 技術要素

こんな問題が出る!

インターネットVPNを実現する技術

　　インターネットVPNを実現するために用いられる技術であり，ESP（Encapsulating Security Payload）やAH（Authentication Header）などのプロトコルを含むものはどれか。

p.202

ア　IPsec　　　イ　MPLS　　　ウ　PPP　　　　　　エ　TLS

解答　ア

コレも一緒に!　覚えておこう

●**MPLS（Multi-Protocol Label Switching）**
　　MPLSとは，ラベルと呼ばれる識別子（ヘッダ）を付加することによって，IPアドレスに依存しないルーティングを実現する，**ラベルスイッチング方式**を用いたパケット転送技術のこと。

 セキュリティ ⋯⋯⋯⋯⋯⋯⋯⋯⋯⋯⋯⋯⋯⋯⋯⋯⋯⋯⋯⋯⋯⋯⋯⋯

無線LANのセキュリティ

出題ナビ 無線LANのセキュリティ対策には,MACアドレスフィルタリング,ESSIDの設定,暗号化方式(WEP, WPA, WPA2, WPA3)の設定があります。このうち特に重要なのは暗号化方式です。
　ここでは,MACアドレスフィルタリング,ESSIDはもちろんのこと,無線LANの4つの暗号化方式それぞれの特徴と,LANにおける認証規格IEEE 802.1Xを押さえておきましょう。

無線LANのセキュリティ

MACアドレスフィルタリング

　MACアドレスフィルタリングは,接続可能な無線端末のMACアドレスを,アクセスポイントに登録しておき,登録されていないMACアドレスを持った端末からの接続を制限する機能です。

ESSID

　ESSID(Extended Service Set IDentier)は,無線LANにおけるネットワーク識別子です。単にSSIDともいい,最長32文字(32オクテット)までの英数字が任意に設定できます。　　　　　　　　　8ビットを1とした数
　通常,アクセスポイントは自身と同じESSIDを持つ無線端末か,あるいはANY識別子が設定された端末と通信する仕組みになっています。

特殊なESSID(任意のアクセスポイントに接続可)

〔無線LANアクセスポイントのセキュリティ機能〕

ANY接続拒否機能	「ANY」による接続を許可せずに,一致するESSIDを持つ端末だけに接続を許可する機能。
ステルス機能	アクセスポイントは,自身のESSIDをビーコン信号に乗せてブロードキャストで定期的に発信するため,誰でもESSIDが取得できてしまい不正接続の危険性が高くなる。ステルス機能とは,ESSIDの発信を止めて,ESSIDが参照できないよう隠すという機能。

無線LANの暗号化方式

　無線LANで使用される暗号化方式には,WEP, WPA, WPA2, WPA3があります。

〔無線LANの暗号化方式〕 ⟋共通鍵暗号方式(p.224)

WEP	暗号化アルゴリズムに**RC4**を採用した方式。固定のWEPキーとIV(24ビットの初期ベクトル)をもとに生成される暗号化鍵を用いて暗号化を行う。
WPA	WEPの脆弱性に対応したもの。暗号化アルゴリズムにRC4を採用した**TKIP**(Temporal Key Integrity Protocol)というプロトコルを用いてWEPキーを定期的に自動更新したり,IVを長くして安全性を高めている。また,認証機能が組み込まれ,認証の方式により次の2つがある。⟋「パスワード」のこと ・**パーソナルモード**(PSK認証):事前共有鍵(**PSK**:Pre-SharedKey)とSSIDを使って認証を行う。**WPA-PSK**ともいう。WPA-PSKには,AESを使うWPA-PSK(AES)と,TKIPを使うWPA-PSK(TKIP)の2つの方式がある。 ・**エンタープライズモード**(**IEEE 802.1x認証**):認証サーバ(RADIUSサーバともいう)で認証を行う。
WPA2	WPAの後続規格。WPAとの最大の違いは,**CCMP**(Counter-mode with CBC-MAC Protocol)を導入していること。CCMPは,強固な暗号化アルゴリズムである**AES**を採用しているためTKIPよりも格段に安全性が高くなっている。└p.224　試験では「WPA2(CCMP)」と出題される
WPA3	WPA2の脆弱性に対応し,セキュリティを強固にした規格。例えば,WPA2-PSKに相当する**WPA3-personal**では,TKIPに代わって**SAE**という同等性同時認証を採用し,強力なパスワードベースの認証を実現。また,**WPA3-Enterprise**では,暗号化アルゴリズムにAESよりも強い**CNSA**と呼ばれる暗号スイートが追加されている。

IEEE 802.1X

利用者認証を一元化することを目的としたプロトコル

　IEEE 802.1Xは,イーサネットや無線LANにおける利用者認証のための規格です。認証の仕組みとして,**RADIUS**(Remote Authentication Dial-InUser Service)を採用し,認証プロトコルには**EAP**(Extended Authentication Protocol)が使われます。EAPには,クライアント証明書で認証する**EAP-TLS**や,ハッシュ関数MD5を用いたチャレンジレスポンス方式(p.253)で認証する**EAP-MD5**など,いくつかの認証方式があります。

こんな問題が出る！

WPA2で利用される暗号化アルゴリズム

　無線LANを利用するとき,セキュリティ方式としてWPA2を選択することで利用される暗号化アルゴリズムはどれか。

ア　AES　　　イ　ECC　　　ウ　RC4　　　エ　RSA

解答　ア

ファイアウォール

出題ナビ

ネットワークへの不正アクセスなど，脅威に対する基本となる対策が**ファイアウォール（FW）**です。ファイアウォールには，パケットフィルタリングの他，ステートフルインスペクションといった機能を持つもの，さらにWebアプリケーション攻撃に特化し，通信内容の怪しいアクセスを阻止する**WAF**などがあります。ここでは，これらファイアウォールの基本事項を確認しておきましょう。

 内部ネットワークの防火壁（FW）

ファイアウォール（FW）の通信制御機能

　ファイアウォールは，内部ネットワークの防火壁として機能するセキュリティ機構です。ネットワークを内部，外部，**DMZ**（DeMilitarized Zone：非武装地帯）に分割して，それぞれの境界点において通信制御（アクセス制御）と監視を行います。ファイアウォールの通信制御機能には，**パケットフィルタリング機能**の他，ヘッダ内の情報（送信時のシーケンス番号と応答時の確認応答番号など）をもとに，送受信される前後のパケットの整合性を判断し，一連の通信の流れから通信を制御する**ステートフルインスペクション機能**などがあります。

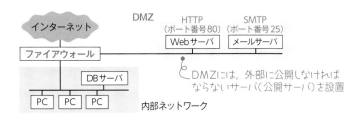

パケットフィルタリング型のファイアウォール

　パケットフィルタリング型のファイアウォールは，受信したパケットの送信元，送信先それぞれのIPアドレスとポート番号，利用プロトコルおよび通信の方向を監視し，通信の通過／遮断を制御します。具体的には，アクセス制御の内容を記述したルール一覧を番号の1から順に見ていき，ルールが合致した場合に，その指定された動作（アクション）を行います。

例えば，次のルール一覧にもとづいてパケットを制御する場合，パケットAは番号1により通過禁止，パケットBは番号3により通過許可となります。

	送信元IP	送信先IP	プロトコル	送信元ポート	送信先ポート
パケットA	10.1.2.3	10.2.3.4	TCP	2100	25
パケットB	10.2.4.6	10.1.3.5	TCP	2500	25

ルール一覧 〜「ルールベース」ともいう　　　　　　　※＊は任意のパターンを表す

番号	送信元IP	送信先IP	プロトコル	送信元ポート	送信先ポート	アクション
1	10.1.2.3	＊	＊	＊	＊	通過禁止
2	＊	10.2.3.＊	TCP	＊	25	通過許可
3	＊	10.1.＊	TCP	＊	25	通過許可
4	＊	＊	＊	＊	＊	通過禁止

　　　　"原則拒否の方針"：通過許可するもの以外はすべて通過禁止とする

こんな問題が出る！

電子メールの通過を許可する設定

　社内ネットワークとインターネットの接続点に，ステートフルインスペクション機能をもっていない，静的なパケットフィルタリング型のファイアウォールを設置している。このネットワーク構成において，社内のPCからインターネット上のSMTPサーバに電子メールを送信できるようにするとき，ファイアウォールで通過許可とするTCPパケットのポート番号の組合せはどれか。
　〜宛先ポート番号はTCP25番ポート

	送信元	宛先	送信元ポート番号	宛先ポート番号
ア	PC	SMTPサーバ	25	1024以上
	SMTPサーバ	PC	1024以上	25
イ	PC	SMTPサーバ	110	1024以上
	SMTPサーバ	PC	1024以上	110
ウ	PC	SMTPサーバ	1024以上	25
	SMTPサーバ	PC	25	1024以上
エ	PC	SMTPサーバ	1024以上	110
	SMTPサーバ	PC	110	1024以上

解答　ウ

Webアプリケーションを守るWAF

WAF

　WAF（Web Application Firewall）は，Webアプリケーションへの攻撃に特化したファイアウォールです。パケットフィルタリング型ファイアウォールでは，ネットワーク層やトランスポート層に着目して不正なアクセスを阻止します。そのため，HTTPやHTTPS通信の内容を改ざんする攻撃や，**SQLインジェクション攻撃**（p.256）といった，Webアプリケーションの脆弱性を悪用した攻撃は阻止できません。

　一方，WAFは，Webアプリケーションのやり取り（通信内容）を監視・解析し，アプリケーションレベルの不正なアクセスを阻止します。

WAFのブラックリストとホワイトリスト

　WAFのブラックリストは，"怪しい通信パターン"の一覧です。ブラックリストと一致した通信は遮断するか，あるいは無害化することで不正アクセスを阻止します。一方，**ホワイトリスト**は，"怪しくない通信パターン"の一覧で，ホワイトリストと一致した通信のみを通過させます。

WAFの正しい説明

　WAFの説明はどれか。

ア　Webサイトに対するアクセス内容を監視し，攻撃とみなされるパターンを検知したときに当該アクセスを遮断する。

イ　Wi-Fiアライアンスが認定した無線LANの暗号化方式の規格であり，AES暗号に対応している。
　　～WPA2～

ウ　様々なシステムの動作ログを一元的に蓄積，管理し，セキュリティ上の脅威となる事象をいち早く検知，分析する。～SIEM

エ　ファイアウォール機能を有し，ウイルス対策，侵入検知などを連携させ，複数のセキュリティ機能を統合的に管理する。
　　～UTM（Unified Threat Management：統合脅威管理）

解答　ア

コレも一緒に！ 覚えておこう

●SIEM（選択肢ウ） ——「セキュリティ情報イベント管理」という意味

SIEM（Security Information and Event Management）は，Webサーバやメールサーバなどの各種サーバや，ファイアウォール，IDS，IPS といったネットワーク機器のログを一括管理し，分析して，セキュリティ上の脅威となる事象を発見するためのセキュリティシステム。SIEMは，収集したログを格納するデータベースサーバと，ログ分析を行うログサーバから構成される。 次テーマ（p.246）を参照

確認のための実践問題

3 テクノロジ系 技術要素

図のような構成と通信サービスのシステムにおいて，Webアプリケーションの脆弱性対策のためのWAFの設置場所として，最も適切な箇所はどこか。ここで，WAFには通信を暗号化したり，復号したりする機能はないものとする。

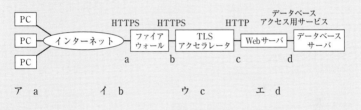

ア a イ b ウ c エ d

解説 消去法で解答

HTTPS（HTTP over TLS）通信は暗号化されています。本問のWAFには通信を暗号化したり復号したりする機能はないので，設置場所として「a」と「b」は不適切です。また，WAFはWebサーバ（すなわちWebアプリケーション）への通信を監視し，不正アクセスの検知・遮断を行うので，「d」も不適切です。つまり，WAFの設置場所は「c」だけです。

〔補足〕

TLSアクセラレータは，TLS通信におけるパケットの暗号化と復号処理を行う専用の機器です。PCとWebサーバ間で，TLSを利用した暗号化通信を行う場合，暗号化と復号処理がWebサーバにとって大きな負担になるため，これをTLSアクセラレータに肩代わりさせ，Webサーバの負担を軽減します。

解答 ウ

セキュリティ ……………………………………………………………

侵入検知・侵入防止

出題ナビ

ファイアウォールによるIPアドレスやポート番号を用いたパケットフィルタリングだけでは外部からの攻撃を十分に防ぐことができません。そこで，ファイアウォールのセキュリティ機能を補完するため設置されるのが，Webアプリケーションへの攻撃に特化したWAF(p.244)や，不審な通信をその通信の流れで分析し検出できるIDS(侵入検知システム)やIPS(侵入防止システム)です。

侵入検知・侵入防止システム

IDS (侵入検知システム)

IDS (Intrusion Detection System：侵入検知システム) の主な機能は，不正侵入の検知と管理者への通報です。監視対象がネットワークか，ホスト (Webサーバやメールサーバなど) かによって，次の2種類に分けられます。

ネットワーク型IDS (NIDS)	ネットワーク上に設置。ネットワークを流れるすべてのパケットを監視し，ログを記録する。不正パケットを検知したら，管理者に通知する。
ホスト型IDS (HIDS)	保護したいサーバにインストール。当該サーバあてのパケットやサーバ上の操作を監視し，不正な動き (Webコンテンツやファイルの改ざんなど) を検知したら，管理者に通知するとともに，アカウントのロックやファイルのアクセス制限を行う。

IPS (侵入防止システム)

IPS (Intrusion Prevention System：侵入防止システム) は，不正侵入を検知するだけでなく，それを遮断する機能を持ったものです。「NIDSとファイアウォールの役割を持つのがIPS」と覚えておけばOKです。

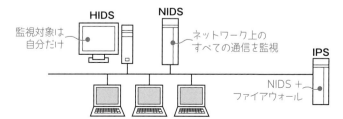

侵入検知方法と問題点

シグネチャ型とアノマリー型

IDSやIPSにおいて，どのように不正侵入を検知するのか，**侵入検知方法**には，**シグネチャ型とアノマリー型**の2つがあることも押さえておきましょう。

シグネチャ型	シグネチャと呼ばれるデータベース化された既知の攻撃パターンと，通信パケットとの**パターンマッチング**によって，不正パケットを検出する。シグネチャに登録されていない**新種の攻撃は検出できない**ため，新種の攻撃手法が明らかになったら，直ちにこれに対応したシグネチャを追加するなど，常にシグネチャを更新する必要がある。
アノマリー型	正常なパターンを定義し，それに反するものをすべて異常と判断する。例えば，正常な通信量を定義しておき，通信量がそれを超えたら，"異常"と判断する。一般にこの方式では，未知の攻撃にも有効に機能するため，新種の攻撃も検出できる。

─「変則，例外」といった意味

3 テクノロジ系 技術要素

誤検知と検知漏れ

上記2つの方法をもってしても「すべて完璧！」とはいきません。正常な通信を不正アクセスだと誤認識してしまう**フォールスポジティブ**（False Positive：**誤検知**）や，反対に不正な通信を正常だと判断してしまう**フォールスネガティブ**（False Negative：**検知漏れ**）といった問題があることに注意しておきましょう。

こんな問題が出る！

NIDSの導入目的

NIDS（ネットワーク型IDS）を導入する目的はどれか。

―――――決め手はココ！

ア　管理下のネットワーク内への 不正侵入 の試みを 検知 し，管理者に通知する。
イ　サーバ上のファイルが改ざんされたかどうかを判定する。── HIDS
ウ　実際にネットワークを介してサイトを攻撃し，不正に侵入できるかどうかを検査する。── ペネトレーションテスト（p.105）
エ　ネットワークからの攻撃が防御できないときの損害の大きさを判定する。

解答　ア

33 電子メール認証技術
(送信ドメイン認証)

出題ナビ 　送信ドメイン認証とは，メールの送信元を検証する仕組みです。大きく分けて，送信元IPアドレスをもとに検証する技術と，ディジタル署名をもとに検証する技術の2種類があります。また，前者の技術にはSPFとSender ID，後者の技術にはDKIMとDomainKeysがあります。このうち試験に出題されるのはSPFとDKIMです。ここでは，この2つを押さえておきましょう。

送信元IPアドレスをもとに検証するSPF

SPF

　SPF（Sender Policy Framework）は，メールの送信元IPアドレスをもとに，それが正規のサーバから送信されているのか否かを検証する技術です。SPFでは，下記に示す手順によって，受信メールの送信元IPアドレスの正当性を検証し，<u>メール送信のなりすましを検知</u>します。

〔SPFでの検証手順〕

・**送信側**：自ドメインのDNSサーバのSPFレコードに，正規のメールサーバのIPアドレスを登録する。

・**受信側**：メール受信時，最初のSMTP通信で「MAIL FROM：」の引数として与えられた送信ドメインを認識し，そのドメインのDNSサーバにSPFレコードを問い合わせる。受信メールの送信元IPアドレスがSPFレコードに存在すれば認証完了。

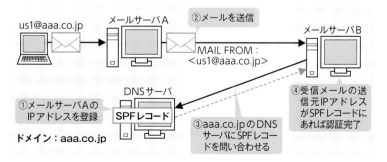

なお，**Sender ID**も基本的な仕組みは同じです。Sender IDではメールヘッダの情報（Resent-Sender, Resent-From, Sender, Fromなど）をもとに送信ドメインを特定し，そのDNSサーバのSPFレコードを確認します。

 # ディジタル署名を利用するDKIM

DKIM

DKIM（DomainKeys Identified Mail）は，受信メールの中のディジタル署名を利用した送信ドメイン認証技術です。DKIMでは，あらかじめ公開鍵をDNSサーバに公開しておき，メールのヘッダにディジタル署名を付与して送信します。受信側メールサーバは，送信ドメインのDNSサーバから公開鍵を入手し，署名の検証を行います。

 こんな問題が出る！

SPFの特徴

受信した電子メールの送信元ドメインが詐称されていないことを検証する仕組みであるSPF（Sender Policy Framework）の特徴はどれか。

ア　受信側のメールサーバが，受信メールの送信元IPアドレスから送信元ドメインを検索してDNSBLに照会する。
イ　受信側のメールサーバが，受信メールの送信元IPアドレスと，送信元ドメインのDNSに登録されているメールサーバのIPアドレスとを照合する。
ウ　受信側のメールサーバが，受信メールの送信元ドメインから送信元メールサーバのIPアドレスを検索してDNSBLに照会する。
エ　メール受信者のPCが，送信元ドメインから算出したハッシュ値と受信メールに添付されているハッシュ値とを照合する。

解答　イ

コレも一緒に！ 覚えておこう

●**DNSBL（DNS-based Blackhole List）**
　DNSブラックリストともいう。迷惑メールの送信元，あるいは中継を行うサーバのIPアドレスをまとめたもので，リストの公開や問合せには，DNSの仕組みやプロトコルが利用されている。

34 電子メール認証技術 (送信時ユーザ認証)

出題ナビ 受信者の承諾なしに送付されるスパムメール(迷惑メール)の防止策として,**特定電子メール法**(広告や宣伝目的の電子メールを一方的に送信することを規制する法律)がありますが,法律だけに頼るのではなく,技術面からの対策も重要です。ここでは,試験によく出題される**SMTP-AUTH**や**OP25B**など,スパムメール対策として実施されている技術・手法を押さえておきましょう。

スパムメール対策として実施されている技術

SMTP-AUTH

SMTP(Simple Mail Transfer Protocol)は,利用者からメールサーバへメールを送信したり,メールサーバ間でメールを転送するときに使用するプロトコルですが,利用者(送信者)認証の機能がないため,スパムメールなどの不正送信行為などを防ぐことができません。そこで,SMTPに利用者認証機能を追加したのが**SMTP-AUTH**(SMTP-Authentication)です。SMTP-AUTHでは,メール送信の際に利用者認証を行い,認証された場合のみメール送信を許可します。

OP25B

「25番ポートをブロックする」ということ

攻撃者は,独自のSMTPサーバを設置し(すなわち,ISPのメールサーバを経由することなく),大量のスパムメールを発信することが多いため,これを遮断しようというのが**OP25B**(Outbound Port 25 Blocking)です。

つまり,OP25Bでは,ISP(Internet Service Provider)管理下の利用者からISP自身のメールサーバを経由せずに,直接,外部のメールサーバへ送信されるSMTP通信(宛先ポート番号25番ポートへのメール)を遮断します。

動的IPアドレス

サブミッションポート

サブミッションポートとは,メール送信の際に用いる専用のTCPポートです。通常,SMTPではTCPの25番ポートを使用しますが,これとは別に,SMTP-AUTHなどによる利用者認証を行うようにしたのがサブミッションポート(通常,587番ポート)です。OP25Bの影響を受けずに外部のメールサーバを使用したメール送信を可能にしています。

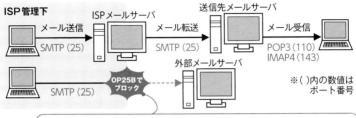

インターネット接続だけの目的でISPを利用し，外部にある他のメールサーバからメールを送信しようとすると，OP25Bで遮断されメール送信ができない。この場合，宛先ポートをサブミッションポートにすればメール送信が可能。

その他の電子メール関連プロトコル

その他，試験に出題されている電子メール関連のプロトコルをまとめておきます。押さえておきましょう。

利用者IDとパスワードで認証を行う

POP before SMTP	メール受信プロトコルであるPOP3による認証が成功した利用者のIPアドレスに，一定時間に限ってメールの送信を許可する。
SMTP over TLS	SMTPに，認証と通信の暗号化を行うTLSを組み合わせたもの。
IMAPS (IMAP over TLS)	メール受信プロトコルであるIMAPにTLSを組み合わせたもの。メールをスマートフォンで受信する際などに利用される。
PGP	メールの暗号化やディジタル署名の機能を提供。公開鍵は第三者が保証する。PGPをベースにRFC4880という形で文書化されたのがOpenPGP。

 こんな問題が出る！

サブミッションポートを導入する目的

スパムメール対策として，サブミッションポート（ポート番号587）を導入する目的はどれか。

送信ドメイン認証技術
（p.248）

ア　DNSサーバにSPFレコードを問い合わせる。

イ　DNSサーバに登録されている公開鍵を用いて署名を検証する。

ウ　POP before SMTPを使用して，メール送信者を認証する。

エ　SMTP-AUTHを使用して，メール送信者を認証する。

決め手はココ！

解答　エ

3
テクノロジ系　技術要素

パスワード認証

出題ナビ

利用者確認の最も基本的な方式は，利用者IDとパスワードでの**パスワード認証**です。しかしこの方式には盗聴など，いくつかの危険が存在します。ここではまず，パスワードの強度とパスワード不正取得攻撃を確認し，続いて，安全な利用者確認を行うために利用される**ワンタイムパスワード**，さらに利用者の利便性向上を図った**シングルサインオン**についての，基本事項を確認しておきましょう。

パスワード認証（ログイン方式）

パスワードの強度と不正取得攻撃

パスワード認証（ログイン方式）を採用する場合には，十分な強度を持つパスワードを設定する必要があります。そのためには，パスワードを長くしたり，パスワードに利用する文字の種類を増やすこと，すなわち容易には推定されないパスワードにすることが有効です。

例えば，パスワードに使用できる文字の種類の数をM，パスワードの文字数をn とするとき，設定できるパスワードの理論的な総数は M^n です。したがって，英小文字26文字だけからなる8文字のパスワードを，10文字のパスワードに変更するだけで，設定できるパスワードの個数は，

試験で問われる

$$26^{10} \div 26^8 = 26^{10-8} = 26^2 = 676〔倍〕$$

になり，**ブルートフォース攻撃**に対するリスクが軽減できます。

〔パスワードを不正に取得しようとする攻撃〕 〜〜 p.265も参照

パスワードクラック	他人のパスワードを不正に探り当てること。主な手法は，次の3つ。 ・辞書攻撃：辞書にある単語を片っ端から入力して，ログインを試みる。 ・類推攻撃：相手の情報から類推したパスワードを，次々に入力してログインを試みる。 ・ブルートフォース攻撃：使用可能な文字のあらゆる組合せをそれぞれパスワードとして，繰り返しログインを試みる。**総当たり攻撃**ともいう。
スニッフィング	パケットスニッフィングとも呼ばれ，ネットワークを流れるパケットを収集し，その中身を解析・閲覧する盗聴行為。

対策としては，パスワードを平文で送信しない（暗号化する）ことや，ワンタイムパスワードが有効

ワンタイムパスワード認証

チャレンジレスポンス方式

チャレンジレスポンス方式は，一度しか使えない（毎回異なる）パスワードを使って認証を行う**ワンタイムパスワード**（**OTP**：One Time Password）認証を実現する1つの方法です。利用者が入力したパスワードと，サーバから送られてきたランダムなデータ（**チャレンジ**）から，ハッシュ関数を使ってハッシュ値を計算し，その結果（**レスポンス**）を認証用データに用いることで，パスワードそのものをネットワーク上に流さず，利用者確認を行います。

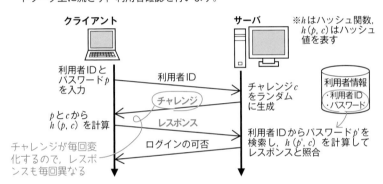

※hはハッシュ関数，$h(p, c)$ はハッシュ値を表す

3 テクノロジ系 技術要素

 こんな問題が出る！

チャレンジレスポンス認証方式の特徴

チャレンジレスポンス認証方式の特徴として，適切なものはどれか。

ア　TLSによって，クライアント側で固定のパスワードを暗号化して送信する。
イ　端末のシリアル番号を，クライアント側で秘密鍵を使って暗号化して送信する。
ウ　トークンという装置が表示する毎回異なったデータを，パスワードとして送信する。—— 時刻同期方式（ワンタイムパスワード認証の1つ）
エ　利用者が入力したパスワードと，サーバから送られてきたランダムなデータとをクライアント側で演算し，その結果を送信する。

解答　エ

シングルサインオンの実現方式

シングルサインオンとは

　ネットワーク上の様々なサーバやシステムにログインする度に，何度も異なるID
とパスワードを入力して認証を受けるのは面倒です。かといって，すべてに同じ
ID/パスワードを使うと**セキュリティが低下します**

　　　　　　　　　　　　　　　　　パスワードリスト攻撃（p.265）の危険あり

　そこで，利用者の利便性向上と統一的なセキュリティ管理を図るために考えられ
たのが**シングルサインオン**です。シングルサインオンは，一度の認証によって，そ
れ以降，複数のサーバやシステムにおける認証行為が自動化される仕組みです。
代表的な実現方式には，次の2つがあります。

リバースプロキシ方式

　　　　　　　　　　　　　　　　Webサーバの代理として，
　　　　　　　　　外部からのアクセスを中継するプロキシサーバ

　リバースプロキシ方式は，各サーバの認証情報を**リバースプロキシサーバ**に集
約し，クライアントからの認証要求をリバースプロキシサーバが一括して受け付け
る方式です。リバースプロキシサーバは，各サーバへの認証を代行するだけでなく，
認証に成功した後は，クライアントと各サーバとの間の要求や応答を中継し，その
過程において認証情報の検証を行います。

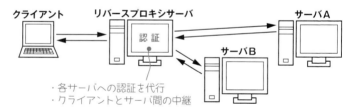

クライアント　　　リバースプロキシサーバ　　　　　　　　　サーバA

認証

サーバB

・各サーバへの認証を代行
・クライアントとサーバ間の中継

エージェント方式

　エージェント方式は，各サーバに"エージェント"と呼ばれるソフトウェア（モ
ジュール）を組み込む方式です。クライアントは，一度受けた認証結果の情報（**クッ
キー**：Cookie）を各サーバのエージェントに提示するだけで，認証を求められる
ことなくアクセスできます。例えば，クライアントがサーバA，続いてサーバBに
アクセスする場合は，次のような手順になります。

〔エージェント方式における認証〕

① クライアントがサーバAにアクセスする。
② エージェントは認証情報を要求し，受け取った認証情報を認証サーバに送信する。

③ 認証サーバは，認証情報をもとに認証処理を行い，結果を返す。この認証結果の情報は，クッキーとしてクライアント側に保存される。

④ クライアントは，サーバBにアクセスする際，認証結果情報を提示する。

⑤ エージェントは，その正当性を認証サーバに問い合わせ，検証を行う。

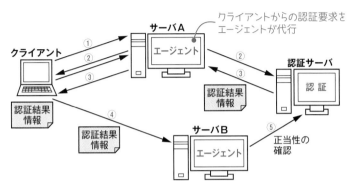

クライアントからの認証要求をエージェントが代行

サーバA

クライアント

認証サーバ

認 証

認証結果情報

認証結果情報

サーバB

正当性の確認

こんな問題が出る！

シングルサインオン実現方式の正しい説明

シングルサインオンの説明のうち，適切なものはどれか。

ア　クッキーを使ったシングルサインオンの場合，サーバごとの認証情報を含んだクッキーをクライアントで生成し，各サーバ上で保存，管理する。

イ　クッキーを使ったシングルサインオンの場合，認証対象のサーバを，異なるインターネットドメインに配置する必要がある。　有効範囲は同一ドメイン内

ウ　リバースプロキシを使ったシングルサインオンの場合，認証対象のWebサーバを，異なるインターネットドメインに配置する必要がある。

エ　リバースプロキシを使ったシングルサインオンの場合，利用者認証においてパスワードの代わりにディジタル証明書を用いることができる。

同一ドメインでの運用が一般的

解説　**パスワードの代わりにディジタル証明書が使える**

シングルサインオンでは，認証を利用者ID/パスワードに限定していません。ディジタル証明書で認証を行うことも可能です。

解答　エ

テクノロジ系 技術要素

3

攻撃手法

出題ナビ　コンピュータシステムへの外部からの攻撃には，Webアプリケーションの脆弱性を狙った攻撃や，サーバやネットワークに意図的に過負荷をかけてサービスを妨害する**DoS攻撃**(DoS攻撃といっても手口はいろいろ)，さらに**DNS**のサービス機能を利用した攻撃など様々なものがあります。ここでは，これらの攻撃のうち代表的な攻撃手法を押さえておきましょう。

SQLインジェクション攻撃

SQLインジェクション攻撃の仕組み ──「注入」という意味

SQLインジェクション攻撃は，Webアプリケーションに悪意のある入力データを与え，データベースの問合せや操作を行う命令文を組み立てて，データを改ざんしたり，不正に情報取得したりする攻撃です。命令文の組立時に，入力値をチェックせずに，そのまま命令文中に展開することで発生します。

例えば，フィールド1に入力された値を変数\$jouken1に，フィールド2に入力された値を変数\$jouken2に代入して，表TABLE_Aを検索するWebアプリケーションがあるとします。

仮にフィールド1には何も入力しないで，フィールド2に「';DELETE FROM TABLE_A WHERE 'A'='A」が入力されたとしたら，組み立てられたSQL文は次のようになり，これを実行すると表TABLE_Aの全レコードが削除されてしまいます。

Webページ

検索条件1	フィールド1
検索条件2	フィールド2

```
SELECT * FROM TABLE_A
    WHERE jouken1 = '$jouken1' AND jouken2 = '$jouken2'
```

組み立てられ，実行されるSQL文　┌SQL文は「;」で区切られる

```
SELECT * FROM TABLE_A
    WHERE jouken1 = ' ' AND jouken2 = ' '; DELETE FROM TABLE_A WHERE 'A' = 'A'
```

SQLインジェクションの対策

SQLインジェクション対策としては，入力値のチェック，サニタイジング，バインド機構の利用が有効です。

サニタイジングは"無害化，無効化"という意味です。具体的には，入力された文字列をチェックして，データベースへの問合せや操作において，特別な意味を持つシングルクォーテーション「'」やセミコロン「;」を取り除いたり，他の文字に置き換える 操作です。 　　　　　　　　　　　　「エスケープ処理」ともいう

なお，サニタイジングは，ディレクトリトラバーサル (p.258) やクロスサイトスクリプティング (p.264) にも有効です。

バインド機構とは，入力値を変数 (プレースホルダ) として扱うSQL文を，あらかじめデータベースに準備しておき，実行の際に，入力値 (バインド値という) をプレースホルダに埋め込んで実行する機能のことです。

左ページの例では，まず下図の SQL文 をデータベースに準備します。そして，フィールド1，2が入力されたら，その入力値を送り，SQL文の実行を指示します。これによって，フィールド1，2に左ページのように入力されても，入力値は単なる文字列として扱われるので，TABLE_Aは削除されません。

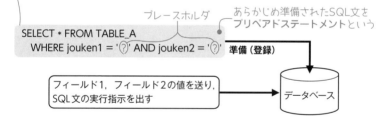

プレースホルダ

あらかじめ準備されたSQL文を
プリペアドステートメントという

```
SELECT * FROM TABLE_A
    WHERE jouken1 = '?' AND jouken2 = '?'    準備 (登録)
```

フィールド1，フィールド2の値を送り，
SQL文の実行指示を出す　→　データベース

こんな問題が出る！

Webアプリケーションにおける脅威と対策

SQLインジェクション対策として行う特殊文字の無効化操作はどれか。

ア　クロスサイトスクリプティング　　　イ　サニタイジング
ウ　パケットフィルタリング　　　　　　エ　フィッシング

解答　イ

3 テクノロジ系 技術要素

ディレクトリトラバーサル攻撃

ディレクトリトラバーサル攻撃の仕組み

ディレクトリトラバーサル攻撃は，相対パス（現在位置から，目的のファイルまでのパス）を利用して，Webサーバ内の公開されていないファイルを不正にアクセスする攻撃のことです。

例えば，入力されたファイルの内容を公開するWebアプリケーションで，公開ディレクトリのパス「/A/」に，ユーザが入力したファイル名を連結して，アクセスするファイル名を作成するような場合，ユーザが「../B/ファイルB」と入力すると，アクセスするファイル名は「/A/../B/ファイルB」になり，閲覧が許されていないファイルにアクセスできてしまいます。

ディレクトリトラバーサル攻撃の対策

ディレクトリトラバーサル攻撃に対しては，入力値をチェックして，上位ディレクトリを指定する「../」を含んだファイル名は受け付けない，あるいは入力値から「../」を取り除くといった対策が必要です。

└ サニタイジング

バッファオーバフロー攻撃

バッファオーバフロー攻撃とその対策

プログラム実行中，データを一時的に保持するためのメモリ領域をバッファといい，バッファの許容範囲を超えてデータを書き込むことをバッファオーバフローといいます。バッファオーバフローが発生すると，バッファからはみ出したデータが隣接するデータを書き換えてしまうため，プログラムの誤動作や異常終了といった予想外の動作が起こります。

バッファオーバフロー攻撃は，この脆弱性を狙った攻撃です。つまりバッファに対して許容範囲を超えるデータを送り付けて，意図的にバッファをオーバフローさ

せ，悪意の行動をとる攻撃です。<u>許容範囲を超えた大きさのデータの書込みを禁止するなどの対策が必要</u>です。

スタック破壊攻撃

バッファオーバフロー攻撃にはいくつかの種類がありますが，代表的な攻撃の1つに**スタック破壊攻撃**があります。この攻撃では，<u>スタック領域に格納されているプログラムの戻り先番地を書き換えることによって</u>，送り込んだ悪意のあるコード（不正コード）に制御を移し実行させます。不正コードが実行されると，管理者権限が乗っ取られて重要な情報が盗まれたり，あるいはDoS攻撃やDDoS攻撃（p.260）の踏み台にされてしまう可能性があります。

こんな**問題**が**出る！**

ディレクトリトラバーサル攻撃の正しい説明

ディレクトリトラバーサル攻撃はどれか。

ア　OSコマンドを受け付けるアプリケーションに対して，攻撃者が，ディレクトリを作成するOSコマンドの文字列を入力して実行させる。 〜OSコマンドインジェクション

イ　SQL文のリテラル部分の生成処理に問題があるアプリケーションに対して，攻撃者が，任意のSQL文を渡して実行させる。〜SQLインジェクション

ウ　シングルサインオンを提供するディレクトリサービスに対して，攻撃者が，不正に入手した認証情報を用いてログインし，複数のアプリケーションを不正使用する。〜シングルサインオン（p.254）における不正アクセス

エ　入力文字列からアクセスするファイル名を組み立てるアプリケーションに対して，攻撃者が，上位のディレクトリを意味する文字列を入力して，<u>非公開のファイルにアクセス</u>する。 決め手はココ！

解答　エ

コレも一緒に！　**覚えておこう**

●OSコマンドインジェクション（選択肢ア）

OSコマンドインジェクションとは，Webアプリケーションの脆弱性を悪用した攻撃の1つ。Webアプリケーションの入力（パラメータ）にOSコマンドを挿入し，不正に操作する攻撃。

代表的なDoS攻撃

DoS攻撃とは
「サービス不能攻撃」「サービス妨害攻撃」ともいう

　DoS攻撃 (Denial of Services attack) は，攻撃対象のサーバへ大量のデータや不正パケットを送りつけ，サーバを過負荷でダウンさせたり，正当な利用者へのサービスを妨げたりする攻撃です。また，複数のコンピュータから一斉にDoS攻撃を行う攻撃をDDoS攻撃といいます。
「Distributed (分散)」の略

ICMPメッセージを利用した攻撃

　DoS攻撃には様々な攻撃手口があります。その代表例の1つがICMPメッセージ (p.203) を利用したSmurf攻撃とICMP Flood攻撃です。
「洪水」という意味

Smurf攻撃 (スマーフ攻撃)	標的サーバに対して大量のICMPエコー応答パケットを送りつける攻撃。具体的には，標的サーバのIPアドレスを送信元IPとしてなりすましたICMPエコー要求パケットを，相手ネットワークにブロードキャストすることで大量のICMPエコー応答パケットを発生させる。
ICMP Flood 攻撃	Ping Flood攻撃ともいう。ボットなどを利用し，ICMPエコー要求パケットを大量に送りつける攻撃。ボットとは，遠隔操作で攻撃者から指令を受けるとDoS攻撃や迷惑メールの送信などを行う不正プログラム。なお，ボットへ指令を出すサーバをC&Cサーバ (Command and Control server) と呼ぶ。

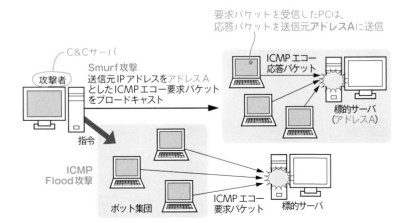

TCPコネクション確立の脆弱性を狙った攻撃

TCPでは，**3ウェイハンドシェイク**（p.198）によりTCPコネクションを確立しますが，これを狙った攻撃の1つにSYN Flood攻撃があります。

SYN Flood攻撃は，TCPコネクションを確立するためのSYNパケットを送信元を偽装して大量に送り付ける攻撃です。標的サーバは，次々に送られてくるSYNに対してSYN/ACKを返さなければいけないため過大な負荷がかかります。また，SYN/ACKを返しても，攻撃者からACKが返されないため，待機状態のままになり新たなTCP接続ができなくなります。

こんな問題が出る！

ICMP Flood攻撃に該当するもの

ICMP Flood攻撃に該当するものはどれか。

ア HTTP GETリクエストを繰り返し送ることによって，攻撃対象のサーバにコンテンツ送信の負荷を掛ける。 ——「HTTP GET Flood攻撃」という

イ pingコマンドを用いて大量の要求パケットを発信することによって，攻撃対象のサーバに至るまでの回線を過負荷にしてアクセスを妨害する。

ウ コネクション開始要求に当たるSYNパケットを大量に送る〔SYN Flood攻撃〕ことによって，攻撃対象のサーバに，接続要求ごとに応答を返すための過大な負荷を掛ける。

エ 大量のTCPコネクションを確立し，攻撃対象のサーバに接続を維持させ続けることによって，リソースを枯渇させる。 ——「Connection Flood攻撃」という

解答 イ

DNSのサービス機能を利用した攻撃

DNSサービス ——ドメイン名（ホスト名）とIPアドレスとを紐付ける情報を提供

DNSサービスを実現するDNSサーバには，各ドメインの情報（リソースレコード）を管理する**コンテンツサーバ**と，自らはドメインの情報を管理せずに，クライアントからの問合せに対してコンテンツサーバに問合せを行って，その結果を回答する**キャッシュサーバ**があります。キャッシュサーバは，問合せを行って得られた結果

を一定期間キャッシュに保持し，同じ問合せを受けた場合はキャッシュの情報を回答します。 期限がくればキャッシュ情報はクリアされる

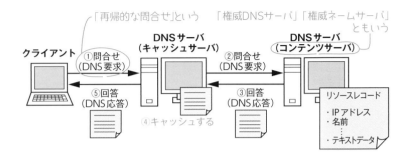

DNSキャッシュポイズニング

DNSキャッシュポイズニングは，DNSのキャッシュの仕組みを悪用した攻撃です。攻撃者は，キャッシュサーバに対して偽の問合せを行い，本物のコンテンツサーバの回答よりも先に偽の回答を送り込むことで，キャッシュサーバに偽の情報を覚え込ませます。攻撃が成功すると，キャッシュサーバは覚えた偽の情報を提供してしまうため，利用者は偽のサイトに誘導されてしまいます。

DNSキャッシュポイズニングへの対応としては，偽の回答を送り込みにくい環境を整備することが重要です。この観点から，次の3つの対策があります。

〔DNSキャッシュポイズニングの対応策〕

問合せIDの ランダム化	DNS問合せメッセージ内には16ビットの問合せIDがあり，応答を受信したキャッシュサーバは，このIDによりどの問合せに対する応答なのかを判断する。偽応答のIDが問合せIDと一致しなければ攻撃は成功しないため，問合せごとに異なるIDを設定し，容易にIDを推測されないようにする。
使用する UDPポートの ランダム化	DNS問合せの際に使用するUDPポート番号を固定化せず，広範囲な番号からランダムに選択して使用する。ポートと問合せIDの組合せの数は，固定1ポートの場合「$1 \times 2^{16} = 65536$（約6.5万）」であるのに対し，100ポートから選択する場合は「$100 \times 2^{16} = 6553600$（約650万）」となる。つまり，広範囲なポート番号からランダムに選択して使用することで偽応答パケットの生成を難しくする。
DNSSECの 導入	DNSSEC（DNS Security Extensions）は，DNSに対し，データ生成元の認証とデータの完全性を確認できるようにした規格。ドメイン情報（リースレコード）に付加されたディジタル署名を検証することで，正当なコンテンツサーバによって生成された応答レコードであること，さらに応答レコードが改ざんされていないことを確認できる。

DNS amp攻撃
「amplification（増幅）」の略

DNS amp攻撃は，送信元からの問合せに対し反射的な応答を返すキャッシュサーバを踏み台に利用した攻撃です。そのため，DNS リフレクション 攻撃，あるいはDNSリフレクタ攻撃とも呼ばれます。
「反射」という意味

対策の施されていない（踏み台とする）キャッシュサーバに，データサイズの大きな偽のリソースレコードを覚え込ませた後，送信元を標的サーバに偽装したDNS要求をキャッシュサーバへ送信することによって，DNS問合せの何十倍も大きなサイズのDNS応答パケットを標的サーバに送りつけます。また，ボットを利用することでさらに過重な負荷をかけることができます。
DDoS攻撃

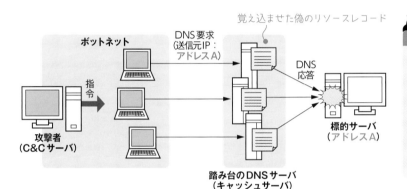

覚え込ませた偽のリソースレコード

ボットネット

DNS要求
（送信元IP：
アドレスA）

DNS
応答

指令

攻撃者
（C&Cサーバ）

標的サーバ
（アドレスA）

踏み台のDNSサーバ
（キャッシュサーバ）

こんな問題が出る！

DNSキャッシュポイズニング攻撃への対策

DNSキャッシュポイズニング攻撃に対して有効な対策はどれか。

マルウェアによって引き起こされる攻撃ではない

ア　DNSサーバにおいて，侵入したマルウェアをリアルタイムに隔離する。

イ　DNS問合せに使用するDNSヘッダ内のIDを固定せずにランダムに変更する。

ウ　DNS問合せに使用する送信元ポート番号を53番に固定する。

エ　外部からのDNS問合せに対しては，宛先ポート番号53のものだけに応答する。
外部からのDNS問合せ（再帰的な問合せ）は拒否する

解答　イ

覚えておきたい
攻撃・不正行為

出題ナビ

前テーマの「36 攻撃手法」では代表的な攻撃手法を学習しましたが，これだけでは不十分です。ここでは，いままでに学習した攻撃以外で，応用情報はもちろんのこと，他の試験区分でもよく出題されている攻撃や不正行為をコンパクトにまとめました。攻撃名と手法が対応付けられるようにしておきましょう。また，試験に出るセキュリティ関連用語もまとめましたので押さえておきましょう。

覚えておきたい攻撃や不正行為

IPアドレスをもとにMACアドレスを問い合わせる（p.202）

ARP スプーフィング	**ARP** のMACアドレス問合せに対して，偽のMACアドレスを返す（なりすまし）。これにより，IPアドレスに対するMACアドレスの不正な対応関係を作らせる。
ポートスキャン	対象サーバの侵入口となる（アクセス可能な）通信ポートを探し出す行為。ポートスキャンが行われると，通常，サーバのアクセスログにその不審な記録が残るが，ログを残さずにポートスキャンを行うものもある。これを**ステルススキャン**という。
SEO ポイズニング	Web検索サイトの順位付けアルゴリズムを悪用し，検索結果の上位に，不正な（偽の）サイトを意図的に表示させ，誘導する。なお，**SEO**（Search Engine Optimization）とは，検索エンジンの結果一覧において，より上位に表示されるように様々な試みを行うこと。
フィッシング	実際の企業を装ったメールで偽のWebページへ誘導し，個人情報を盗み取る。なお，携帯電話などのSMSを利用してフィッシングサイトへ誘導する手口を**スミッシング**またはSMSフィッシングという。
ドライブバイ ダウンロード攻撃	Webサイトを閲覧したとき，利用者が気付かないうちに利用者のPCに不正プログラムを転送させる。
クロスサイト スクリプティング	罠を仕掛けたWebサイトで訪問者にリンクをクリックさせて，入力データをそのまま表示する脆弱なWebサイトに強制的に飛ばし（クロス），悪意のある命令（スクリプト）を送り込み，これを訪問者のブラウザで実行させる。
MITB攻撃	"MITB"は**Man-in-the-Browser**の略。攻撃対象の利用するコンピュータに侵入させたマルウェアを利用して，Webブラウザからの通信を監視し，通信内容を改ざんしたりする。例えば，利用者のインターネットバンキングへのログインを検知して，Webブラウザから送信される振込先などのデータを改ざんする。

セッション ハイジャック	セッションを乗っ取る。例えば，セッションIDによってセッションが管理されるとき，ログイン中の利用者のセッションIDを不正に取得し，その利用者になりすましてアクセスする。
踏み台攻撃	セキュリティ対策の甘いサイトを中継サイトとして利用し，間接的に目的のサイトを攻撃する。DNS amp攻撃やNTP増幅攻撃などが該当。
NTP増幅攻撃 (NTPリフレクション攻撃)	インターネット上からの問合せが可能なNTPサーバを踏み台とする攻撃。送信元を攻撃対象に偽装した**monlist**（状態確認）要求をNTPサーバに送り，**NTP** サーバから，非常に大きなサイズの応答を攻撃対象に送らせる。 └─時刻同期に使われるプロトコル（p.205）
ゼロデイ攻撃	セキュリティパッチが提供される前にパッチが対象とする脆弱性を攻撃する。
p.252─┐ レインボー攻撃	**パスワードクラック**手法の一種。よく使われる単語や辞書に載っている単語など，パスワードとなりうる文字列のハッシュ値を事前に計算し，パスワードとハッシュ値をチェーンによって管理するテーブル（**レインボーテーブル**という）を用いて，不正に入手したハッシュ値からパスワードを解読する。
パスワードリスト攻撃	インターネットサービス利用者の多くが複数のサイトで同一のIDとパスワードを使い回している状況に目をつけた攻撃。何らかの手口を使って入手した利用者IDとパスワードのリストを用いて，インターネットサービスへの不正ログインを試みる。
標的型攻撃	特定の組織や個人に対して行われる攻撃。なかでも，標的に対してカスタマイズされた手段で，密かにかつ執拗に行われる継続的な攻撃を**APT**（Advanced Persistent Threat）という。
標的型攻撃 メール	情報窃取を目的として特定の組織に送られるウィルス付などのメール。件名や本文に，受信者の業務に関係がありそうな内容を記述するなど，ソーシャルエンジニアリング手法を利用して，メール受信者が不審をいだかないよう様々な騙しのテクニックが駆使されている。
水飲み場型攻撃	標的が頻繁に利用するWebサイトに罠を仕掛けて，アクセスしたときだけ攻撃コードを実行させるといった攻撃。標的型攻撃の一種。
ソーシャルエンジニアリング	非技術的・社会的な行為によって重要なデータを不正に入手する方法の総称。次のような手法がある。 ・システム管理者を装い，利用者に問い合わせてパスワードを取得する。 ・利用者の肩越しにパスワード入力を盗み見る（**ショルダーサーフィン**）。 ・ゴミ箱の中から,不用意に捨てられた機密情報の印刷物を探し出す（**スキャベンジング**）。
サイドチャネル攻撃	暗号装置から得られる物理量（処理時間，消費電流，電磁波など）やエラーメッセージから，機密情報を取得する。その1つに，暗号化や復号の処理時間から，用いられた鍵を推測する**タイミング攻撃**がある。

3

テクノロジ系 技術要素

265

その他のセキュリティ関連用語

ダークネット	使えるが使われていないIPアドレス空間のこと。ダークネットには，送信元IPアドレスが詐称されたパケットへの応答パケットの他，マルウェアが攻撃対象を探すために送信するパケットなど相当数の不正パケットが送られる。このため，ダークネットを観測することで，マルウェアの活動傾向などを把握できる。
ルートキット (rootkit)	攻撃者がコンピュータに侵入した後に不正利用するためのソフトウェアツールを集めたもの（パッケージ）。ログの改ざんツールやバックドア作成ツール，改ざんされたシステムコマンド群などが含まれている。なお，バックドアとは，マルウェアがポートの設定を変更するなどして作成した，システム上の裏口（抜け道）のこと。
ポリモーフィック型マルウェア	感染ごとにマルウェアのコードを異なる鍵で暗号化することによって，同一のパターンでの検知を回避するマルウェア。ポリモーフィック（Polymorphic）とは，"多様な形を持つ"という意味。
RLTrap	文字の並び順を変えるUnicodeの制御文字RLO（Right-to-Left Override）を悪用してファイル名を偽装する不正プログラム。例えば，ファイル名「cod.exe」の先頭文字「c」の前にRLOを挿入し（RLO自体は見えない），「exe.doc」に変える。
エクスプロイトコード	新しく発見されたセキュリティ上の脆弱性を検証するための実証用コード。あるいは，その脆弱性を悪用し作成された攻撃コードのこと。複数のエクスプロイトコードをまとめたものをエクスプロイトキット（Exploit Kit）という。　　　　　英語名でも出題される
ファジング	ソフトウェアに，問題を引き起こしそうなデータを大量に多様なパターンで入力し，挙動を観察して，脆弱性を見つけ出すこと。
サンドボックス	"砂場"という意味。情報セキュリティにおけるサンドボックスとは，不正な動作の可能性があるプログラムを特別な領域で動作させることによって，他の領域に悪影響が及ぶのを防ぐ仕組みのこと。
耐タンパ性	暗号化・復号・署名生成のための鍵をはじめとする秘密情報や秘匿情報の処理メカニズムに対して不当に行われる，改ざん・読出し・解析などの行為に対する耐性度合いのこと。
TPM	Trusted Platform Moduleの略。PCなどの機器に搭載され，RSA暗号鍵の生成やハッシュ演算，暗号処理などを行うセキュリティチップ。
テンペスト技術	ディスプレイやネットワークケーブルなどから放射される微弱な電磁波を傍受し，内容を観測・解析してその情報を再現する技術。
ディジタルフォレンジックス	不正アクセスなどコンピュータに関する犯罪の法的な証拠性を確保できるように，原因究明や捜査に必要となる情報（データ）を収集，分析，保全すること。

38 情報セキュリティ関連の組織・機関

出題ナビ

暗号技術を評価・検討したり，不正アクセスによる被害受付の対応や再発防止のための提言・啓発活動などを行う，情報セキュリティ関連の組織や機関を問う問題が，近年多くなってきました。

ここでは，応用情報をはじめ，他の試験区分で出題されている情報セキュリティ関連の組織および機関をまとめました。組織・機関名と役割が対応付けられるようにしておきましょう。

CRYPTREC

CRYPTRECの活動   「クリプトレック」と読む

CRYPTREC（Cryptography Research and Evaluation Committees）は，電子政府で利用される暗号技術について，安全性，実装性および利用実績の評価と検討を行うプロジェクトです。

CRYPTRECの活動は，総務省と経済産業省が共同で運営する暗号技術検討会をトップとして，その下に次の2つの委員会を置いた体制で行われています。

- **暗号技術評価委員会**：暗号技術の安全性評価を中心とした技術的検討を行う。
- **暗号技術活用委員会**：暗号技術における国際競争力の向上と，運用面での安全性 向上に関する検討を行う。

CRYPTREC暗号リスト

CRYPTREC暗号リストとは，電子政府で利用される暗号技術の評価を行い，策定された，電子政府における調達のために参照すべき暗号のリストです。次の3つのリストから構成されています。

電子政府推奨暗号リスト	安全性および実装性能が確認された暗号技術のうち，市場における利用実績が十分であるか，あるいは今後の普及が見込まれると判断された暗号技術で，利用を推奨するもの。
推奨候補暗号リスト	安全性および実装性能が確認され，今後，電子政府推奨暗号リストに掲載される可能性があるもの。
運用監視暗号リスト	推奨すべき状態ではなくなった暗号技術のうち，互換性維持のために継続利用を容認するもの。

その他の組織・機関

CSIRT **(シーサート)**	コンピュータセキュリティインシデントの対応を専門に行う組織，あるいはその対応体制の総称。活動内容は，次のとおり。 ① インシデント発生の検知，あるいはその報告の受付け。 ② 状況把握と対応の優先順位付け。 ③ インシデントの詳細分析と実際の対応。 ④ 対応結果の報告と情報公開。
JPCERT/CC	日本の代表的なCSIRT。JPCERT/CCが作成したガイドラインに，組織的なインシデント対応体制である「組織内 CSIRT」の構築を支援する**CSIRTマテリアル**がある。 ── 「ジェーピーサート/コーディネーションセンター」と読む
J-CRAT **(ジェイ・クラート)**	別名，**サイバーレスキュー隊**。標的型サイバー攻撃による被害の低減と被害拡大防止のため，独立行政法人情報処理推進機構（IPA）が発足した標的型攻撃対策の組織。標的型サイバー攻撃を受けた組織や個人から提供された情報を分析し，社会や産業に重大な被害を及ぼしかねない標的型サイバー攻撃の把握，被害の分析，対策の早期着手の支援を行う。
NISC **(エヌアイエスシー)**	別名，**内閣サイバーセキュリティセンター**。サイバーセキュリティ基本法にもとづき，内閣官房に設置された機関。サイバーセキュリティ政策に関する総合調整を行いつつ，「世界を牽引する，強靭で，活力ある」サイバー空間の構築に向けた活動を行う。
J-CSIP **(ジェイシップ)**	別名，**サイバー情報共有イニシアティブ**。検知したサイバー攻撃などの情報を公的機関であるIPAに集約し，参加組織間で情報共有を行い，高度なサイバー攻撃対策に繋げていく取り組み（体制）。
JVN **(ジェイブイエヌ)**	ソフトウェアなどの脆弱性関連情報や対策情報を提供するポータルサイト。

 こんな問題が出る!

J-CRATの活動目的

サイバーレスキュー隊（J-CRAT）は，どの脅威による被害の低減と拡大防止を活動目的としているか。

ア　クレジットカードのスキミング　　イ　内部不正による情報漏えい
ウ　標的型サイバー攻撃　　　　　　　エ　無線LANの盗聴

解答　ウ

開発技術

01 ソフトウェア設計で用いられる手法

出題ナビ

ソフトウェア設計手法には，プロセス中心設計，データ中心設計，そしてオブジェクト指向設計があります。試験で出題が多いのは，オブジェクト指向設計ですが，ここでは，従来から用いられているプロセス中心設計とデータ中心設計の考え方を押さえましょう。

なお，オブジェクト指向設計については，次のテーマで確認しましょう。

「処理→データ」型のプロセス中心設計

プロセス中心設計

プロセス中心設計は，業務手順やデータの流れに着目して，プロセス先行型で分析・設計を行う方法です。業務に必要な機能を，業務の流れに沿って定義 し，機能実行に必要なデータを明らかにします。　図式表現にはDFDが用いられる

プロセス中心アプローチ
（POA：Process Oriented Approach）という

DFD(データフローダイアグラム)

DFD (Data Flow Diagram) は，業務を構成する処理と，その間で受け渡されるデータの流れを，3つの要素 (□：源泉と吸収，＝：データストア，○：プロセス) と "→ (データフロー)" を用いて，わかりやすく図式表現したものです。

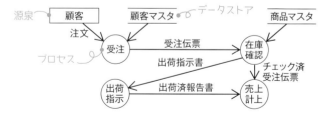

DFDを用いたモデル化の手順

DFDを用いた新システムのモデル化の手順を右ページにまとめました。午前問題で，「新システムのモデル化を行う場合のDFD作成の手順は？」と問われます。「現物理→現論理 → 新論理→新物理」という順序を押さえておきましょう。

1. 現物理モデル 現システムの内容を，組織，媒体，処理サイクルなど物理的な属性も含め，ありのままに記述する。

2. 現論理モデル 現物理モデルから物理的な属性を除去し，業務機能と情報を明らかにする。

3. 新論理モデル 現論理モデルに新システム要件を加え，新システムの機能と情報を記述する（**あるべき姿**）。

4. 新物理モデル 新論理モデルに物理的属性や条件を加え，新システムの業務遂行の仕組みを記述する。

「データ→処理」型のデータ中心設計

データ中心設計

発生→変更→消滅

データ中心設計は，データが最も安定した情報資源であり，またデータは企業の共有資源であることに着目して，資源側から分析・設計を行う方法です。

データを業務プロセスとは切り離して設計し，データの **ライフサイクル** を扱うプロセスを標準プロセスとして設計します。そして，データと標準プロセスをカプセル化した標準部品を利用することで，システムを設計します。

データ中心アプローチ
（**DOA**：Data Oriented Approach）ともいう

こんな問題が出る！

データ中心分析・設計の特徴

ソフトウェアの分析・設計技法の特徴のうち，データ中心分析・設計技法の特徴はどれか。

ア　機能の詳細化の過程で，モジュールの独立性が高くなるようにプログラムを分割していく。

イ　システムの開発後の仕様変更は，データ構造や手続を局所的に変更したり追加したりすることによって，比較的容易に実現できる。決め手はココ！

ウ　対象業務領域のモデル化に当たって，情報資源のデータ構造に着目する。

エ　プログラムが最も効率よくアクセスできるようにデータ構造を設計する。

解答　ウ

4
テクノロジ系　開発技術

オブジェクト指向設計

出題ナビ

プロセス中心設計やデータ中心設計は,プロセスかデータのどちらかを先行して分析・設計を行います。これに対して,**オブジェクト指向設計**では,データとそれを操作する手続を一体化した**オブジェクト**を対象として分析・設計を行います。

ここでは,オブジェクト指向の考え方・概念(**カプセル化**,**クラス**,**インヘリタンス**,**多相性**など)を確認しましょう。

オブジェクト指向の概念

カプセル化とクラス

データ(属性)と,それを操作する手続(メソッド)とを一体化したものが**オブジェクト**です。この一体化により,オブジェクトの内部構造を利用者に見えなくする(外部から隠ぺいする)ことを,**カプセル化**といいます。

クラスは,オブジェクトに共通する性質を定義し,テンプレート(雛形)としたものです。いくつかの類似なクラスの共通する性質を抜き出し,これを抽象化すると上位のクラスができます。

汎化−特化の関係 (is-a関係)

下位クラスの共通する性質を抽出して上位クラスを定義することを**汎化**といい,上位クラスの共通部分に個別部分を加えて下位クラスを定義することを**特化**といいます。**汎化−特化**の関係(is-a関係)とは,「〜は〜である」という関係を意味します。

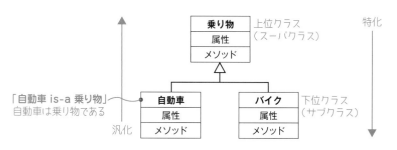

インヘリタンス (継承)

「基底クラス」という

クラス間が汎化－特化の関係を持つ場合，上位クラス のデータ (属性)や手続 (メソッド)は，その下位クラスに引き継がれるという性質を継承 (インヘリタンス) といいます。

インヘリタンスにより，新たなサブクラス (派生クラスという) を定義する場合，上位クラスで定義したデータ (属性)や手続 (メソッド)に対する差分だけを定義すればよいので，開発生産性を高めることができます。また，モデルの拡張や変更の際には，変更部分を局所化できるといった利点が生まれます。

集約－分解の関係 (part-of関係)

オブジェクト指向におけるクラス間の代表的な関係には，汎化－特化の関係 (is-a 関係) の他に，集約－分解の関係 (part-of関係) があります。part-ofとは，「〜は〜の一部である」という意味です。

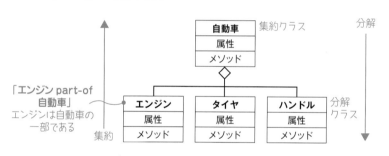

「エンジン part-of 自動車」
エンジンは自動車の一部である

こんな問題が出る！

上位クラスの特性を下位クラスで利用できる性質

オブジェクト指向の概念で，上位のクラスのデータやメソッドを下位のクラスで利用できる性質を何というか。

ア　インヘリタンス　　　　　イ　カプセル化
ウ　多相性　　　　　　　　　エ　抽象化

解答　ア

4
テクノロジ系 開発技術

抽象クラスとインスタンス

上位クラスから継承したメソッドを，サブクラスで **再定義** することができます。〔「オーバーライド」という〕
これを利用し，上位クラスにはメソッドの名前だけを定義しておき，サブクラスで
実際の動作を定義する場合があります。このように実装が定義されないメソッドを
抽象メソッドといい，抽象メソッドを持つクラスを**抽象クラス**といいます。

インスタンスは，クラスの定義にもとづいて生成される実現値です。継承して
使うことを前提とした抽象クラスは，インスタンスの生成ができません。そのため，
実装が定義されていないメソッドを，サブクラスで**オーバーライド**してインスタン
ス化します。この場合のサブクラスを**具象クラス**といいます。

多相性（Polymorphism：ポリモーフィズム）

オブジェクトに対する唯一のアクセス手段が**メッセージ**です。メッセージは，
オブジェクトのメソッドを駆動したり，オブジェクト間の相互作用のために使
われます。

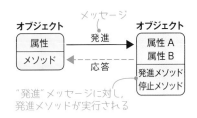

多相性とは，同じメッセージを送っても異なる動作をするという特性です。〔「多様性」「多態性」ともいう〕例
えば，p.272の図の3つのクラスが定義され，下位クラスの「自動車」および「バイ
ク」が，それぞれインスタンスを持つ場合を考えます。実行前には，実際に乗る乗
り物が決まっていないため，2つのクラスを包括した「乗り物」として扱っておき，
実行時点で，どちらに乗るかを決定するとします。

この場合，「乗り物」に対して，「発進」というメッセージを送っても，今乗ってい
るものによってまったく異なる動作（発進動作）をします。これが多相性です。これ
は，同じメッセージに対して，実際に動作するメソッドが異なることを意味し，実
行時点でメッセージに対するメソッドを関連付ける（**動的結合**する）ことになります。

その他，押さえておきたい用語

その他，押さえておきたいオブジェクト指向用語を次の表にまとめておきます。

「オーバーライド」と間違えないこと！

オーバーロード	同一クラス内に，メソッド名が同じで，引数の型や個数が異なる複数のメソッドを定義すること。同じような機能を持つメソッドに，同じ名前を付けることでクラス構造を簡潔化できる。
委譲	あるオブジェクトに対する操作をその内部で他のオブジェクトに依頼すること（他のオブジェクトの操作の再利用）。
伝搬	あるオブジェクトに対して操作を適用したとき，そのオブジェクトに関連する他のオブジェクトにもその操作が自動的に適用されること。

確認のための実践問題

　オブジェクト指向におけるデザインパターンに関する記述として，適切なものはどれか。

ア　幾つかのクラスに共通する性質を抽出して，一般化したクラスを定義したものである。

イ　同じ性質をもつオブジェクト群を，更にクラスとして抽象化したものである。

ウ　オブジェクトの内部にデータを隠蔽し，オブジェクトの仕様と実装を分離したものである。

エ　システムの構造や機能について，典型的な設計上の問題とその解決策を示し，再利用できるようにしたものである。

解説　消去法で解答

　選択肢アは汎化，イは抽象化，ウはカプセル化の説明なので，正解はエです。
デザインパターンは，オブジェクト指向でのアプリケーション開発において頻繁に発生する設計上の課題を解決するために提供された汎用的な設計パターンです。その1つである**GoFデザインパターン**では23種類のパターンを，"生成"，"構造"，"振舞い"の3つに分類して提供しています。

　このうち高度試験では，"振舞い"に分類されるObserverパターンがよく問われます。**Observerパターン**とは，「あるオブジェクトの状態が変化した際に，そのオブジェクト自身が，依存するすべてのオブジェクトに状態の変化を通知する」というデザインパターンです。押さえておきましょう。

解答　エ

4

テクノロジ系　開発技術

UML
(統一モデリング言語)

出題ナビ　オブジェクト指向開発で用いられる標準表記法には，主にソフトウェア設計で利用される UML(Unified Modeling Language)と，UMLをシステム設計のために機能拡張した SysML(Systems Modeling Language) がありますが，試験で問われるのはUMLです。ここでは，UMLのダイアグラムのうち，試験に出題されている主なダイアグラムの特徴を押さえておきましょう。

UML(統一モデリング言語)

UMLで用いられる主なダイアグラム

試験に出題されているUML2.0の主なダイアグラムは，次のとおりです。

静的な構造を表現する(構造図) 〜 全部で6種類のダイアグラムがある

クラス図	システム対象領域の構成要素であるクラスの属性と操作，さらにクラス間の静的な相互関係（関連，多重度，汎化，集約など）を表したもの。

動的な振舞いを表現する(振舞い図) 〜 全部で7種類のダイアグラムがある

ユースケース図	システムへの機能的要求を明確にする手段として，利用者とシステムとのやり取りを定義したもの。
シーケンス図	オブジェクト間の相互作用を，時間の経過に注目して表したもの。オブジェクト間で送受信するメッセージによる相互作用が表せる。
コミュニケーション図	シーケンス図が時間軸を重視した表現であるのに対し，オブジェクト間の関連（データリンク）を重視した図（UML1.xでの名称は コラボレーション図）。
アクティビティ図	処理の流れを表したもの。フローチャートでは記述できない並行処理の記述ができるのが特徴の1つ。
状態マシン図 (ステートマシン図)	1つのオブジェクトの生成から消滅までを表したもの。クラス図で提示された各クラスごとに，そのオブジェクトの振舞いを定義するときに用いられる。オブジェクトが取り得るすべての状態，およびオブジェクトが受け取ったイベントとそれに伴う状態の遷移やアクションを表す（UML1.xでの名称は ステートチャート図）。

UML1.xでの名称で出題される場合があるので注意！

〔クラス図〕

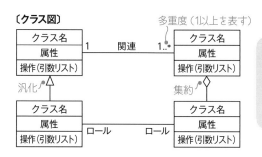

関連：クラスから作成されるインスタンス間のつながり（リンク）を示すもので，多重度はその関係を表す。

ロール（役割）：関連の一方から見たとき，他方がどのような役割なのかを示したもの。

〔ユースケース図〕

〔コミュニケーション図〕

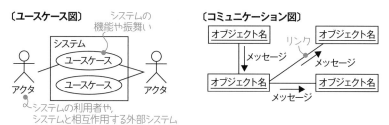

〔シーケンス図〕

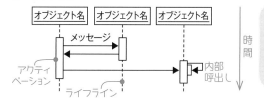

ライフライン：オブジェクトが作成されてから消滅するまでの期間。

アクティベーション（活性区間）：オブジェクトが実際に動作を行っている期間。

〔アクティビティ図〕

〔状態マシン図〕

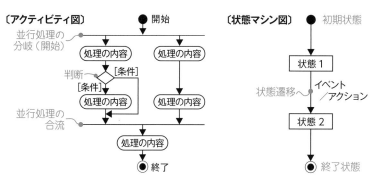

テクノロジ系　開発技術

277

問1 多重度の適切な組合せ

社員と年の対応関係をUMLのクラス図で記述する。2つのクラス間の関連が次の条件を満たす場合，a，bに入れる多重度の適切な組合せはどれか。ここで，"年"クラスのインスタンスは毎年存在する。

〔条件〕

(1) 全ての社員は入社年を特定できる。

(2) 年によっては社員が入社しないこともある。

	a	b
ア	0..*	0..1
イ	0..*	1
ウ	1..*	0..1
エ	1..*	1

問2 アクティビティ図の特徴

UMLのアクティビティ図の特徴はどれか。

決め手はココ！

ア 多くの並行処理を含むシステムの，オブジェクトの振る舞いが記述できる。

イ オブジェクト群がどのようにコラボレーションを行うか記述できる。

ウ クラスの仕様と，クラスの間の静的な関係が記述できる。

エ システムのコンポーネント間の物理的な関係が記述できる。

解説 問1 aは"年"から見た"社員"の多重度，bは"社員"から見た"年"の多重度

(1)の条件から，1つの社員インスタンスに対して1つの年インスタンスが対応します。(2)の条件から，1つの年インスタンスに対して0以上の社員インスタンスが対応します。つまり，"社員"から見た"年"の多重度は1，"年"から見た"社員"の多重度は0以上（0..*）となるので，選択肢イが正解です。

解説 問2 UMLで並行処理ときたらアクティビティ図

選択肢イはコミュニケーション図，ウはクラス図，エはコンポーネント図の特徴です。

解答 問1：イ 問2：ア

モジュールの設計

出題ナビ　システムを構成する各ソフトウェアはプログラム（ソフトウェアコンポーネント）に分割され，さらに各プログラムは，コーディング，コンパイル，テストを行う単位となるモジュール（ソフトウェアユニット）に詳細化されます。ここでは，プログラムをモジュール単位に分割する代表的な技法を確認し，分割されたモジュールの独立性を評価する"結合度"および"強度"を理解しておきましょう。

モジュール分割技法

データの流れに着目した分割技法

データの流れに着目して分割する代表的な分割技法は，次のとおりです。

STS分割	基本的なプログラムは，「入力→処理（変換）→出力」という構造を持つことに着目して，プログラムを入力処理（源泉：Source），変換処理（変換：Transform），出力処理（吸収：Sink）の3つの部分に分割する。
TR分割	TR（トランザクション）の種類により実行する処理が異なる場合に適する分割技法。TR入力モジュール，振分けモジュール，TRごとの処理モジュールに分割する。
共通機能分割	STS分割，TR分割などで分割されたモジュールの中に共通する機能を持ったモジュールがあるとき，これを共通モジュールとして独立させる。

データ構造に着目した分割技法

データの構造に着目して分割する代表的な分割技法は，次のとおりです。

JSP（Jackson Structured Programming）法

ジャクソン法	「入力と出力のデータ構造からプログラムの構造は必然的に決まる」という考えから，入力データ構造と出力データ構造を対応させた上で，主に出力データ構造をもとにプログラム構造を決定する方法。
ワーニエ法	集合論にもとづいた分割技法。入力データ構造をもとに「いつ，どこで，何回」という考え方でプログラムの構造化を図る。

4
テクノロジ系　開発技術

分割したモジュールの独立性の評価

モジュール結合度

　モジュール結合度は，モジュール間の関連性の強さを示すものです。モジュール結合度が低いほど，モジュールの独立性は高くなります。

独立性 結合度		
	内容結合	絶対番地を用いて直接相手モジュールを参照したり，JUMP（ジャンプ）命令を使用して直接分岐する。
	共通結合	大域領域（共通域）を使用して，他のモジュールとデータ構造（レコード，構造体データなど）を共有する。
	外部結合	大域領域（共通域）を使用して，他のモジュールと必要なデータ項目だけを共有する。
	制御結合	相手モジュール内の機能や実行を制御する引数を渡す。モジュール強度の"論理的強度"に相当。
	スタンプ結合	データ構造を引数として渡す。
	データ結合	必要なデータ項目だけを引数として渡す。

共通結合と外部結合

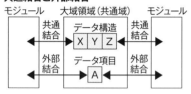

スタンプ結合とデータ結合

 こんな問題が出る！

モジュール結合度が最も低いもの

　モジュールの独立性を高めるには，モジュール結合度を低くする必要がある。モジュール間の情報の受渡し方法のうち，モジュール結合度が最も低いものはどれか。

α──データ結合

ア　共通域に定義したデータを，関係するモジュールが参照する。

イ　制御パラメタを引数として渡し，モジュールの実行順序を制御する。

ウ　入出力に必要なデータ項目だけをモジュール間の引数として渡す。

エ　必要なデータを外部宣言して共有する。

解答　ウ

モジュール強度（結束性）

モジュール強度は，モジュール内の構成要素間の関連性の強さを示すものです。
モジュール強度が強いほど，モジュールの独立性は高くなります。

独立性 低　　強度 　　　弱	暗合的強度	プログラムを単純に分割しただけのモジュール。複数の機能を併せ持つが，機能間にまったく関連はない。
	論理的強度	関連した複数の機能を持ち，モジュールが呼び出されるときの引数で，モジュール内の1つの機能が選択実行される。モジュール結合度の"**制御結合**"に相当。
	時間的強度	初期設定や終了設定モジュールのように，特定の時点に実行する機能をまとめたモジュール。
	手順的強度	逐次的に実行する機能をまとめたモジュール。
	連絡的強度	逐次的に実行する機能をまとめたモジュール。ただし，機能間にデータの関連性がある。
	情報的強度	同一のデータ構造や資源を扱う機能を1つにまとめたモジュール。機能ごとに入口点と出口点を持つ。
高　　　　強	機能的強度	単一の機能だけからなるモジュール。

4

テクノロジ系 開発技術

こんな問題が出る！

モジュール強度（結束性）が最も高いもの

モジュール設計に関する記述のうち，モジュール強度（結束性）が最も高いものはどれか。

ア　ある木構造データを扱う機能をこのデータとともに1つにまとめ，木構造データをモジュールの外から見えないようにした。〜情報的強度

イ　複数の機能のそれぞれに必要な初期設定の操作が，ある時点で一括して実行できるので，1つのモジュールにまとめた。〜時間的強度

ウ　2つの機能A，Bのコードは重複する部分が多いので，A，Bを1つのモジュールにまとめ，A，Bの機能を使い分けるための引数を設けた。〜論理的強度

エ　2つの機能A，Bは必ずA，Bの順番に実行され，しかもAで計算した結果をBで使うことがあるので，1つのモジュールにまとめた。〜連絡的強度

解答　ア

システム開発技術

05 開発プロセスで行われるテスト

出題ナビ

情報システムは，「経営・事業，業務，システム，ソフトウェア」の4つの層から構成されます。ここでは，各層ごとに「要件定義と確認（テスト）」があることを確認した上で，特にシステムおよびソフトウェアの開発プロセスにおけるテストと，そのテストで確認すべき内容がどの工程（アクティビティ）で定義されているのかを押さえておきましょう。

 要件・設計工程とテスト工程の対応

V字モデル（品質の"埋め込みプロセス"と"検証プロセス"の対応）

システムおよびソフトウェアの品質を確立するためには，「工程作業の結果が，その工程における仕様（ニーズ，要求事項）を適切に反映しているか，仕様どおり実現されているか」を検証することが重要です。**V字モデル**とは，システムへの要求を詳細化していくフェーズと，要求および設計の実現ができているかを検証するフェーズとの対応関係を示したものです。

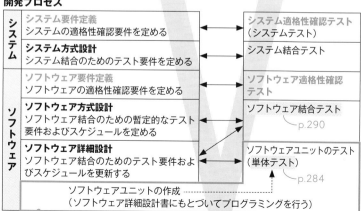

経営・事業	事業要件	事業評価
業務	業務要件定義	（業務）運用テスト

開発プロセス

システム	システム要件定義 システムの適格性確認要件を定める	システム適格性確認テスト （システムテスト）
	システム方式設計 システム結合のためのテスト要件を定める	システム結合テスト
ソフトウェア	ソフトウェア要件定義 ソフトウェアの適格性確認要件を定める	ソフトウェア適格性確認テスト
	ソフトウェア方式設計 ソフトウェア結合のための暫定的なテスト要件およびスケジュールを定める	ソフトウェア結合テスト p.290
	ソフトウェア詳細設計 ソフトウェア結合のためのテスト要件およびスケジュールを更新する	ソフトウェアユニットのテスト （単体テスト） p.284

ソフトウェアユニットの作成
（ソフトウェア詳細設計書にもとづいてプログラミングを行う）

「ソフトウェア構築」と呼ばれる

282

問1 アクティビティとテストの正しい組合せ

システム開発で行われる各テストについて，そのテスト要求事項が定義されるアクティビティとテストの組合せのうち，適切なものはどれか。

ーココ!に着目すれば，「運用テスト」が消去できる

	システム方式設計	ソフトウェア方式設計	ソフトウェア詳細設計
ア	運用テスト	システム結合テスト	ソフトウェア結合テスト
イ	運用テスト	ソフトウェア結合テスト	ソフトウェアユニットテスト
ウ	システム結合テスト	ソフトウェア結合テスト	ソフトウェアユニットテスト
エ	システム結合テスト	ソフトウェアユニットテスト	ソフトウェア結合テスト

問2 ソフトウェア実装プロセスを構成するプロセス

ソフトウェアライフサイクルプロセスにおいてソフトウェア実装プロセスを構成するプロセスのうち，次のタスクを実施するものはどれか。

ー左ページ図の「ソフトウェア」層のプロセスのこと

〔タスク〕
・ソフトウェア品目の外部インタフェース，およびソフトウェアコンポーネント間のインタフェースについて最上位レベルの設計を行う。
・データベースについて最上位レベルの設計を行う。
・ソフトウェア結合のために暫定的なテスト要求事項およびスケジュールを定義する。

ー決め手はココ! ー

ア　ソフトウェア結合プロセス　　　イ　ソフトウェア構築プロセス
ウ　ソフトウェア詳細設計プロセス　エ　ソフトウェア方式設計プロセス

解答　問1:ウ　問2:エ

●運用テスト（問1）

運用テストは，本番環境または準本番環境において利用者視点で行われるテスト。開発環境において開発者が主体となって行う開発プロセスではなく，運用プロセスの一部として運用者主体で行われる。

06 ソフトウェアユニットの テスト（単体テスト）

出題ナビ

各ソフトウェアユニット（以降，ここではプログラムという）が適切にプログラミングされているかを検証するテストを，一般に単体テストといいます。ここでは，テストで用いるテストデータの設計方法（テストケース設計法）や，テスト作業を支援するツール，そしてプログラム品質やテスト進捗状況を判断するバグ管理図など，試験で出題が多い重要事項を確認しておきましょう。

テストケースの設計法 （ブラックボックス／ホワイトボックス）

ブラックボックステスト

ブラックボックステストでは，仕様どおりの機能が実現されているか，つまり「入力データと出力結果の関係」に注目してテストケースを作成し，プログラムをテストします。プログラムの内部構造（論理構造）には一切着目しないので，プログラム開発者以外の第三者でも実施することができ，単体テストからシステムテストまで，すべてのテスト工程で使用することができるという利点があります。その一方で，プログラムに冗長なコードがあってもそれを検出できないといった欠点があります。代表的なテストケース設計法は，次のとおりです。

「同値分析」ともいう

同値分割	入力条件の仕様から，有効な入力値を表す有効同値クラスと誤った入力値を表す無効同値クラスを挙げ，それぞれを代表する値をテストケースとして選ぶ。
限界値分析	それぞれの同値クラスの境界値（端の値）からテストケースを選ぶ。例えば，入力値が0〜100のとき正常処理，それ以外は異常処理とする場合，有効同値クラスは「0〜100」，無効同値クラスは「−∞〜−1」，「101〜＋∞」なので，「−1, 0, 100, 101」をテストケースとする。 　　無効同値クラス　　有効同値クラス　　無効同値クラス 　−∞　　　　−1 ｜ 0　　　　　100 ｜ 101　　　　＋∞
原因結果グラフ	入力条件や環境条件などの原因と，出力などの結果との関係分析によってテストケースを選ぶ。テストケースの作成には，決定表（デシジョンテーブル）を利用する。仕様の不備やあいまいさを指摘できる副次的効果もある。

　午後問題で同値分割や限界値分析が問われる場合，そのほとんどが穴埋め形式の用語問題ですが，原因結果グラフに関しては，原因結果グラフを完成させる問題や，原因結果グラフをもとに決定表（例えば，下記決定表の太枠部分）を完成させるといった問題が予想されます。原因結果グラフの解釈や，決定表との対応を理解しておきましょう。

〔例〕飲料自動販売機システムにおける"購入準備"の原因結果グラフと決定表

原　因　　　　「AND」　　　　**結　果**

硬貨投入 ──── インジケータに投入合計額表示

投入合計額≧商品の価格 ─A──── 購入可能ランプ点灯

売切れランプ点灯 ──── 売切れランプ点灯

使用不可または
識別不能な硬貨投入 ──── そのまま返却

　「NOT」

硬貨が投入され，
かつ投入合計額≧商品の価格，
かつ売切れランプが点灯してい
なければ，
購入可能ランプを点灯

条件	硬貨投入	Y	Y	—	—
	投入合計額≧商品の価格	—	Y	—	—
	売切れランプ点灯	—	N	Y	—
	使用不可または識別不能な硬貨投入	—	—	—	Y
動作	インジケータに投入合計額表示	X	X	—	—
	購入可能ランプ点灯	—	X	—	—
	売切れランプ点灯	—	—	X	—
	そのまま返却	—	—	—	X

条件が真
条件が偽
対応する動作を実行

こんな問題が出る！

「A≧a」を「A＞a」としてしまった誤りを検出できる設計法

　プログラムの誤りの1つに，繰返し処理の終了条件としてA≧aとすべきところをA＞aとコーディングしたことに起因するものがある。このような誤りを見つけ出すために有効なテストケース設計技法はどれか。ここで，Aは変数，aは定数とする。

「A＝a」と「A＝a−1」でテストする

ア　限界値分析　　イ　条件網羅　　ウ　同値分割　　エ　分岐網羅

解答　ア

4
テクノロジ系 開発技術

ホワイトボックステスト

ホワイトボックステストでは，プログラムの内部構造（論理構造）に注目し，網羅性を考慮した上で，処理の分岐や繰返しなど論理の重要な部分に着目したテストを行います。一般には，次の網羅基準に従ってテストケースを設計します。

網羅率
低
↑
↓
高

命令網羅	すべての命令を，少なくとも1回は実行するようにテストケースを設計する。
分岐網羅 （判定条件網羅）	すべての判定条件文において，結果が真になる場合と偽になる場合の両方がテストされるようにテストケースを設計する。
条件網羅	すべての判定条件文において，それを構成する各条件式が，真になる場合と偽になる場合の両方がテストされるようにテストケースを設計する。なお，分岐網羅と条件網羅を合わせたものを判定条件／条件網羅という。
複数条件網羅	すべての判定条件中にある個々の条件式の起こり得る真と偽の組合せと，それに伴う判定条件を網羅するようにテストケースを設計する。

分岐網羅の例 p.297

こんな問題が出る！

命令網羅で実施する最小のテストケース数

あるプログラムについて，流れ図で示される部分に関するテストを，命令網羅で実施する場合，最小のテストケース数はいくつか。ここで，各判定条件は流れ図に示された部分の先行する命令の結果から影響を受けないものとする。

ア 3 イ 6
ウ 8 エ 18

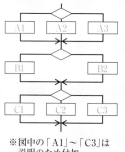

※図中の「A1」〜「C3」は説明のため付加

解説 すべての命令を少なくとも1回は実行するテストケースを考える

命令網羅の基準は，「すべての命令を少なくとも1回は実行する」ことです。したがって，「①A1→B1→C1，②A2→B1→C2，③A3→B2→C3」の3つの経路を通るテストを行うことで命令網羅基準は満たされます（命令網羅率100%）。つまり，最小のテストケース数は3つです。

解答 ア

テスト作業を支援するツール

テスト作業を支援する主なツール

テスト作業を支援するツールには，プログラム中に潜む問題点やバグを効率よく検出するために使用されるデバッグツールや，テストの品質やプログラムの性能を評価するためのツールなどがあります。代表的なツールは，次のとおりです。

トレーサ	プログラムの実行過程をモニタリングするツール。プログラムを実行しながら，実行した命令やそのアドレス，実行直後のメモリやレジスタの内容など，逐次必要な情報を得ることができる。追跡プログラムともいう。
インスペクタ	プログラム実行時にデータ内容を表示するツール。
スナップショット	プログラム中に埋め込まれた命令が実行されるたびに，レジスタや主記憶（メモリ）の一部の内容を出力するツール。
アサーションチェッカ	アサーションとは，プログラムのある特定の時点で必ず成立すべき条件（例えば「x>0」や「x<y」など）のこと。アサーションチェッカとは，アサーションが満たされているか否かを検査するコードを，プログラムに挿入し，実行時に検査結果が確認できるツール。またこのような方法で，プログラムの正当性を検証する手法をアサーションチェックという。
テストカバレージ分析ツール	ホワイトボックステストにおいてカバレージ（網羅率）を測定するツール。カバレージとは，プログラム（ソースコード）に存在するすべての経路のうち，どれだけの割合の部分をテストによって実行できたかという指標。
プロファイラ	プログラム実行時の情報の収集・解析を行うためのツール。プログラムを構成するモジュールや関数の呼び出し回数，それにかかる時間，またプログラム実行時におけるメモリ使用量やCPU使用量などの各種情報が収集できるため，例えば，プログラムの動作が遅いといった場合，どの部分がボトルネックになっているのかの分析に役立つ。

「カバレージモニタ」ともいう

4

テクノロジ系 開発技術

 こんな問題が出る！

プログラムの実行部分の割合を測定するツール

ホワイトボックステストにおいて，プログラムの実行された部分の割合を測定するのに使うものはどれか。

ア　アサーションチェッカ　　　　イ　シミュレータ
ウ　静的コード解析ツール　　　　エ　テストカバレージ分析ツール

プログラムを実行せずに，ソースコードやプログラム構造を解析すること

解答　エ

テスト管理手法

バグ管理図

　一般に，テスト項目消化件数と摘出した累積バグ件数との関係は，ゴンペルツ曲線やロジスティック曲線（**信頼度成長曲線**）で近似されることが知られています。そこで，テストの実績（テスト項目消化件数と累積バグ件数）をグラフに記入して**バグ管理図**を作成し，信頼度成長曲線の形状と比較することで**プログラムの品質状況やテストの進捗状況**を判断します。

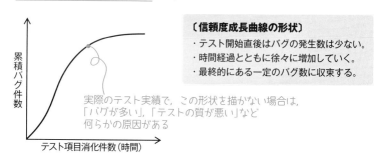

〔信頼度成長曲線の形状〕
・テスト開始直後はバグの発生数は少ない。
・時間経過とともに徐々に増加していく。
・最終的にある一定のバグ数に収束する。

実際のテスト実績で，この形状を描かない場合は，
「バグが多い」，「テストの質が悪い」など
何らかの原因がある

　例えば，次の図は，検出するバグ件数の目標値を設定した場合のバグ管理図です。この図から，「検出したバグ件数の累積が目標値に到達したのでテストが終了した」と判断してよいでしょうか？ 答えはNoです！

　本来なら，曲線は次第に水平になっていくはずですが，この図の曲線はまだ成長しています。つまり，まだ多くのバグが内在している可能性があると判断できるので，曲線が水平になるまで追加でテストを行う必要があります。

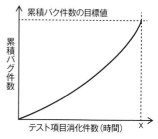

エラー埋込み法

　あらかじめ既知のエラーをプログラムに埋め込んでおき，その存在を知らない検査グループがテストを行った結果をもとに，真のエラー（潜在エラー）数を推定する方法を**エラー埋込み法**といいます。

　この方法では，埋込みエラーと真のエラーの発見率が同じであるという仮定のもとに，次の式を用いて真のエラー数を推定します。

$$\frac{発見された埋込みエラー数}{埋込みエラー数} = \frac{発見された真のエラー数}{真のエラー数}$$

試験では，公式そのものが
問われることがある

2段階エディット法

2段階エディット法は，2つの独立したテストグループA，Bが，それぞれにテストケースを設計し，一定期間並行してテストを行った結果をもとに，総エラー数を推測する方法です。テストグループA，Bが，それぞれN_A個およびN_B個のエラーを検出し，このうち共通のエラーがN_{AB}個であった場合，次の式を用いて総エラー数を推測します。

$$総エラー数 = (N_A \times N_B) / N_{AB}$$

 こんな**問題**が**出る！**

推定される残存エラー数

発見されていないエラー

エラー埋込み法による 残存エラー の予測において，テストが十分に進んでいると仮定する。当初の埋込みエラーは48個である。テスト期間中に発見されたエラーの内訳は，埋込みエラーが36個，真のエラーが42個である。このとき，残存する真のエラーは何個と推定されるか。

ア　6　　　　　イ　14　　　　　ウ　54　　　　　エ　56

解説 **次の手順で求める**

1. 公式から真のエラー数を求める

公式に，埋込みエラー数＝48，発見された埋込みエラー数＝36，発見された真のエラー数＝42を代入し，真のエラー数を求めます。

$$\frac{36}{48} = \frac{42}{真のエラー数}$$

36×真のエラー数 ＝ 48×42
真のエラー数 ＝ 56

2. 真のエラー数から発見された真のエラーを減算し，残存エラー数を求める

残存エラー数は，56−42＝14個です。

解答　**イ**

4
テクノロジ系 開発技術

07 ソフトウェア結合テスト

出題ナビ

ソフトウェア結合テストは，複数のユニット（プログラムを構成するモジュールや，ソフトウェアを構成するプログラム）を結合して，その一連の流れや機能の確認を行うテストです。

ここでは，代表的なテスト手法であるトップダウンテストとボトムアップテストの特徴と，それぞれのテストで使用する仮モジュールを確認しておきましょう。

結合テストの代表的な手法

トップダウンテスト

トップダウンテストは，上位のモジュールから下位のモジュールへと順に結合しながらテストする方法です。下位モジュールが未完成の場合は，下位モジュールに見立てた スタブ が必要となります。—— 値を返すだけの仮の下位モジュール

全体に関係する重要度の高い上位モジュールを何回もテストできるので，上位モジュールの信頼性が高くなるのが利点です。

トップダウンテスト
上位から下位へ向かって順に結合。
下位のモジュールを代行するスタブが必要。

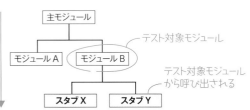

ボトムアップテスト

ボトムアップテストは，下位のモジュールから上位のモジュールへと順に結合しながらテストする方法です。上位モジュールが未完成の場合は，上位モジュールに見立てた ドライバ が必要となります。テスト対象モジュールを呼び出すだけの仮の上位モジュール

テストの最終段階で，全体に関係する重要度の高い上位モジュールのテストを行うことになるため，この時点でモジュール間のインタフェースなどの問題が発見されると，その影響は広範囲となり，他のモジュールに与える影響も大きいものになります。

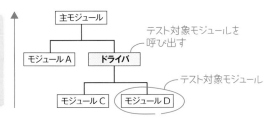

ボトムアップテスト
下位から上位へ向かっ
て順に結合。
上位のモジュールを
代行する**ドライバ**が
必要。

こんな**問題**が**出る!**

問1　スタブの利用方法に関する適切な記述

テスト工程における スタブ の利用方法に関する記述として，適切なものは
どれか。──「スタブ」ときたら「トップダウンテスト」

　　　　　　　　　　　　　　　　　　　　スナップショット(p.287)
ア　指定した命令が実行されるたびに，レジスタや主記憶の一部の内容を出
　力することによって，正しく処理が行われていることを確認する。
イ　トップダウンでプログラムのテストを行うとき，作成したモジュールをテ
　ストするために，仮の下位モジュールを用意して動作を確認する。
ウ　プログラムの実行中，必要に応じて変数やレジスタなどの内容を表示し，
　必要であればその内容を修正して，テストを継続する。──デバッガ
エ　プログラムを構成するモジュールの単体テストを行うとき，そのモジュー
　ルを呼び出す仮の上位モジュールを用意して，動作を確認する。
　　　　　　　└── ドライバ

問2　ボトムアップテストの特徴

ボトムアップテスト の特徴として，適切なものはどれか。

ア　開発の初期の段階では，並行作業が困難である。並行作業が困難なのは
イ　スタブが必要である。　　　　　　　　　　　　「トップダウンテスト」
ウ　テスト済みの上位モジュールが必要である。
エ　ドライバが必要である。──「ドライバ」ときたら「ボトムアップテスト」

解答　問1：イ　問2：エ

4
テクノロジ系 開発技術

08 ソフトウェア品質とレビュー

出題ナビ

システムおよびソフトウェアの品質を確立するためには，V字モデル（p.282）による検証のほか，開発プロセスの各工程において，それぞれの工程で作成される成果物に問題点や曖昧な点がないかを討議するレビューが重要になります。

ここでは，システムおよびソフトウェア製品の品質に関する規格と，レビュー技法を確認しておきましょう。

システム／ソフトウェア製品の品質規格 (JIS X 25010)

JIS X 25010 (ISO/IEC 25010)

JIS X 0129-1の後継規格。
最新版はJIS X 25010：2013

JIS X 25010では，"利用時の品質"と"製品品質"の2つを定めています。利用時の品質には，有効性，効率性，満足性，リスク回避性，利用状況網羅性の5個の品質特性が規定されていますが，押さえておきたいのは，リスク回避性です。これは，「製品またはシステムが，経済状況，人間の生活または環境に対する潜在的リスクを緩和させる度合い」を意味します。

一方，製品品質には，次の表に示す8個の品質特性と31個の副特性が規定されています。機能適合性と性能効率性は，JIS X 0129-1における機能性と効率性がそれぞれ名称変更されたものです。試験では，JIS X 0129-1の名称のまま出題されることがあるので注意しましょう。

特性	副特性
機能適合性	機能完全性，機能正確性，機能適切性
性能効率性	時間効率性，資源効率性，容量満足性
互換性	共存性，相互運用性
使用性 使いやすさ	適切度認識性，習得性，運用操作性，ユーザエラー防止性，ユーザインタフェース快美性，アクセシビリティ　支障なく利用できる度合い
信頼性	成熟性，可用性，障害許容性，回復性
セキュリティ	機密性，インテグリティ，否認防止性，責任追跡性，真正性
保守性	モジュール性，再利用性，解析性，修正性，試験性
移植性	適応性，設置性，置換性

また，試験では「～特性の説明はどれか？」と問われますが，選択肢には，次の表に示した各品質特性の定義文がそのまま掲載されます。押さえておきましょう。

機能適合性	明示された状況下で使用するとき，明示的ニーズ及び暗黙のニーズを満足させる機能を，製品又はシステムが提供する度合い。
性能効率性	明記された状態（条件）で使用する資源の量に関係する性能の度合い。
互換性	同じハードウェア環境又はソフトウェア環境を共有する間，製品，システム又は構成要素が他の製品，システム又は構成要素の情報を交換することができる度合い，及び／又はその要求された機能を実行することができる度合い。
使用性	明示された利用状況において，有効性，効率性及び満足性をもって明示された目標を達成するために，明示された利用者が製品又はシステムを利用することができる度合い。
信頼性	明示された時間帯で，明示された条件下に，システム，製品又は構成要素が明示された機能を実行する度合い。
セキュリティ	人間又は他の製品若しくはシステムが，認められた権限の種類及び水準に応じたデータアクセスの度合いをもてるように，製品又はシステムが情報及びデータを保護する度合い。
保守性	意図した保守者によって，製品又はシステムが修正することができる有効性及び効率性の度合い。
移植性	一つのハードウェア，ソフトウェア又は他の運用環境若しくは利用環境からその他の環境に，システム，製品又は構成要素を移すことができる有効性及び効率性の度合い。

こんな問題が出る！

品質特性 "性能効率性" の説明

JIS X 25010：2013で規定されるシステム及びソフトウェア製品の品質特性の定義のうち，"性能効率性" の定義はどれか。

ア　意図した保守者によって，製品又はシステムが修正することができる有効性及び効率性の度合い　　保守性　　　決め手はココ！

イ　明記された状態（条件）で使用する資源の量に関係する性能の度合い

ウ　明示された時間帯で，明示された条件下に，システム，製品又は構成要素が明示された機能を実行する度合い　　信頼性

エ　明示された条件下で使用するとき，明示的ニーズ及び暗黙のニーズを満足させる機能を，製品又はシステムが提供する度合い　　機能適合性

解答　イ

293

4 テクノロジ系　開発技術

 # レビュー

レビューの種類と代表的なレビュー手法 ── 各種設計書やプログラムソースなど

ソフトウェアに関する主なレビューには，承認レビューと成果物レビューの2つがあります。承認レビューは，成果物の内容を審査して，次の開発工程に進むための関門（承認）として実施されるレビューです。

これに対して，成果物レビューは，成果物の問題点を早期に発見し，品質向上を図ることを目的に行われるレビューです。レビューア（レビューする人）の違いにより，作成者自身が1人で行う机上チェック，同じプロジェクトの同僚・専門家仲間と行うピアレビュー，第三者が行うIV&V（Independent Verification and Validation）などがありますが，一般にソフトウェアのレビューというと，ピアレビューを指します。また代表的なレビュー手法は，次の2つです。

独立検証および妥当性確認

ウォークスルー	レビュー対象物の作成者が説明者になり，行われるレビュー。プログラムのレビューにウォークスルーを用いる場合，プログラムリストを1ステップごとに追跡し，エラーを探す。エラーの修正は作成者に任される。
インスペクション	モデレータと呼ばれる開催責任者が会議の進行を取り仕切り，行われるレビュー。絞られた問題事項に関して様々な角度から分析を行い，また，問題点は問題記録表に記録するとともに作成者に対して指摘し，問題点が処置されるまでを追跡する。

 こんな問題が出る!

モデレータが主導するレビュー技法

作業成果物の作成者以外の参加者がモデレータとしてレビューを主導する役割を受け持つこと，並びに公式な記録及び分析を行うことが特徴のレビュー技法はどれか。

ア　インスペクション　　　　　　イ　ウォークスルー
ウ　パスアラウンド　　　　　　　エ　ペアプログラミング

レビュー対象となる成果物を複数のレビューアに配布
または回覧して，個別にレビューしてもらう方法

解答　ア

チャレンジ！**午後問題**

問 M社は，家電製品の組込みソフトウェアの開発を行っている。M社の開発部門では，図に示すV字モデルを使って，開発工程の各フェーズの流れと，上流工程の成果物と下流工程のテストとの関係を定義している。

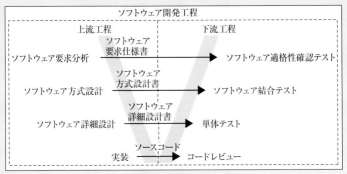

図 V字モデル

近年，家電製品の機能は増加の傾向にある。それに伴い，システムは大規模化，複雑化している。このような現状で，組込みソフトウェアの品質を向上させるために，M社は品質管理部門を発足させた。品質管理部門は，開発部門とは独立して，テストの計画，設計，実施を行う。

品質管理部門は，M社でのテストの現状を調査，分析した。その結果，上流工程，下流工程のいずれについても，M社としてのソフトウェアの品質基準が不明確であることが判明した。品質管理部門では，テストの標準化が最優先の課題と考え，そのための方策について検討を行った。

〔テスト計画の標準化〕
(1) 仕様の漏れや不具合が下流工程で発見され，手戻りが発生している。

対策として，仕様の漏れや不具合を上流工程で取り除くために，開発部門内で，ソフトウェア要求仕様書に対して，　a　を実施することを義務付けた。

開発担当者は，機能や制御の流れを，最初から順を追って説明していく。参加者は，説明に沿ってソフトウェア要求仕様書を点検し，不明点や問題点を指摘する。

4
テクノロジ系 開発技術

（2）既存のソフトウェアに新機能を追加するための変更を繰り返してきた結果，全体の設計が複雑になり，保守性が低下している。

　　対策として，設計の複雑さを改善するために，ソフトウェア方式設計書やソフトウェア詳細設計書に対して， b を実施することにした。

　　品質管理部門が，設計の複雑さを指摘するチェックシートを作成し，モデレータと呼ばれる推進役を決める。モデレータは適切なメンバを選出し，メンバ全員がチェックシートと照らし合わせて，ソフトウェア方式設計書やソフトウェア詳細設計書をチェックする。設計の欠陥は問題記録表に記録するとともに，開発担当者に対して指摘し，欠陥が処置されるまでを追跡する。

（3）単体テストについては，テストケースの作成基準がないので，開発担当者によってはテストケースが不足し，テストの品質にばらつきが出ている。

　　対策として，十分な数のテストケースを作成するために， c の考え方と d グラフを使用することにした。

　　 c は，分岐を引き起こすすべての条件の組合せをテストするのではなく，それぞれの分岐方向を少なくとも1回はテストするテストケースを作成する方法である。 d グラフとは，入力と出力の関係を表す図表である。

（4）ソフトウェア結合テストやソフトウェア適格性確認テストで発生した障害の修復が，ほかの機能に影響を与えた結果として，別の障害を発生させることになり，重大な問題となっている。

　　対策として，プログラム変更を行った内容が，ほかの機能に影響を与えていないことを確認するために，障害が発生したテストケース以外に，以前にテストを終了したテストケースも再実施する e テストの実施を義務付けた。

設問　本文中の a ～ e に入れる適切な字句を解答群の中から選び，記号で答えよ。

解答群

ア　イテレーション	イ　インスペクション	ウ　ウォークスルー
エ　ウォータフォール	オ　回帰	カ　境界値
キ　原因結果	ク　構造設計	ケ　条件網羅
コ　データ設計	サ　同値	シ　ブラックボックス
ス　分岐網羅	セ　ホワイトボックス	ソ　命令網羅

解説 空欄a 開発担当者が説明者になり行われるのは「ウォークスルー」

仕様の漏れや不具合を取り除くためには<u>レビュー</u>の実施が有効なので，空欄aはレビューと推測できますが，解答群に「レビュー」という選択肢はありません。そこで，問題文中にある「開発担当者は，機能や制御の流れを，最初から順を追って説明していく」という記述に着目します。このようにレビュー対象物の担当者が説明者になり行われるレビューはウォークスルーです。したがって，空欄aは**ウォークスルー**です。

解説 空欄b モデレータが進行役になり行われるのは「インスペクション」

「<u>モデレータと呼ばれる推進役を決める</u>」という記述から，空欄bは**インスペクション**です。

解説 空欄c 分岐（判定）結果の真と偽両方を検証するのは「分岐網羅」

それぞれの分岐方向（真と偽）を少なくとも1回はテストするテストケースを作成する方法は，<u>分岐網羅</u>（p.286）です。

分岐網羅（判定条件網羅）では，判定条件文において，結果が真になる場合と偽になる場合の両方がテストされるようにテストケースを設計します。例えば，次の流れ図のテストを行う場合のテストケースは，1と2（1と3，1と4でも可）になります。ここで，A，Bは条件式です。

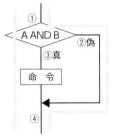

テストケース	A	B	判定条件	テスト経路
1	真	真	真	①－③－④
2	真	偽	偽	①－②－④
3	偽	真	偽	①－②－④
4	偽	偽	偽	①－②－④

解説 空欄d 入力と出力の関係を表すのは「原因結果グラフ」

入力（原因）と出力（結果）の関係を表した図表は，<u>原因結果</u>グラフです。

解説 空欄e 他の機能に影響を与えているか否かの検証は「回帰テスト」

プログラム変更を行った内容が，<u>他の機能に影響を与えていないことを確認す</u>るために行われるテストを<u>回帰（リグレッション）テスト</u>といいます。

解答　a：ウ　b：イ　c：ス　d：キ　e：オ

4 テクノロジ系 開発技術

09 ソフトウェア開発手法

出題ナビ

ソフトウェア開発の効率化や品質向上のために用いられるソフトウェア開発モデル（開発手法）には，ウォータフォールモデルをはじめ，いくつかの開発モデルがあります。ここでは，まず代表的なソフトウェア開発モデルの特徴を確認し，続いて試験での出題が多いアジャイルソフトウェア開発の特徴と，アジャイル開発に適用されるXPやスクラムの特徴を押さえておきましょう。

代表的なソフトウェア開発モデル

代表的なソフトウェア開発モデルの特徴

「上流から下流」へと一方向に進める

ウォータフォールモデル	「要求定義→設計→実装→テスト」という工程順に，開発を進める。前の工程が完了してから，その成果物を使って次工程の作業を行うので，開発作業の論理的一貫性が保証されるといった利点がある。
スパイラルモデル	システムを独立性の高いいくつかの部分（サブシステムなど）に分割し，部分ごとに一連の開発工程を繰り返す。「小規模な部分の開発経験を別の部分の開発に生かせる」，また「開発コストなどを評価し，リスクを最小にしつつ開発を行える」といった利点がある。
インクリメンタルモデル（段階的モデル）	最初にシステム全体の要求定義を行い，要求された機能をいくつかに分割して，順次段階的に開発し提供していく。例えば，最初にコア部分を開発し，順次機能を追加していくといった場合に適する。
進化的モデル	システムへの要求に不明確な部分があったり，要求変更の可能性が高いことを前提としたモデル。開発を繰り返しながら徐々に要求内容を洗練していく。
プロトタイピングモデル	簡易なシステムを実装し，動作を評価しながら要求を早期に明確にする。その後は全機能を一斉に開発する。システムへの要求に不明確な部分がある場合に適する。
ユースケース駆動開発（UCDD）	ユースケースを開発の中心に置いてソフトウェア設計を主導するという概念のもとに定義された開発手法。「要求定義→予備設計→詳細設計→実装→設計駆動テスト（要求定義をもとに検証）」という流れで開発を行う。

プロトタイプ（試作品）

ユーザ指向でシステムを検証

アジャイルソフトウェア開発

アジャイル

アジャイルは，ソフトウェアに対する要求の変化やビジネス目標の変化に迅速かつ柔軟に対応できるよう，短い期間単位で，「計画，実行，評価」を繰り返す反復型の開発手法です。 ＼──一般に，1週間から1か月

アジャイルでは，この反復（イテレーションという）を繰り返すことによって，ユーザが利用可能な機能を段階的・継続的にリリースします。

 こんな問題が出る！

イテレーションを行う目的

アジャイル開発で"イテレーション"を行う目的のうち，適切なものはどれか。

ア　ソフトウェアに存在する顧客の要求との不一致を短いサイクルで解消したり，要求の変化に柔軟に対応したりする。　タスクボード

イ　タスクの実施状況を可視化して，いつでも確認できるようにする。

ウ　ペアプログラミングのドライバとナビゲータを固定化させない。

エ　毎日決めた時刻にチームメンバが集まって開発の状況を共有し，問題が拡大したり，状況が悪化したりするのを避ける。　デイリースクラム（p.300）

解答　ア

コレも一緒に！　覚えておこう

●タスクボード（選択肢イ）

タスクボードは，作業状況の可視化に使用されるボード。各タスクの状態を「ToDo：やること」，「Doing：作業中」，「Done：完了」で管理する。

〔補足〕

タスクボードと連動させ，イテレーション単位での進捗の見える化に使用されるツールにバーンダウンチャートがある。縦軸に残作業量，横軸に時間をとり，プロジェクトの時間と残作業量をグラフ化したもので，期限までに作業を終えられるかが視覚的に把握できる。

4　テクノロジ系　開発技術

299

XP (エクストリームプログラミング)

XP (eXtreme Programming) は，アジャイル開発における開発手法やマネジメントの経験則をまとめたものです。対象者である「共同，開発，管理者，顧客」の4つの立場ごとに全部で19の具体的なプラクティス (実践手法) が定義されています。試験で出題されるのは，"開発"のプラクティスのうち次の5つです。

〔開発の主なプラクティス〕

ペアプログラミング	品質向上や知識共有を図るため，2人のプログラマがペアとなり，その場で相談したりレビューしたりしながら，1つのプログラム開発を行う。
テスト駆動開発	最初にテストケースを設計し，テストをパスする必要最低限の実装を行った後，コード (プログラム)を洗練させる。
リファクタリング	完成済みのプログラムでも随時改良し，保守性の高いプログラムに書き直す。その際，外部から見た振る舞い (動作)は変更しない。改良後には，改良により想定外の箇所に悪影響を及ぼしていないかを検証する回帰テストを行う。
継続的インテグレーション	コードの結合とテストを継続的に繰り返す。すなわち，単体テストをパスしたらすぐに結合テストを行い問題点や改善点を早期に発見する。
コードの共同所有	誰が作成したコードであっても，開発チーム全員が改善，再利用を行える。

スクラム

1〜4週間の時間枠(タイムボックス)。各スプリントの長さは同一

スクラムは，アジャイル開発の開発チームに適用されるプロダクト管理のフレームワークです。スクラムでは反復の単位をスプリントと呼び，スプリントは，次の4つのイベントおよび開発作業から構成されます。

開発の進め方は「テスト駆動」が基本

〔スプリントのイベント〕

今後のリリースで実装するプロダクトの機能を記述したリスト。プロダクトオーナが管理する

スプリントプランニング	スプリントの開始に先立って行われるミーティング。プロダクトバックログの中から，優先順位の順に今回扱うバックログ項目を選び出し，その項目の見積りを行う。そして，前回のスプリントでの開発実績を参考に，どこまでを今回のスプリントに入れるかを決める。
デイリースクラム	スタンドアップミーティングあるいは朝会ともいう。立ったまま，毎日，決まった場所・時刻で行う短いミーティング。進行状況や問題点などを共有し，今日の計画を作る。
スプリントレビュー	スプリントの最後に成果物をレビューし，フィードバックを受ける。
スプリントレトロスペクティブ	スプリントレビュー終了後，スプリントのふりかえり (レトロスペクティブ)を実施し，次のスプリントに向けての改善を図る。

その他，試験に出題される開発手法

その他，試験に出題されている開発手法をまとめておきます。押さえておきましょう。

リーン ソフトウェア開発	製造業の現場から生まれた**リーン生産方式**（ムダのない生産方式）の考え方をソフトウェア製品に適用した開発手法で，**アジャイル型開発**の1つ。ソフトウェア開発を実践する際の行動指針となる**七つの原則**（①ムダをなくす，②品質を作り込む，③知識を作り出す，④決定を遅らせる，⑤早く提供する，⑥人を尊重する，⑦全体を最適化する）が定義されている。
プラットフォーム 開発	組込み機器の設計・開発において，複数の異なる機器に共通して利用できる部分（プラットフォーム）を最初に設計・開発し，それを土台に機器ごとに異なる機能を開発していく手法。
クロス開発	ソフトウェアを実行する機器とはCPUのアーキテクチャが異なる機器で開発を行う。

——— 組込みソフトウェア開発手法

こんな問題が出る！

問1 "テスト駆動開発"の特徴

エクストリームプログラミング（XP：eXtreme Programming）における"テスト駆動開発"の特徴はどれか。

ア　最初のテストで，なるべく多くのバグを抽出する。
イ　テストケースの改善を繰り返す。
ウ　テストでの**カバレージ**を高めることを重視する。———「網羅率」のこと
エ　プログラムを書く前にテストケースを作成する。

問2 継続的なプロセス改善を促進するアクティビティ

スクラムを適用したアジャイル開発において，スクラムチームで何がうまくいき，何がうまくいかなかったかを議論し，継続的なプロセス改善を促進するアクティビティはどれか。———"ふりかえり"

ア　スプリントプランニング　　　イ　スプリントレトロスペクティブ
ウ　スプリントレビュー　　　　　エ　ディリースクラム

解答　問1：エ　問2：イ

4
テクノロジ系　開発技術

10 ソフトウェアの再利用と保守

出題ナビ

新規システムの開発を行うとき，その開発生産性を高めることを目的に，部品化や既存ソフトウェアの再利用をするという考え方があります。ここでは，それに関連する技術として<u>リバースエンジニアリング</u>と<u>マッシュアップ</u>を押さえておきましょう。また，ソフトウェアの保守をどのように実施するのか，JIS X 0161に規定されている4つのタイプの保守も押さえておきましょう。

ソフトウェアの再利用

リバースエンジニアリング

既存のソフトウェアからそのソフトウェアの仕様を導き出すことを<u>リバースエンジニアリング</u>といいます。リバースエンジニアリングの目的は，次のとおりです。

〔リバースエンジニアリングの目的〕

・新規ソフトウェアの再利用開発を支援する。
・既存ソフトウェアの機能修正や追加といった保守作業に役立てる。

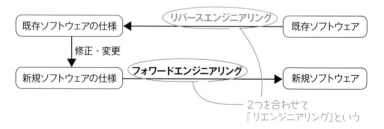

マッシュアップ ──「混ぜ合わせる」という意味

<u>マッシュアップ</u>は，複数の提供元によるAPI（サービス）を組み合わせて新しいサービスを構築する手法です。例えば，「店舗案内のページ上に，他のサイトが提供する地図情報を表示する」というように，他のWebサービスを利用して，あたかも1つのWebサービスであるかのようにする機能がマッシュアップです。専門的な知識や技能がなくても，新しいWebサービスを短期間で開発することができます。

ソフトウェアの保守

JIS X 0161規格

JIS X 0161は，ソフトウェアの保守を対象にした規格です。この規格では，ソフトウェア製品への修正依頼は「訂正」と「改良」に分類できるとし，ソフトウェア製品に対する保守を次の表に示す4つのタイプに分類しています。

ここで，予防保守と完全化保守は，間違えやすいので注意しましょう。どちらも潜在的な障害が顕在化する前に行う保守ですが，**予防保守**はソフトウェア製品に潜在的な誤りが検出されたことによって余儀なくされた修正です。これに対して**完全化保守**はソフトウェア製品の改良のための修正です。"問題への対応"ではありません。

訂正	是正保守	ソフトウェア製品の引渡し後に発見された問題を訂正するために行う受身の修正。この修正によって，要求事項を満たすようにソフトウェア製品を修復する。 ── 問題が発見されたときに行う保守
	予防保守	引渡し後のソフトウェア製品の潜在的な障害が運用障害になる前に発見し，是正を行うための修正。 ── 悪い点を改めて正しくすること
改良	適応保守	引渡し後，変化した又は変化している環境において，ソフトウェア製品を使用できるように保ち続けるために実施する修正。 ── 環境の変化に合わせるときに行う保守
	完全化保守	引渡し後のソフトウェア製品の潜在的な障害が，故障として現れる前に，検出し訂正するための修正。

4 テクノロジ系 開発技術

こんな問題が出る！

オペレーティングシステムの更新に伴い行われる保守

オペレーティングシステムの更新 によって，既存のアプリケーションソフトウェアが正常に動作しなくなること が判明したので，正常に動作するように修正した。この保守を何と呼ぶか。 ── 環境の変化

ア 完全化保守　　イ 是正保守　　ウ 適応保守　　エ 予防保守

解答　ウ

ソフトウェア開発管理技術

開発と保守の
プロセス評価・改善

出題ナビ

ソフトウェア開発においては, ユーザが満足する品質の高いソフトウェアの作成と納期厳守は必須です。しかし, ソフトウェアの開発を行っている組織がみな効率よく作業し, 納期内に, ユーザが満足するソフトウェアを開発しているとは限りません。

ここでは, ソフトウェアの開発と保守におけるプロセスを評価し, 改善する際に用いられるCMMIを確認しておきましょう。

開発組織とプロセス成熟度

CMMI (能力成熟度モデル統合)

CMMI (Capability Maturity Model Integration)は, ソフトウェアを開発・保守する組織の作業 (プロセス) のありかたを示したモデルであり, プロセス改善に用いられるツールです。
　　　　　　　　　　　　　　　プロセス評価 (アセスメント)の「物差し」

CMMIでは, 組織の作業水準を "プロセスの成熟度" という概念で捉え, その成長過程を次の表に示す5段階のレベルでモデル化しています。また, ソフトウェア開発において実践されているベストプラクティスで構成されていて, プロセス改善のゴールや自組織のプロセスを評価するための参照ポイントなどが提供されています。CMMIを利用することで, 場当たり的で未熟なプロセスから成熟したプロセスへの改善を図ることができます。

プロセス成熟度レベル

1	初期	・プロセスが確立されていないレベル ・プロセスは場当たり的で, 一部のメンバーの力量に依存している状態
2	管理された	・基本的なプロジェクト管理が実施できるレベル ・同じようなプロジェクトなら反復できる状態
3	定義された	・プロセスが標準化され定義されているレベル ・各プロジェクトで標準プロセスを利用している状態
4	定量的に 管理された	・プロセスの定量的管理が実施できているレベル ・プロセスの実績が定量的に把握されていて, プロセス実施結果を予測でき (危機予測), これをもとにプロセスを制御できる状態
5	最適化 している	・継続的に, プロセスを最適化し改善しているレベル ・プロセスの問題の原因分析ができ, 継続的なプロセスの改善が実施できている状態

マネジメント系

プロジェクトマネジメント

出題ナビ　プロジェクトマネジメントとは，各種知識やツール，実績のある管理手法を適用し，スコープ，スケジュール，コスト，品質などの制約条件を調整しながらプロジェクトを成功に導くための管理活動のことです。ここでは，プロジェクトマネジメントで広く利用されているPMBOKを中心に，プロジェクトマネジメント活動の概要と，試験での出題が多い重要項目を押さえましょう。

プロジェクトマネジメントで利用される知識体系(PMBOK)

PMBOKの知識エリア

PMBOK (Project Management Body of Knowledge) は，各種プロジェクトにおけるプロジェクトマネジメントに関する知識を体系化したものです。各種プロジェクトに共通に存在する，"プロジェクト成功に必要な知識・スキル"が集約されています。PMBOKガイド第6版では，プロジェクト目標達成のために実行するプロセスを，マネジメントの対象により10の知識エリアに分類しています。

知識エリア	概要
1. 統合マネジメント	プロジェクトマネジメントの各作業を統合する。
2. スコープマネジメント(p.308)	プロジェクトの作業を明確にする。
3. スケジュールマネジメント(p.310)	プロジェクトのスケジュールを作成する。
4. コストマネジメント(p.316, 320)	プロジェクトの予算を作成する。
5. 品質マネジメント (p.324)	要求された品質を保証・確保する。
6. 資源マネジメント	必要な人材や機器などの資源を特定・獲得する。
7. コミュニケーションマネジメント	ステークホルダとの情報交換を円滑に進める。
8. リスクマネジメント (p.325)	リスクを特定・分析し，対応を計画・実行する。
9. 調達マネジメント	プロダクトやサービスを外部から購入・取得する。
10. ステークホルダマネジメント	ステークホルダを認識・分析し，対応策を検討する。

※知識エリア名冒頭の "プロジェクト" および "・" を省略。
　また，試験シラバスに合わせ「ステークホルダー」を「ステークホルダ」と表記。

ステークホルダ

プロジェクトには，プロジェクト作業を行う人の他，プロジェクトを支援する人，成果物を利用する人，資金を提供する人など，様々な人が関与します。このようにプロジェクトに関与している人や組織，またはプロジェクトの実行や完了によって自らの利益に影響が出る人や組織を合わせて**ステークホルダ**といいます。

試験では，**PMO**（Project Management Office：**プロジェクトマネジメントオフィス**）の役割が問われます。PMOは，組織内の様々なプロジェクトの支援を行う専門部署です。ガバナンス，標準化，プロジェクトマネジメントの教育訓練，プロジェクトの監視など多彩な活動を行います。押さえておきましょう。

プロジェクトマネジメントのプロセス群

プロセス群とは，プロジェクト目標達成のために実行するプロセスを作業の位置付けにより分類したものです。PMBOKガイド第6版では，各プロセスを次の5つのプロセス群に分類しています。

JIS Q 21500:2018（PMBOKをベースにした国際規格 ISO 21500のJIS版）での名称は"管理プロセス群"

こんな問題が出る!

"実行のプロセス群"の正しい説明

JIS Q 21500:2018（プロジェクトマネジメントの手引）によれば，プロジェクトマネジメントの"実行のプロセス群"の説明はどれか。

ア　プロジェクトの計画に照らしてプロジェクトパフォーマンスを監視し，測定し，管理するために使用する。 〜 管理プロセス群

イ　プロジェクトフェーズ又はプロジェクトが完了したことを正式に確定するために使用し，必要に応じて考慮し，実行するように得た教訓を提供するために使用する。 〜 終結プロセス群

ウ　プロジェクトフェーズ又はプロジェクトを開始するために使用し，プロジェクトフェーズ又はプロジェクトの目標を定義し，プロジェクトマネージャがプロジェクト作業を進める許可を得るために使用する。 〜 立ち上げプロセス群

エ　プロジェクトマネジメントの活動を遂行し，プロジェクトの全体計画に従ってプロジェクトの成果物の提示を支援するために使用する。 〜 実行プロセス群

解答　エ

5
マネジメント系

02 プロジェクトの スコープマネジメント

出題ナビ

プロジェクトスコープマネジメントの目的は，プロジェクトを成功させるために必要な作業を，過不足なく洗い出すことです。そのためスコープマネジメントでは，プロジェクトに何が含まれ，何が含まれないかを明確にし，それをコントロールします。

ここでは，スコープマネジメントでの重要事項（スコープ定義，WBS作成，スコープコントロールなど）を押さえましょう。

スコープマネジメント （プロジェクトの作業を明確にする）

スコープマネジメントの活動

スコープとはプロジェクトの範囲であり，"成果物" およびそれを創出するために必要な"作業"のことです。スコープマネジメントでは，プロジェクトの遂行に必要な作業を過不足なく洗い出すための活動（スコープマネジメントの計画，要求事項の収集，スコープ定義，WBS作成，スコープの妥当性確認，スコープコントロール）を行います。

スコープ定義

プロダクト（成果物）スコープと，
プロジェクト（作業）スコープがある

スコープ定義では，プロジェクトの要求事項をもとに，プロジェクトで作成すべき成果物やそれに必要な作業，また前提条件や制約条件，除外事項などをまとめ，プロジェクト・スコープ記述書に記述します。

こんな問題が出る！

プロジェクト・スコープ記述書に記述する項目

PMBOKガイド第6版によれば，プロジェクト・スコープ記述書に記述する項目はどれか。

ア　WBS
イ　コスト見積額
ウ　ステークホルダ分類
エ　プロジェクトからの除外事項

解答　エ

WBS作成

WBS作成では，プロジェクトで作成する成果物や必要な作業を<u>階層的に要素分解したWBS</u>（Work Breakdown Structure）を作成します。

WBSの最下位レベルの要素は，スケジュール，コスト見積り，監視・コントロールの対象となる単位です。これを**ワークパッケージ**といい，ワークパッケージはさらに具体的な作業である**アクティビティ**（p.310）に分解されます。

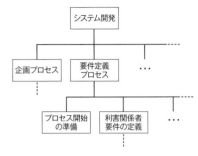

スコープコントロール

プロジェクトにおいて様々な理由によりスコープの拡張あるいは縮小の必要性が発生することは少なくありません。スコープコントロール・プロセスでは，認識された変更の必要性を検討した後，対応が必要な場合は<u>変更要求</u>を統合変更管理プロセスへ送り，確実に処理されるようコントロールします。<u>統合変更管理プロセス</u>とは，プロジェクト統合マネジメントのプロセスです。プロジェクトで発生するあらゆる変更に対する調整は，統合変更管理プロセスで行います。

こんな問題が出る！

スコープコントロールの活動に該当するもの

プロジェクトマネジメントにおける<u>スコープコントロール</u>の活動はどれか。

ア　開発ツールの新機能の教育が不十分と分かったので，開発ツールの<u>教育期間を2日間延長した。</u>＼ スケジュールの変更

イ　要件定義完了時に再見積もりをしたところ，当初見積もった開発コストを超過することが判明したので，<u>追加予算を確保した。</u>＼ コストの変更

ウ　連携する計画であった外部システムのリリースが延期になったので，この<u>外部システムとの連携に関わる作業は別プロジェクトで実施することにした。</u>
　　＼ スコープ内の作業をスコープ外に変更

エ　割り当てたテスト担当者が期待した成果を出せなかったので，<u>経験豊富なテスト担当者と交代した。</u>＼ 人的資源の変更

解答　ウ

プロジェクトマネジメント ....

プロジェクトの
スケジュールマネジメント

出題ナビ

プロジェクトスケジュールマネジメントの目的は，プロジェクトを所定の時期に完了させることです。スケジュールマネジメントでは，アクティビティを定義した後，アクティビティの順序設定，所要期間の見積りを行い，プロジェクトスケジュールを作成し，それをコントロールします。ここでは，スケジュールマネジメントで使用される主要な手法と，その関連用語を押さえておきましょう。

スケジュールマネジメントで使用される主要な手法

アクティビティ順序の設定

WBSのワークパッケージをさらに分割したものがアクティビティです。スケジュールマネジメントでは，「Aが完了してからBを行う」，「BとCは並行して行える」といったアクティビティ間の順序関係を確認し，これをアクティビティリストに整理します。そして，アクティビティリストをもとに，PERTやプレシデンスダイアグラム法などを用いて，アクティビティ間の論理的順序関係をアローダイアグラムなどのプロジェクトスケジュールネットワーク図にまとめます。

PERT

PERT図ともいう

PERT（Program Evaluation and Review Technique）は，各アクティビティ（以降，作業という）の先行後続関係をアローダイアグラムを用いて表現する技法です。PERTでは，作業の開始点および終了点を丸型のノードで表し，作業を矢線で表します。プロジェクト全体を構成する作業の順序・依存関係をアローダイアグラムに表すことにより，プロジェクト完了までの所要期間とクリティカルパスを明らかにします（p.314「こんな問題が出る！」参照）。

プロジェクト全体の遅れに直結する
最重要管理作業を結んだ経路のこと（p.312）

プレシデンスダイアグラム法

プレシデンスダイアグラム法（PDM：Precedence Diagramming Method）では，作業を箱型のノードで表し，順序・依存関係を矢線で表します。PERTでは，作業の順序関係をFS（先行作業が完了すると後続作業が開始できる）関係でしか表現できませんが，PDMでは，FS，FF，SS，SFの4つの関係で表現できます。また

リード（後続作業を前倒しに早める期間）とラグ（後続作業の開始を遅らせる期間）を適用することによって，順序関係をより正確に定義できるのが特徴です。

FS関係（終了－開始関係）	先行作業が完了すると後続作業が開始できる。
FF関係（終了－終了関係）	先行作業が完了すると後続作業も完了する。
SS関係（開始－開始関係）	先行作業が開始されると後続作業も開始できる。
SF関係（開始－終了関係）	先行作業が開始されると後続作業が完了する。

⌐ 使用されることはほとんどない

〔プレシデンスダイアグラム法の図例〕

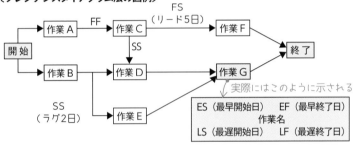

こんな問題が出る！

すべての作業を完了するのに必要な日数

図は，実施する3つのアクティビティについて，プレシデンスダイアグラム法を用いて，依存関係及び必要な作業日数を示したものである。全ての作業を完了するのに必要な日数は最少で何日か。

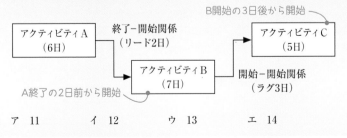

ア 11　　　　　　イ 12　　　　　　ウ 13　　　　　　エ 14

解答 イ

5 マネジメント系

アクティビティ所要期間見積り

　各作業を完了するために必要な所要期間を見積もる代表的な手法は，次のとおりです。なお，所要期間を見積もる際，スケジュールの不確実性を補うために，予備期間を設けます。この予備期間のことをコンティンジェンシー予備といいます。押さえておきましょう。

類推見積法	過去の類似作業の実所要期間を参考に見積もる。
係数見積法	過去のデータとその他の変数との統計的関係を使って算出した，単位作業当たりの基準値や，作業係数をもとに見積もる。パラメトリック見積法ともいう。
三点見積法	悲観値，最頻値，楽観値の3つの値を用いて見積もる。 三点見積値 ＝（悲観値×1＋最頻値×4＋楽観値×1）÷6

クリティカルパス法

　クリティカルパスとは，プロジェクト全体の遅れに直結する最重要管理作業を結んだ経路のことです。言い換えれば，プロジェクトの所要期間を決定する作業を連ねた経路がクリティカルパスです。クリティカルパス法（CPM：Critical Path Method）では，このクリティカルパスによってスケジュールを管理します。

クリティカルチェーン法

　クリティカルチェーン法は，作業の依存関係だけでなく資源の依存関係も考慮して，資源の競合が起きないようにスケジュールを管理する方法です。クリティカルチェーン法において，プロジェクトの所要期間を決めている作業を連ねた経路をクリティカルチェーンといい，資源の競合がない場合は，「クリティカルチェーン＝クリティカルパス」となります。

ガントチャート

　ガントチャートは，縦軸に作業，横軸に時間（期間）をとり，作業ごとに実施予定期間と実績を横型棒グラフで表していく図表です。作業開始と作業終了の予定と実績や，仕掛かり中の作業などが容易に把握できます。

　しかし，作業間の関連性や順序関係は表現できないため，作業遅れによる他の作業への影響の具合は把握できません。

作業（タスク，アクティビティ）あるいは資源

	第1週	第2週	第3週	第4週
要件定義				
機能設計	実績			
詳細設計				

各作業の実施予定期間

プロジェクト所要期間の短縮方法

クラッシング

クリティカルパス上の作業を1日短縮することによって，プロジェクト全体の所要期間が1日短縮できます。クラッシングとは，クリティカルパス上の作業に追加資源を投入することにより，プロジェクトスコープを変えることなく，プロジェクトの所要期間を短縮する方法です。

一般には短縮費用（追加資源の投入にかかる費用）が一番安い作業を短縮しますが，2日短縮したからといってプロジェクト所要期間が2日短縮できるとも限りません。これは，クラッシングにより，他の経路がクリティカルパスになる場合があるからです。したがって，次の手順でクラッシングを行います。

〔プロジェクト所要期間を短縮する手順〕

1. クリティカルパス上の作業を1日短縮する。
2. クリティカルパスを再検討する。
3. 1と2の操作を目標の短縮日数まで繰り返す。

ファストトラッキング

ファストトラッキングは，順を追って実行する作業を並行して行うことによって，プロジェクトの所要期間を短縮する方法です。例えば，「全体の設計が完了する前に，仕様が固まっているモジュールを開発する」ことで，プロジェクト全体の所要期間を短縮します。

5
マネジメント系

 こんな**問題が出る！**

アクティビティに資源を追加投入して短縮を図る技法

プロジェクトのスケジュールを短縮するために，アクティビティに割り当てる資源を増やして，アクティビティの所要期間を短縮する技法はどれか。

ア　クラッシング　　　　　　　イ　クリティカルチェーン法
ウ　ファストトラッキング　　　エ　モンテカルロ法

解答　ア

クリティカルパスを求める

プロジェクトのスケジュールマネジメントのために次のアローダイアグラムを作成した。クリティカルパスはどれか。余裕がない作業(最重要管理作業)を連ねた経路

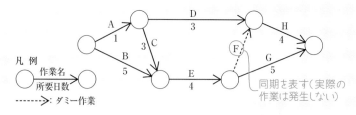

ア A→C→E→G　　イ A→D→H　　ウ B→E→F→H　　エ B→E→G

解説 **各結合点における最早結合点時刻と最遅結合点時刻から，余裕のない結合点を結び，クリティカルパスを求める**

　最早結合点時刻とは，「作業が最も早く開始できる時刻(日)」。最遅結合点時刻とは，「作業を遅くとも開始しなければいけない時刻(日)」のことです。

　クリティカルパスは，余裕がない作業(最重要管理作業)を連ねた経路なので，各結合点における最早結合点時刻と最遅結合点時刻の差が0(ゼロ)となる，余裕のない結合点を結ぶことで求められます。つまり，「**B→E→G**」がクリティカルパスとなります。

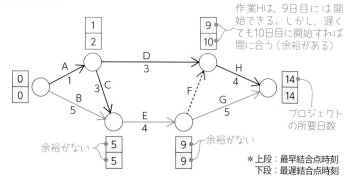

解答　エ

確認のための**実践問題**

あるプロジェクトでは，図に示すとおりに作業を実施する予定であったが，作業Aで1日の遅れが生じた。各作業の費用増加率を表の値とするとき，当初の予定日数で終了するために発生する追加費用を最も少なくするには，どの作業を短縮すべきか。ここで，費用増加率とは作業を1日短縮するのに要する増加費用のことである。

作業	費用増加率
A	4
B	6
C	3
D	2
E	2.5
F	2.5
G	5

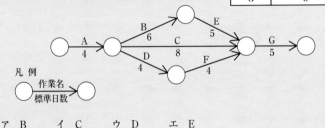

凡例

○ 作業名 ○
標準日数

ア B　　イ C　　ウ D　　エ E

解説 **クリティカルパス上の作業を1日短縮する**

クリティカルパス上の作業を1日短縮することで，プロジェクトの所要日数を1日短縮することができます。つまり作業Aで生じた1日の遅れを最小追加費用で取り戻すためには，クリティカルパス上の作業で，費用増加率が一番少ない作業を1日短縮します。

クリティカルパスは，「A→B→E→G」です。このクリティカルパス上の作業B, E, G（Aは作業済み）のうち，費用増加率が最も少ない作業はEなので，**作業E**を1日短縮します。

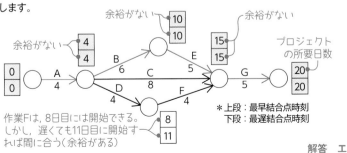

＊上段：最早結合点時刻
　下段：最遅結合点時刻

解答　エ

5
マネジメント系

プロジェクトマネジメント

プロジェクトの
コストマネジメント (1)

出題ナビ

プロジェクトコストマネジメントの目的は，決められた予算内で
プロジェクトを完了させることです。そのため，コストマネジメン
トでは，コストを見積り，予算を設定し，そして進捗状況を監視し
てコストを管理する (コストコントロール) といった活動を行いま
す。ここでは，コストコントロールのパフォーマンス管理に用いら
れる代表的な手法 (EVM) を確認しておきましょう。

 ## コスト・パフォーマンス管理

EVM (アーンドバリューマネジメント)

EVM (Earned Value Management) は，プロジェクトの進捗を出来高 (成
果物) の価値によって定量化し，プロジェクトの現在および今後の状況を評価する
手法です。EVMでは，PV (Planned Value：出来高計画値)，EV (Earned
Value：出来高実績値)，AC (Actual Cost：実コスト) の3つの指標をもとに，
スケジュールの遅れやコストの超過など，現在のプロジェクトの状況を評価します。

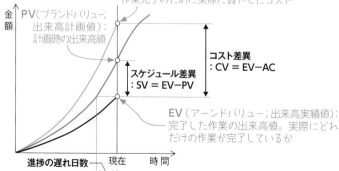

例えば，完成時総予算 (BAC：Budget At Completion)が100万円である場合，
プロジェクト期間の50%を経過した時点でのPV (出来高計画値) は，完成時総予
算の50%である50万円です。このとき，実際に完了した作業が全体の40% (進捗

40%）であれば，EV（出来高実績値）は40万円です。また，全体の40%の作業を完了するのに60万円かかったとすると，AC（実コスト）は60万円です。

「EV－PV」で表される値を**スケジュール差異（SV）**といい，この場合のSVは「40－50<0」なので，スケジュールに遅延が発生していると判断します。

また，「EV－AC」で表される値を**コスト差異（CV）**といい，CVは「40－60<0」なので，コストが超過していると判断します。

〔EVMの評価値〕

① **CV（Cost Variance：コスト差異）= EV－AC**
　・CV≧0：コストが超過していない（予算内に収まっている）。
　・CV<0：コストが超過している。

② **SV（Schedule Variance：スケジュール差異）= EV－PV**
　・SV≧0：スケジュールどおり，またはスケジュールより進捗が進んでいる。
　・SV<0：スケジュールに遅延が発生している。

③ **CPI（Cost Performance Index：コスト効率指数）= EV÷AC**
　・CPI≧1：予定どおり，または少ないコストで実績値を生み出すことができた。
　・CPI<1：実績値に対してコストが多くかかった。

④ **SPI（Schedule Performance Index：スケジュール効率指数）= EV÷PV**
　・SPI≧1：計画どおり，または計画よりも作業が早く進んでいる。
　・SPI<1：作業が遅れている。

こんな問題が出る！

EV－PVの値が負であるときの状況

　システム開発のプロジェクトにおいて，EVMを活用したパフォーマンス管理をしている。開発途中のある時点でEV－PVの値が負であるとき，どのような状況を示しているか。
　　　　　　　　　— スケジュール差異

ア　スケジュール効率が，計画より良い。

イ　プロジェクトの完了が，計画より遅くなる。

ウ　プロジェクトの進捗が，計画より遅れている。

エ　プロジェクトの進捗が，計画より進んでいる。

解答　ウ

マネジメント系
5

プロジェクト完成時の総コストと残作業コストの見積り

プロジェクトにおいて，現在のコスト効率が今後も続く場合，プロジェクト完成時の予測総コスト（**EAC**：Estimate At Completion，**完成時総コスト見積り**），および現時点からプロジェクトが完成するまでの残作業に必要なコスト（**ETC**：Estimate To Complete）は，次のように求めます。

> **EAC** = 実コスト＋（完成時総予算－アーンドバリュー）÷コスト効率指数
>
> = AC＋（BAC－EV）÷ CPI ⟵ EV÷AC
>
> **ETC** = 完成時総コスト見積り－実コスト
>
> = EAC－AC

プロジェクト完了時点におけるPV

例えば，プロジェクト完成時の予算（完成時総予算：BAC）が4千万円，予定期間が1年の開発プロジェクトにおいて，半年が経過した時点でのEVが1千万円，PVが2千万円，ACが3千万円であるケースを考えます。このとき，プロジェクトが今後も同じコスト効率で実行されるなら，完成時の予測総コスト（EAC），および残作業コスト（ETC）は，次のとおりです。

コスト効率指数（CPI）= EV÷AC

EAC = 3＋（4－1）÷（1÷3）= 12［千万円］
ETC = 12－3 = 9［千万円］

分数で考えるとこんな式になる

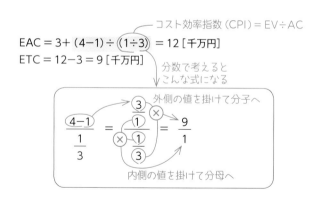

外側の値を掛けて分子へ

$$\frac{4-1}{\dfrac{1}{3}} = \frac{\dfrac{3}{1}}{\dfrac{1}{3}} = \frac{9}{1}$$

内側の値を掛けて分母へ

トレンドチャート

トレンドチャートは，システム開発をするときの費用管理と進捗管理を同時に行うための1つの手法です。グラフの横軸に開発期間（工期），縦軸に費用あるいは予算消化率をとり，予定される費用と進捗を点線で表し，作業の節目となる**マイルストーン**を記入します。そして，それに対する実績をプロットしていき，マイルストーンの時点での予定と実績の比較を行います。

318

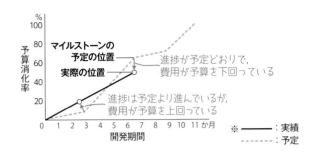

図中テキスト:
- 予算消化率
- マイルストーンの予定の位置
- 実際の位置
- 進捗が予定どおりで，費用が予算を下回っている
- 進捗は予定より進んでいるが，費用が予算を上回っている
- 開発期間
- ※ ―――：実績
- - - - - - ：予定

こんな問題が出る!

完成時総コスト見積り (EAC)の算出

　ある組織では，プロジェクトのスケジュールとコストの管理にアーンドバリューマネジメントを用いている。期間10日間のプロジェクトの，5日目の終了時点の状況は表のとおりである。この時点でのコスト効率が今後も続くとしたとき，完成時総コスト見積り (EAC)は何万円か。

CPI(コスト効率指数)のこと

管理項目	金額 (万円)
完成時総予算 (BAC)	100
プランドバリュー (PV)	50
アーンドバリュー (EV)	40
実コスト (AC)	60

ア　110　　　　イ　120　　　　ウ　135　　　　エ　150

解説 EACを求める式に，与えられた値を当てはめる

　問題文に与えられたそれぞれの値を，左ページのEACを求める式に代入し計算すると，完成時総コスト見積り (EAC)は，次のようになります。

$$EAC = 60 + (100 - 40) \div (40 \div 60)$$
$$= 60 + 60 \div (40 \div 60)$$
$$= 60 + \frac{60}{\frac{40}{60}} = 60 + \frac{60 \times 60}{40} = 150 \,[\text{万円}]$$

解答　エ

5
マネジメント系

プロジェクトマネジメント

05 プロジェクトの コストマネジメント (2)

出題ナビ　プロジェクトコストマネジメントでは，ソフトウェア（システム）のコストを見積もるため，まずその開発規模や開発工数（所要工数）を見積もります。

ここでは，ファンクションポイントやCOCOMOなど，代表的な見積もり手法とその特徴を押さえておきましょう。また，開発規模と開発工数の関係（特にグラフ）も確認しておきましょう。

開発規模・開発工数の見積手法

ファンクションポイント法　　プロジェクトの比較的初期から適用できる

ファンクションポイント法 は，システムの外部仕様の情報からそのシステムの機能の量を算定し，それをもとにシステムの開発規模を見積もる手法です。

具体的には，まず帳票や画面，ファイルなど，システムがユーザに提供する機能を，5つの要素（ファンクションタイプ）に分類し，ファンクションタイプごとに計算される「個数×複雑さによる重み係数」の合計値を求めます。次に，その合計値にソフトウェアの複雑さや特性に応じて算出される 補正係数を乗じてファンクションポイントを算出します。

「調整前ファンクションポイント」という

〔例〕補正係数0.75　　　　　　　　　　　　　　　複雑さによる重み係数

ファンクションタイプ	個数	重み付け係数	
外部入力	1	4	1×4＝4
外部出力	2	5	2×5＝10
内部論理ファイル	1	10	1×10＝10
外部インタフェースファイル	0	7	0×7＝0
外部照会	0	4	0×4＝0
			㉔

ファンクションポイント＝24× 0.75 ＝18 [FP]
　　　　　　　　　　　　　　└ 補正係数　　└ 調整前
　　　　　　　　　　　　　　　　　　　　　　ファンクションポイント

〔ファンクションポイント法の利点〕
・開発に用いるプログラム言語に依存しない。
・ユーザとのコンセンサス（合意）をとりやすい。

COCOMO

単位はk行

COCOMO (COnstructive COst MOdel) は，ソフトウェアの規模 (プログラムの行数：KLOC) を基準に，見積り対象の難易度や開発要員の構成・能力などを考慮して，開発工数や開発期間を算出する見積りモデルです。開発規模がわかっていることを前提としたモデルであり，COCOMOの使用には，自社における生産性に関する，蓄積されたデータが必要です。

見積りレベルには，プログラムの行数だけで見積もる初級COCOMO，開発特性 (コスト誘因) を加味して見積もる中級COCOMO，さらに詳細な見積もりを行う上級COCOMOがあります。次の式は，初級COCOMOで使用される見積式の1つです。

「基本COCOMO」ともいう

単位は人月 〜 開発工数 $E = 3.0 \times (KLOC)^{1.12}$

開発期間 $D = 2.5 \times E^{0.35}$

その他の見積手法

標準タスク法	WBS (p.309)にもとづいて，成果物単位や作業単位に工数を見積もり，ボトムアップ的に積み上げていく方法。**ボトムアップ見積法**の1つ。
プログラムステップ法	ソフトウェアを構成するプログラムの全ステップ数をもとに，開発規模を見積もる方法。**LOC (Lines Of Code)法**ともいう。
類推見積法	開発の専門家が，過去の経験から類推してソフトウェアの規模を見積もる方法。**デルファイ法**によってその見積り値を収束していく。

こんな問題が出る！

ファンクションポイント法の正しい記述

ソフトウェア開発の見積りに使われる ファンクションポイント法 に関する記述として，適切なものはどれか。

ア　ソースプログラムの行数を基準に，アルゴリズムの複雑さを加味して，ソフトウェアの開発期間を見積もる。〜 プログラムステップ法

イ　ソフトウェアの規模を基準に，影響要因を表す補正係数を使って，ソフトウェアの開発工数とコストを見積もる。〜 COCOMO

ウ　単位規模当たりの潜在バグ数を予測することによって，ソフトウェアの品質を見積もる。

エ　帳票数，画面数，ファイル数などのデータを基に，システム特性を考慮して，ソフトウェアの規模を見積もる。　〜決め手はココ！

解答　エ

開発規模と開発工数

開発規模と開発工数の関係

　開発規模が増加すると，開発工数は指数関数的に増加します（規模が大きくなるほど工数の増加率が高い）。これは，開発規模が大きくなると生産性が急激に低下することを意味します。開発規模と開発工数，および開発規模と生産性の関係を表すグラフは，およそ次のようになります。

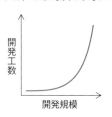

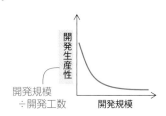

開発規模
÷開発工数

 こんな問題が出る！

開発規模（L＝10）の生産性を求める

　あるソフトウェア開発部門では，開発工数E（人月）と開発規模L（キロ行）との関係を，$E = 5.2L^{0.98}$ としている。L＝10としたときの生産性（キロ行／人月）は，およそいくらか。

ア　0.2　　　　　　イ　0.5　　　　　　ウ　1.9　　　　　　エ　5.2

解説　生産性は「開発規模÷開発工数」で求められる

　生産性の単位は，"キロ行／人月"です。このことからわかるように，生産性は，「開発規模÷開発工数」で計算できます。

　本問の場合，開発規模(L) = 10，開発工数(E) = $5.2L^{0.98}$なので，

　　生産性 = L÷E = $10 \div (5.2 \times 10^{0.98})$

です。ここで，「$10^{0.98}$って，どう計算するの？」と悩まないでください。問題文に，「およそいくらか」とあるので，$10^{0.98}$を10^1として計算しましょう。つまり，本問の生産性は，$10 \div (5.2 \times 10^{0.98}) \fallingdotseq 10 \div (5.2 \times 10^1) = 0.1923\cdots$

となり，およそ**0.2**です。

解答　ア

こんな**問題が出る!**

全体の生産性を求める

工程別の生産性が次のとき，全体の生産性を表す式はどれか。

設計工程
　:X ステップ／人月

製造工程
　:Y ステップ／人月

試験工程
　:Z ステップ／人月

ア　$X+Y+Z$

イ　$\dfrac{X+Y+Z}{3}$

ウ　$\dfrac{1}{X}+\dfrac{1}{Y}+\dfrac{1}{Z}$

エ　$\dfrac{1}{\dfrac{1}{X}+\dfrac{1}{Y}+\dfrac{1}{Z}}$

解説 **総ステップ数 (開発規模)をNとして考える**

1. まず，総ステップ数をNとしたときの総人月数 (工数) を求める

総人月数(工数) = 設計工程の工数 + 製造工程の工数 + 試験工程の工数

$$= \frac{N}{X} + \frac{N}{Y} + \frac{N}{Z} \ [人月]$$

2. 次に，「総ステップ数N ÷ 総人月数 (工数)」で生産性を算出する

$$\frac{N}{\dfrac{N}{X} + \dfrac{N}{Y} + \dfrac{N}{Z}} = \frac{1}{\dfrac{1}{X} + \dfrac{1}{Y} + \dfrac{1}{Z}} \ [ステップ／人月]$$

分母分子をNで割る（分母分子に1／Nを掛ける）

〔例〕　総ステップ数が12,000ステップの場合，

　　　　　設計工程：300ステップ／人月
　　　　　製造工程：600ステップ／人月
　　　　　試験工程：400ステップ／人月

　　　なら，

　　　　　設計工程の人月 (工数)＝12,000／300＝4人月
　　　　　製造工程の人月 (工数)＝12,000／600＝2人月
　　　　　試験工程の人月 (工数)＝12,000／400＝3人月
　　　　　総人月数 (工数)＝4+2+3＝9人月
　　　　　全体の生産性＝12,000／9 [ステップ／人月]

解答　**エ**

5

マネジメント系

プロジェクトの品質およびリスクのマネジメント

出題ナビ

品質マネジメントは，要求された品質を保証・確保するための一連の活動です。リスクマネジメントは，プロジェクトに関するリスクを特定・分析し，対応を計画・実行し，継続的にリスクを監視するための一連の活動です。ここでは，品質マネジメントを効果的・効率的に実施するために利用される主なツールと，リスクマネジメントにおける脅威および好機への戦略を確認しておきましょう。

 品質マネジメント

品質マネジメントで利用されるツール

品質マネジメントで利用される主なツールは，次のとおりです。

管理図	観測値の時間経過に伴う推移を示す図。観測値の変動が許容範囲内かどうかの判断に用いる。許容範囲の上方管理限界と下方管理限界は，中央値（平均値）の±3×標準偏差に設定される。
特性要因図	原因と問題の関連を体系的にまとめた図。問題に対してどの原因が影響しているのか，問題の本質を検討するのに用いる。
パレート図	問題発生の原因を発生頻度順に並べた棒グラフと，その累積比率を示した図。問題の大半（70〜80%）を占める，対処すべき原因を絞り込むために用いる。
散布図	2つの変数（要素）間の関係を示す図。一方の変数の変化が，他方の変数の変化と，どのように関係するかの確認のために用いる。

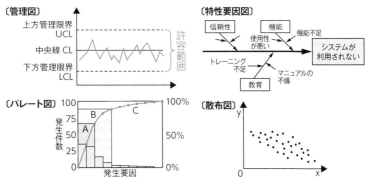

〔管理図〕

上方管理限界 UCL
中央線 CL
下方管理限界 LCL
許容範囲

〔特性要因図〕

信頼性　機能　機能不足
使用性が悪い
トレーニング不足
教育
マニュアルの不備
システムが利用されない

〔パレート図〕
発生件数
発生要因

〔散布図〕

 リスクマネジメント

プロジェクトのリスクへの戦略

リスクに優先順位を付ける

リスクマネジメントの活動は,「リスクマネジメント計画→リスク特定→**定性的リスク分析**→定量的リスク分析→**リスク対応計画**→リスク対応実行→リスク監視」の順で行われます。リスク対応計画では,プロジェクトにマイナスとなるリスク(脅威)を低減させ,プラスとなるリスク(好機)を増大させる対応策を検討します。

脅威および好機への対応戦略は,次のとおりです。

リスクの影響を算出する

脅威への戦略	回避	リスクの発生要因を取り除いたり,リスクの影響を避けるためにプロジェクト計画を変更する。
	転嫁	リスクの影響や,責任の一部または全部を第三者へ移す。例えば,保険をかけたり,保証契約を締結するといった,主に財務的な対応戦略をとる。
	軽減	リスクの発生確率と,発生した場合の影響度を許容できる程度まで低減する。
	受容	リスクの軽減や回避を行わない。リスクが発生した時点で対処する。
好機への戦略	活用	好機を確実に実現できるよう対応をとる。
	共用	好機を得やすい能力の最も高い第三者と組む。
	強化	好機の発生確率やプラスの影響を増大・最大化させる対応をとる。
	受容	特に対応を行わない。

 こんな問題が出る!

問1 問題の原因判明に使用される図

プロジェクトで発生している品質問題を解決するに当たって,図を作成して原因の傾向を分析したところ,発生した問題の80%以上が少数の原因で占められていることが判明した。作成した図はどれか。

ア 管理図　　　イ 散布図　　　ウ 特性要因図　　　エ パレート図

問2 脅威と好機のどちらにも採用される戦略

PMBOKガイド第6版によれば,脅威と好機の,どちらに対しても採用されるリスク対応戦略として,適切なものはどれか。

ア 回避　　　イ 共有　　　ウ 受容　　　エ 転嫁

解答　問1:エ　問2:ウ

サービスマネジメント

出題ナビ

サービスマネジメントとは，価値を提供するため，サービスの計画立案，設計，移行，提供および改善のための組織の活動を，指揮・管理する一連の活動のことです。ここでは，サービスマネジメント規格のJIS Q 20000-1を中心に，サービスマネジメントを構成する主要な管理プロセスを確認するとともに，現在，事実上の世界標準となっているITILの概要も確認しておきましょう。

サービスマネジメントシステム

JIS Q 20000-1 (サービスマネジメントシステム要求事項)

JIS Q 20000-1は，国際規格であるISO/IEC 20000をもとに作成された日本産業規格で，サービスマネジメントシステム (SMS) を確立，実施，維持し，継続的に改善するための組織 (サービス提供者) に対する要求事項を規定したものです。

JIS Q 20000-1に示されるサービスマネジメントシステム要求事項は，下図に示す①～⑦の7箇条から構成されています。サービスマネジメントシステムおよびサービスのあらゆる場面でPDCAの適用を要求しているのが特徴です。

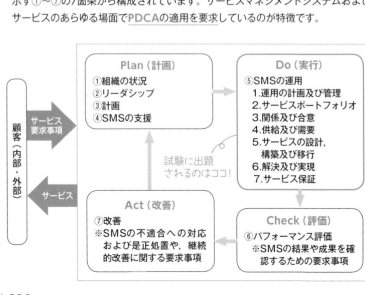

Plan (計画)
①組織の状況
②リーダシップ
③計画
④SMSの支援

Do (実行)
⑤SMSの運用
1.運用の計画及び管理
2.サービスポートフォリオ
3.関係及び合意
4.供給及び需要
5.サービスの設計，構築及び移行
6.解決及び実現
7.サービス保証

試験に出題されるのはココ!

Act (改善)
⑦改善
※SMSの不適合への対応および是正処置や，継続的改善に関する要求事項

Check (評価)
⑥パフォーマンス評価
※SMSの結果や成果を確認するための要求事項

顧客 (内部・外部)
サービス要求事項
サービス

サービスマネジメントシステム(SMS)の運用

SMSの運用

　サービスマネジメントシステムの運用 (左ページ図の⑤) は, 7つの細分箇条から構成されています。各細分箇条にはそれぞれいくつかのプロセスが規定されていますが, ここでは, 試験で出題される主要なプロセスを確認しておきましょう。

構成管理 ──「サービスポートフォリオ」のプロセス

　構成管理は, サービスに関連する構成情報を管理するプロセスです。構成情報とは, CI (Configuration Item : 構成品目) の種類を定義し, 記録したものです。構成情報における規定は, 次のとおりです。

〔構成情報における主な規定〕
・定められた間隔で正確性を検証し, 欠陥が発見された場合は必要な処置をとる。
・必要に応じて構成情報を他のサービスマネジメント活動で利用可能とする。
・構成情報の完全性維持のため, CIの変更は追跡・検証可能でなければならない。
・CIの変更の展開に伴って, 構成情報を更新する。

 こんな問題が出る!

構成管理プロセスの活動

　JIS Q 20000-2:2013 (サービスマネジメントシステムの適用の手引) によれば, 構成管理プロセスの活動として, 適切なものはどれか。

　　　　　　　　　　　　　　　　サービスの予算業務及び会計業務
ア　構成品目の総所有費用及び総減価償却費用の計算

イ　構成品目の特定, 管理, 記録, 追跡, 報告及び検証, 並びにCMDBでの
　CI情報の管理　　　　　　　　「Configuration Management
　　　　　　　　　　　　Database(構成管理データベース)」の略

ウ　正しい場所及び時間での構成品目の配付　── リリース及び展開管理

エ　変更管理方針で定義された構成品目に対する変更要求の管理 ──
　　　　　　　　　　　　　　　　　　　　　　　　　変更管理

解答　イ

サービスレベル管理　「関係及び合意」のプロセス

　サービスレベル管理（**SLM**：Service Level Management）は，サービスレベルを定義し，合意し，記録および管理するプロセスです。サービスレベル管理の主な活動は，次のとおりです。

〔サービスレベル管理の主な活動〕
・提供する各サービスについて，サービスの要求事項にもとづき1つ以上の**SLA**（Service Level Agreement：**サービスレベル合意書**）を顧客と合意する。
・SLAには，サービスレベル目標，作業負荷の限度および例外を含める。
・あらかじめ定めた間隔でサービスレベル目標に照らしたパフォーマンスやSLAの作業負荷限度と比較した実績，周期的な変化を監視し，レビューし，報告する。
・サービスレベル目標が達成されていない場合は，改善のための機会を特定する。

こんな問題が出る!

サービスレベル管理プロセスの活動

　ITサービスマネジメントにおけるサービスレベル管理プロセスの活動はどれか。

　　　　　　　　　　　　　　　　　サービスの予算業務及び会計業務
ア　ITサービスの提供に必要な予算に対して，適切な資金を確保する。

イ　現在の資源の調整と最適化，及び将来の資源要件に関する予測を記載した計画を作成する。　容量・能力管理

ウ　災害や障害などで事業が中断しても，要求されたサービス機能を合意された期間内に確実に復旧できるように，事業影響度の評価や復旧優先順位を明確にする。　サービス継続管理

エ　提供するITサービス及びサービス目標を特定し，サービス提供者が顧客との間で合意文書を交わす。

解答　エ

サービスの予算業務及び会計業務　「供給及び需要」のプロセス

　サービスの予算業務及び会計業務は，財務管理の方針や，そのプロセスに従って行われる，サービスの予算や会計に関する業務プロセスです。サービスに対して効果的な財務管理や意思決定ができるように費用を予算化し，あらかじめ定めた間隔で，予算に照らして実際の費用を監視・報告し，財務予測をレビューします。

　サービスの予算業務及び会計業務プロセスに関しては，次の2つが出題されています。押さえておきましょう。

TCO	Total Cost of Ownership（総所有費用）の略。システム導入から運用管理，ヘルプデスクや利用者教育など，すべてを含んだ総コスト。
逓減課金方式	システムの使用単位当たりの課金額を，使用量が増えるに従って段階的に減らしていく方式。試験では，コンピュータシステムの利用に対する課金を逓減課金方式にしたときのグラフ（右図）が問われる。 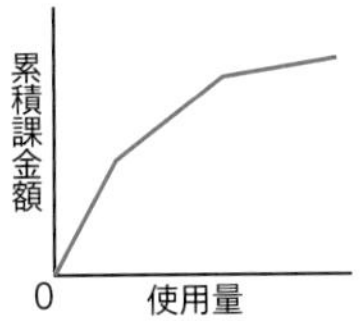

容量・能力管理

「供給及び需要」のプロセスで，「キャパシティ管理」のこと

　容量・能力管理は，サービスに対する需要にもとづいた現在および将来の予測と，サービス可用性やサービス継続に関して合意したサービスレベル目標に対して予測される影響を考慮して，資源の容量・能力を計画し，提供するプロセスです。主な管理指標には，CPU使用率，メモリ使用率，ディスク使用率，ネットワーク使用率，応答時間などがあります。

変更管理

「サービスの設計，構築及び移行」のプロセス

　変更管理は，すべての変更を制御された方法で，「分類，評価，変更要求（RFC）の承認，変更の展開」を行うプロセスです。変更要求を記録，分類した後，下記に示す活動を行います。

「Request For Change」の略

〔変更管理の主な活動〕

・リスク，事業利益，実現可能性，財務影響などを考慮して，変更要求の承認および優先度を決定する。
・承認された変更を計画し，開発（構築）および試験する。
・成功しなかった変更を元に戻す，あるいは修正する活動を計画し，試験する。
・試験された変更を，リリース及び展開管理に送り，稼働環境に展開する。

「サービスの設計，構築及び移行」のプロセス。稼働環境への展開について計画し，実施する

　なお，重大な変更の場合，変更要求はCAB（Change Advisory Board：変更諮問委員会）にかけられ，変更要求の分析・評価，ならびに優先度付けや変更実施の許可が決定される場合があります。午後問題で，CABの役割が問われることがあるので押さえておきましょう。

5 マネジメント系

インシデント管理

インシデントとは，サービスに対する計画外の中断，またはサービス品質を低下させるすべての事象のことです（顧客や利用者へのサービスにまだ影響していない事象も含む）。 ┌─「解決及び実現」のプロセス

インシデント管理では，インシデントを記録，分類し，影響や緊急度を考慮して優先度付けを行います。そして，必要であれば **エスカレーション** し解決します。また，とった処置とともにインシデントの記録を更新します。

より専門的な知識を有する人や部署に解決を委ねること

インシデント管理では，インシデントの原因究明ではなくサービスの回復に主眼をおくことに注意してください。例えば，「特定の入力操作が拒否される」といったインシデントの解決策が不明確な場合，インシデント管理では，別の入力操作を伝えるなどの回避策（**ワークアラウンド**という）を提示し，原因の究明は問題管理が行います。

問題管理 ┌─「解決及び実現」のプロセス

問題とは，1つ以上の実際に起きた，または潜在的なインシデントの原因のことです。**問題管理**では，問題を特定するために，インシデントのデータや傾向を分析し，根本原因の究明を行います。そして，インシデントの発生や再発を防止するための考え得る処置を決定します。問題管理の主な活動は，次のとおりです。

〔**問題管理の主な活動**〕
・問題を記録，分類し，優先度付けを行う。
・必要であればエスカレーションし，可能であれば解決する。
・とった処置とともに問題の記録を更新する。
・根本原因が特定されたが問題が恒久的に解決されていない場合，問題がサービスに及ぼす影響を低減または除去するための処置を決定する。
・既知の誤りを記録する。また，既知の誤りおよび問題解決に関する最新の情報を，必要に応じて他のサービスマネジメント活動で利用できるようにする。

ここで，**既知の誤り**とは，根本原因が特定されているか，またはサービスへの影響を低減もしくは除去する方法がある問題のことです。既知の誤りが記録されるデータベースを**KEDB**（Known Error DataBase：**既知のエラーデータベース**）といい，KEDBは，インシデント管理やサービス要求管理において，新たに発生した問題が既知の誤りかどうかの確認に用いられます。

サービス可用性管理 と サービス継続性管理

サービス可用性管理と，サービス継続性管理は「サービス保証」のプロセスです。

サービス可用性管理では，あらかじめ合意された時点または期間にわたって，要求されたサービスの可用性を監視し，維持します。

サービス継続管理では，サービスを中断なしに，または合意した可用性を一貫して提供するために，**サービス継続計画**を作成し，実施，維持します。

なお，**BCM**（Business Continuity Management：事業継続マネジメント）で作成される組織全体での**BCP**（Business Continuity Plan：事業継続計画）は，地震などの大規模災害を想定することが多いですが，サービス継続計画は，より局所的・小規模なリスクも考慮し策定されます。ここで，**BCP**とは，事業の中断・阻害に対応し，事業を復旧，再開し，あらかじめ定められた事業の許容水準に復旧するように導く計画のことです。

こんな問題が出る！

問1　インシデント管理で行うこと

ITサービスマネジメントの活動のうち，**インシデント管理及びサービス要求管理**として行うものはどれか。　「解決及び実現」のプロセス。
利用者からの要求一般を解決する

ア　サービスデスクに対する顧客満足度が合意したサービス目標を満たしているかどうかを評価し，改善の機会を特定するためにレビューする。
サービスレベル管理

イ　ディスクの空き容量がしきい値に近づいたので，対策を検討する。
容量・能力管理

ウ　プログラムを変更した場合の影響度を調査する。　変更管理

エ　利用者からの障害報告を受けて，既知の誤りに該当するかどうかを照合する。

問2　問題管理プロセスの活動

ITサービスマネジメントにおける問題管理プロセスの活動はどれか。

ア　根本原因の特定　　　　　　　イ　サービス要求の優先度付け
ウ　変更要求の記録　　　　　　　エ　リリースの試験

解答　問1：エ　問2：ア

5

マネジメント系

サービスマネジメントのフレームワークITIL

ITIL（Information Technology Infrastructure Library）は，現在，デファクトスタンダードとして世界で活用されている<u>サービスマネジメントのフレームワーク</u>です。ITIL v3および **ITIL 2011 edition**（ITIL v3のupdate版）では，ITサービスのライフサイクル「戦略→実行→改善」を5つのフェーズ（下図の①～⑤）に分類し，各フェーズごとに実行プロセスを編成しています。試験では，各フェーズの概要と，その順番が問われます。押さえておきましょう。

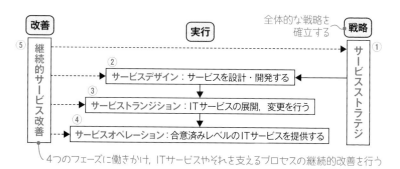

サービスデスク

ITIL 2011 editionでよく出題されるのがサービスデスクです。**サービスデスク**とは，ITサービスの利用者からの問合せやクレーム，障害報告などを受ける<u>単一の窓口機能</u>です。受け付けた事象を適切な部署へ引き継いだり，対応結果の記録および記録の管理などを行います。次の4つの形態を押さえておきましょう。

中央サービスデスク	サービスデスクを1拠点または少数の場所に集中した形態。
ローカルサービスデスク	サービスデスクを利用者の近くに配置する形態。
バーチャルサービスデスク	通信技術を利用することによって，サービス要員が複数の地域や部門に分散していても，単一のサービスデスクがあるようにサービスを提供する形態。
フォロー・ザ・サン	時差がある分散拠点にサービスデスクを配置する形態。各サービスデスクが連携してサービスを提供することにより24時間対応のサービスが提供できる。

試験での出題が多い

ITIL4

ITIL v2, ITIL v3 および ITIL 2011 edition

　ITIL4は，これまでのITILとは基本概念が大きく異なります。ITIL v2とITIL v3が対象とするのは，IT技術者や専門家がビジネス（ITの利用者）に提供する"ITサービス"です。これに対してITIL4では，様々な"IT対応サービス"を対象とし，組織が，今日のディジタル時代に必要とされる新しい業務の進め方を採用するための支援基盤を提供するフレームワークになっています。

確認のための実践問題

　ITIL 2011 editionによれば，7ステップの改善プロセスにおけるa, b及びcの適切な組合せはどれか。

〔7ステップの改善プロセス〕

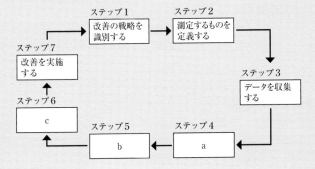

	a	b	c
ア	情報とデータを分析する	情報を提示して利用する	データを処理する
イ	情報とデータを分析する	データを処理する	情報を提示して利用する
ウ	データを処理する	情報とデータを分析する	情報を提示して利用する
エ	データを処理する	情報を提示して利用する	情報とデータを分析する

解説　情報とは，収集したデータを処理して使えるようにしたもの

　収集したデータを処理して，何らかの意味（ある特定の目的について，適切な判断を下したりするために必要となる知識）を付加したものが情報です。このことから，空欄a, b, cは順に「データ処理，分析，情報提示」に該当するものが入ります。つまり，選択肢ウが正解です。

解答　ウ

システム監査

出題ナビ

システム監査とは、専門性と客観性を備えたシステム監査人が、一定の基準にもとづいて情報システムを総合的に点検および評価し、情報システムのガバナンス、マネジメント、コントロールが適切に機能していればそれを保証し、問題があれば助言および勧告するとともにフォローアップする一連の活動です。ここでは、システム監査の実施手順と、それに関連する重要事項を確認しておきましょう。

システム監査の実施

システム監査計画

システム監査では、まず、監査の目的、監査対象（対象システム、対象部門）、監査テーマを明らかにした上で、実施すべき監査手続の概要を明示した監査計画を策定します。

監査項目について、十分な証拠を入手するための手順

システム監査の実施

監査の実施は、「予備調査→本調査→評価・結論」の順で行われ、監査実施後、システム監査人は、監査の結果を監査報告書に記載し、監査依頼者に提出します。予備調査、本調査、評価・結論で行われる内容は、次のとおりです。

〔システム監査の実施〕

ヒアリング調査では、聞いた話を裏付けるための文書や記録を入手するように努める

予備調査：監査対象の実態把握のために行う。具体的には、各種資料の収集と分析、チェックリスト（質問書）への回答分析とヒアリング（インタビュー）などを行い、監査対象の現状、および業務の実態（目標レベルとの差異や問題点）を把握する。また予備調査の結果をもとに、監査範囲や監査手続の見直しを行う。

本調査　：予備調査の結果を踏まえ確定された監査手続に従い、監査対象の実態を実際に調査・分析する。本調査では、予備調査で把握した監査対象の実態について、これを裏付ける証拠となる資料（事実）を様々な監査技法（p.336）を用いて入手・検証する。そして、入手した監査証拠を、自らの監査意見を立証するのに必要な証拠能力を有するか否か評価した上で、その他の関連資料などと併せて取りまとめ、監査業務の実施記録（監査調書）として保管する。

評価・結論：本調査終了後，監査報告に先立って，監査調書の内容を詳細に検討し，合理的な根拠にもとづき「監査の結論」を導き出す。

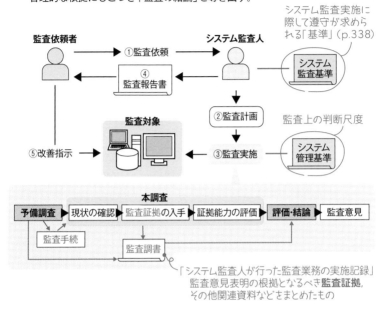

※補足：**システム監査基準**および**システム管理基準**は，平成30年4月に改訂・公表されたものが最新版。試験では，旧版と区別するため "システム監査基準（平成30年）"，"システム管理基準（平成30年）"と記載される。

こんな問題が出る!

監査手続の正しい説明

システム監査における "**監査手続**" として，最も適切なものはどれか。

ア　監査計画の立案や監査業務の進捗管理を行うための手順

イ　監査結果を受けて，監査報告書に監査人の結論や指摘事項を記述する手順

ウ　監査項目について，十分かつ適切な証拠を入手するための手順

エ　監査テーマに合わせて，監査チームを編成する手順

解答　ウ

システム監査技法

システム監査で利用される主な技法は，次のとおりです。押さえておきましょう。

インタビュー法	関係者に口頭で問い合わせ，回答を入手する。
チェックリスト法	チェックリストを用いて，関係者から回答を求める。
ドキュメントレビュー法	関連する資料および文書類を入手し，内容を点検する。
現地調査法	システム監査人が監査対象部門に赴いて，自ら観察・調査する。
ウォークスルー法	データの生成から入力，処理，出力，活用までのプロセス，および組み込まれているコントロールを書面上あるいは実際に追跡して調査する。
突合・照合法	関連する複数の資料間を突き合わせ，データ入力や処理の正確性を確認する。例えば，販売管理システムから出力したプルーフリストと受注伝票との照合を行い，データ入力における正確性を確認する。
テストデータ法	システム監査人が準備したテストデータを監査対象プログラムで処理し，期待した結果が出力されるか否かを確認する。
監査モジュール法	監査機能（指定した抽出条件に合致したデータを監査人用のファイルに出力するといった機能）を持ったモジュールを，監査対象プログラムに組み込んで実環境下で実行する。これにより監査に必要なデータを収集し，プログラムの処理の正確性を検証する。

こんな問題が出る！

ウォークスルー法の正しい説明

システム監査基準（平成30年）におけるウォークスルー法の説明として，最も適切なものはどれか。　　　　　　　「ウォークスルー」ときたら「追跡」

ア　あらかじめシステム監査人が準備したテスト用データを監査対象プログラムで処理し，期待した結果が出力されるかどうかを確かめる。

イ　監査対象の実態を確かめるために，システム監査人が，直接，関係者に口頭で問い合わせ，回答を入手する。

ウ　監査対象の状況に関する監査証拠を入手するために，システム監査人が，関連する資料及び文書類を入手し，内容を点検する。

エ　データの生成から入力，処理，出力，活用までのプロセス，及び組み込まれているコントロールを，システム監査人が，書面上で，又は実際に追跡する。

解答　エ

システム監査報告とフォローアップ

監査報告書

保証を目的とした監査と，助言を目的とした監査がある

システム監査人は，監査の目的に応じた適切な形式の監査報告書を作成し，監査の依頼者に提出します。

監査報告書に記載する「監査の結論」には，システム監査人が監査の目的に応じて必要と判断した事項を記載します。例えば，監査対象に保証を付与する場合であれば，「AAAシステムは，システム管理基準に照らして適切であると認められる」といった保証意見を記述し，逆に，監査対象について助言を行う場合は，監査の結果判明した問題点を指摘事項として記載し，指摘事項を改善するために必要な事項を改善勧告として記載します。

改善提案のフォローアップ

システム監査は，監査報告書の作成と提出をもって終了します。ただし，監査報告書に改善提案を記載した場合には，当該改善事項が適切かつ適時に実施されているかどうかを確認する必要があります。

試験では，システム監査人がフォローアップとして採るべき行動が問われます。システム監査人は，改善の実施そのものに責任を持たないことを押さえておきましょう。つまり，システム監査人が，改善計画を策定したり，改善の実行へ関与することはありません。

 こんな問題が出る！

問1　システム監査人がフォローアップとして採るべき行動

システム監査のフォローアップにおいて，監査対象部門による改善が計画よりも遅れていることが判明した際に，システム監査人が採るべき行動はどれか。

ア　遅れの原因に応じた具体的な対策の実施を，監査対象部門の責任者に指示する。

イ　遅れの原因を確かめるために，監査対象部門に対策の内容や実施状況を確認する。

ウ　遅れを取り戻すために，監査対象部門の改善活動に参加する。

エ　遅れを取り戻すための監査対象部門への要員の追加を，人事部長に要求する。

問2　指摘事項への対応で不適切なもの

システム監査基準（平成30年）にもとづいて，監査報告書に記載された指摘事項に対応する際に，**不適切なもの**はどれか。

ア　監査対象部門が，経営者の指摘事項に対するリスク受容を理由に改善を行わないこととする。

イ　監査対象部門が，自発的な取組によって指摘事項に対する改善に着手する。

ウ　システム監査人が，監査対象部門の改善計画を作成する。

エ　システム監査人が，監査対象部門の改善実施状況を確認する。

解説 問1　フォローアップとは改善を確認すること

システム監査人が行う**フォローアップ**とは，監査対象部門の責任において実施される改善を事後的に確認するという性質のものです。対象部門へ指示を出したり，改善の実施に参加することはありません。システム監査人は，独立かつ客観的な立場で改善の実施状況を確認します。したがって，システム監査人が採るべき行動として適切なのは，選択肢イだけです。

なお，システム監査人の独立性と客観性については，"**システム監査基準（平成30年）**"の基準4に，「システム監査人は，監査対象の領域又は活動から，独立かつ客観的な立場で監査が実施されているという外観に十分に配慮しなければならない。また，システム監査人は，監査の実施に当たり，客観的な視点から公正な判断を行わなければならない」とあります。

解説 問2　システム監査人が，改善計画を作成することはない

選択肢ウが不適切です。なお，選択肢アについては，"システム監査基準（平成30年）"の基準12に，「監査対象部門による所要の措置には，改善提案のもととなった指摘事項の重要性に鑑み，当該指摘事項に関するリスクを受容すること，すなわち改善提案の趣旨を踏まえた追加的な措置を実施しないという意思決定が含まれる場合もある」とあるので適切です。

〔**補足**〕システム監査基準（平成30年）とは，システム監査業務の品質を確保し，有効かつ効率的な監査を実現するためのシステム監査人の**行為規範**です。システム監査の実施に際して遵守が求められる12の基準が規定されています。

解答　問1：イ　問2：ウ

ストラテジ系

01 情報システム戦略（全体最適化）

出題ナビ

情報システム戦略は，全体最適化の視点に立って策定されます。全体最適化とは，業務と情報システムを，経営戦略に沿った"業務と情報システムのあるべき姿"に向け改善（最適化）していく取り組みのことです。ここでは，全体最適化の観点から両者を同時に改善することを目的とした設計・管理手法であるエンタープライズアーキテクチャ（EA）を確認しておきましょう。

エンタープライズアーキテクチャ（EA）

エンタープライズアーキテクチャの4つの体系

エンタープライズアーキテクチャ（EA：Enterprise Architecture）は，「組織全体としての業務プロセス，業務に利用する情報，情報システムの構成，利用する情報技術」の4つの体系（領域）のアーキテクチャから構成されます。各体系における成果物を確認しておきましょう。

業務体系	ビジネスアーキテクチャ（BA） 組織の目標や業務（業務プロセス，情報の流れ）を体系化したもの。
成果物	業務説明書，機能構成図（DMM），機能情報関連図（DFD），業務流れ図（WFA）～p.342
データ体系	データアーキテクチャ（DA） 組織の目標や業務に必要となるデータの構成，データ間の関連を体系化したもの。
成果物	情報体系整理図（UMLクラス図），実体関連ダイアグラム（E-R図），データ定義表
適用処理体系	アプリケーションアーキテクチャ（AA） 組織としての目標を実現するための業務と，それを実現するアプリケーションソフトウェアの関係を体系化したもの。
成果物	情報システム関連図，情報システム機能構成図
技術体系	テクノロジアーキテクチャ（TA） 業務を実現するためのハードウェア，ソフトウェア，ネットワークなどの技術を体系化したもの。
成果物	ネットワーク構成図，ソフトウェア構成図，ハードウェア構成図

As-isモデルとTo-beモデル

　EAでは，左ページに示した4つの体系で，組織全体の業務とシステムの現状を**As-isモデル**（現状のアーキテクチャモデル）に整理し，また目標とするあるべき姿**To-beモデル**（理想モデル）を作成します。そして，両者を比較することで全体最適化の目標を明確にし，現実的な次期モデルを作成します。

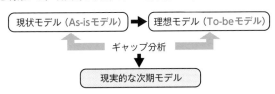

 こんな**問題**が**出る**!

問1　機能情報関連図（DFD）の正しい説明

　エンタープライズアーキテクチャ（EA）における，ビジネスアーキテクチャの成果物である機能情報関連図（DFD）を説明したものはどれか。

ア　業務・システムの処理過程において，情報システム間でやり取りされる情報の種類及び方向を図式化したものである。ー 情報システム関連図

イ　業務を構成する各種機能を，階層化した3行3列の格子様式に分類して整理し，業務・システムの対象範囲を明確化したものである。ーDMM

ウ　最適化計画に基づき決定された業務対象領域の全情報（伝票，帳票，文書など）を整理し，各情報間の関連及び構造を明確化したものである。ー E-R図

エ　対象の業務機能に対して，情報の発生源と到達点，処理，保管，それらの間を流れる情報を，統一記述規則に基づいて表現したものである。

問2　業務と情報システムの理想を表すモデル

　エンタープライズアーキテクチャ（EA）において，業務と情報システムの理想を表すモデルはどれか。

ア　EA参照モデル　　　　　　　　イ　To-beモデル
ウ　ザックマンモデル　　　　　　　エ　データモデル

解答　問1：エ　問2：イ

02 業務プロセスの改善

出題ナビ　業務プロセスの改善では，既存の組織構造や業務プロセスを見直し，効率化を図るとともに，情報技術を活用して業務とシステムを最適化します。またPDCA(計画→実行→評価→改善)サイクルにより継続的な改善を行っていくことも重要です。ここでは，業務プロセスを可視化する手法や，業務プロセス改善のモデル，そして業務プロセスの改善と効率化に関連する用語を押さえておきましょう。

業務プロセスの改善

業務プロセスの可視化の手法

　業務プロセスの改善を行うためには，現状の業務プロセスを可視化する必要があります。業務プロセスの可視化の際に用いられる手法には，UML，フローチャート，状態遷移図などの他，業務流れ図(WFA)やBPMNも用いられます。ここでは，業務流れ図(WFA)とBPMNの特徴を押さえておきましょう。

〔**業務プロセスの可視化の手法**〕

業務流れ図(**WFA**：Work Flow Architecture)：個々のデータが処理される組織・場所・順序をわかりやすく記述する。具体的には，縦軸方向に機能，横軸方向に機能を実行する主体を記載し，手作業とコンピュータ化されている作業，および人的処理とシステム処理の間や異なるシステムとの間のインタフェース(情報の流れ)を明確にする。

BPMN(Business Process Model and Notation)：イベント・アクティビティ・分岐・合流を示すオブジェクトと，フローを示す矢印などで構成された図によって，業務プロセスを表現する。

IDEALによるプロセス改善

　IDEALは，プロセス改善の具体的な活動内容を計画し，定義するために用いられるリファレンスモデルです。5つのフェーズ(開始：Initiating，診断：Diagnosing，確立：Establishing，行動：Acting，学習：Learning)から構成されます。
　└─「参照モデル」のこと

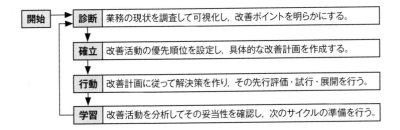

	開始 → 診断	業務の現状を調査して可視化し，改善ポイントを明らかにする。
	確立	改善活動の優先順位を設定し，具体的な改善計画を作成する。
	行動	改善計画に従って解決策を作り，その先行評価・試行・展開を行う。
	学習	改善活動を分析してその妥当性を確認し，次のサイクルの準備を行う。

業務プロセスの改善と効率化に関連した頻出用語

BPR	Business Process Reengineering（ビジネスプロセスリエンジニアリング）の略。既存の組織構造や業務プロセスを抜本的に見直して，再設計・再構築すること。　単に「リエンジニアリング」ともいう
BPM	Business Process Management（ビジネスプロセスマネジメント）の略。「業務分析，業務設計，業務の実行，モニタリング，評価」のサイクルを繰り返し，継続的な業務プロセスの改善を図ること。
BPO	Business Process Outsourcing（ビジネスプロセスアウトソーシング）の略。社内業務のうちコアビジネス以外の業務の一部または全部を，情報システムと併せて外部の専門業者に委託（**アウトソーシング**）する。これにより，経営資源をコアビジネスに集中させる。なお，コスト削減を図るため，業務の一部または全部を物価の安い海外（オフショア）にある外部企業に委託する形態を**オフショアアウトソーシング**という。
RPA	Robotic Process Automationの略。デスクワークなどルール化された定型的な事務作業を，ルールエンジンやAIなどの技術を備えたソフトウェア・ロボットに代替させることによって業務の自動化や効率化を図る仕組み。

 こんな問題が**出る**！

BPMNを導入する効果

　要求定義フェーズにおいてBPMN（Business Process Model and Notation）を導入する効果として，適切なものはどれか。

ア　業務の実施状況や実績を定量的に把握できる。
イ　業務の流れを統一的な表記方法で表現できる。
ウ　定義された業務要件からデータモデルを自動生成できる。
エ　要件をE-R図によって明確に表現できる。

解答　イ

03 ソリューションサービス

出題ナビ　ソリューションとは，企業が抱える経営課題の解決を図るための，情報システムおよびITサービスの総称です。ソリューションサービスには，SOAをはじめ，近年，注目を浴びているクラウドサービス（クラウドコンピューティング）など様々なものがあります。

ここでは，試験での出題が多いSOAと，クラウドサービスのSaaS，PaaS，IaaSの特徴を押さえておきましょう。

ソリューションサービスの種類と特徴

SOA（サービス指向アーキテクチャ）

SOA（Service Oriented Architecture）は，業務上の一処理に相当するソフトウェアの機能を"サービス"として実装し，それらの"サービス"を組み合わせてシステム全体を構築するという考え方です。

つまり，SOAは，再利用可能な"サービス"としてソフトウェアコンポーネントを構築し，その"サービス"を活用することで高い生産性を実現するとともに，めまぐるしく変化するビジネス環境に対応した，ビジネスプロセスの変更や拡張を容易に行えるようにするためのシステムアーキテクチャです。

なお，SOAにおいて，異なるサービス間でのデータのやり取りを行うために，データ形式の変換や非同期連携などの機能を実現するものをESB（Enterprise Service Bus）といいます。SOAの関連用語として押さえておきましょう。

ESBは「システムどうしを繋ぐ基盤」

クラウドサービス

クラウドサービスとは，共用かつ構成可能なコンピューティングリソースの集積を，インターネット経由で，自由に柔軟に利用することを可能とするサービスのことです。

JIS X 9401:2016（情報技術－クラウドコンピューティング－概要及び用語）では，クラウドサービスとして7つの区分を定義していますが，このうち試験に出題されるのは，アプリケーションを提供するSaaS，アプリケーションの構築・実行環境を提供するPaaS，ハードウェアやネットワークなどの情報システム基盤を提供するIaaSの3つです。各区分の特徴は，次のとおりです。

SaaS	Software as a Serviceの略。サービス利用者（**クラウドサービスカスタマ**）が，サービス提供者（**クラウドサービスプロバイダ**）のアプリケーションを使うことができる形態。
PaaS	Platform as a Serviceの略。サービス利用者が作成または入手したアプリケーション※を，配置し，管理し，実行することができる形態。
IaaS	Infrastructure as a Serviceの略。サービス利用者が，サービス提供者のコンピュータリソース（演算リソース，ストレージリソース，ネットワークリソースなど）を利用できる形態。

※ サービス提供者によってサポートされるプログラム言語を用いて作成されたもの。

	SaaS	PaaS	IaaS	
アプリケーション				利用者側で用意・管理
ミドルウェア				
OS				サービス提供者側が用意・管理
ハードウェア				

こんな問題が出る！

パブリッククラウドのセキュリティパッチの管理と適用

　JIS X 9401:2016（情報技術－クラウドコンピューティング－概要及び用語）の定義によるクラウドサービス区分において，パブリッククラウドのクラウドサービスカスタマのシステム管理者が，仮想サーバのゲストOSに対するセキュリティパッチの管理と適用を実施可か実施不可かの組合せのうち，適切なものはどれか。

不特定多数のクラウドサービ利用者を対象としたモデル

自身が配置したアプリケーションの管理，実行だけ

サービス提供者のアプリケーションを利用するだけ

	IaaS	PaaS	SaaS
ア	実施可	実施可	実施不可
イ	実施可	実施不可	実施不可
ウ	実施不可	実施可	実施不可
エ	実施不可	実施不可	実施可

解答　イ

経営戦略手法

出題ナビ

午前問題では，経営戦略に関連する様々な用語や手法が出題されています。ここでは，午前問題に出題されている頻出用語や手法を，全社戦略と事業戦略に分けてまとめました。経営戦略手法は，午後問題の題材にもなるので，1つひとつの手法の基本的な考え方を理解しておきましょう。また，午後問題にのみ出題される用語もまとめましたので確認しておきましょう。

覚えておきたい経営戦略に関連する用語

午後問題によく出る経営戦略に関連する用語

午後問題では，問題文中の空欄を埋めるという形式で経営戦略に関連する用語が問われます。次の表に，午後問題に出題されている重要用語をまとめておきます。特に，シナジー効果や，規模の経済，範囲の経済は頻出です。押さえておきましょう。

アライアンス	提携，同盟という意味で，企業どうしの業務提携を意味する。
イノベーション	技術革新のこと (p.364)。
インキュベータ	起業 (新しく事業を起こすこと) に関する支援を行う事業者のこと。
ベンチマーキング	自社の製品，サービスおよび業務プロセスなどを定性的・定量的に測定し，それを最強の競合相手または先進企業の中で最高水準の業績を上げているベスト企業と比較して，自社とのギャップを把握すること。ベンチマーキングにより，明らかになったギャップを埋めていくために，ベスト企業のベストプラクティスを参考に業務改革を進める。
シナジー効果	相互作用・相乗効果という意味。複数の要素が合わさることで，それぞれが単独で得られる以上の成果を上げること。
規模の経済	生産規模の増大に伴い単位当たりのコストが減少すること。つまり，より多く作るほど，製品1つ当たりのコストが下がり，結果として収益が向上するという意味。スケールメリットともいう。
範囲の経済	既存事業において有する経営資源 (販売チャネル，ブランド，固有技術，生産設備など) やノウハウを複数事業に共用すれば，それだけ経済面でのメリットが得られること。
寡占市場	ある商品やサービスに対してごく少数の売り手 (企業) しか存在しない市場のこと。例えば，自動車産業では，トヨタ，日産，ホンダなど少数の大手自動車メーカが大きく占めている市場を指す。

特によく問われる

 **全社戦略**

全社戦略の策定に関連する用語

全社戦略の策定に関連する重要用語は，次のとおりです。

CS経営	「企業にとって唯一の収入源は顧客であり，すべてが顧客から始まる」という考え方のもと，常に"顧客満足(CS：Customer Satisfaction)"を念頭に置いた経営を行う。
コアコンピタンス経営	他社にまねのできない独自のノウハウや技術などに経営資源を集中させ，競争優位を確立する。
M&A	Mergers(合併)and Acquisitions(買収)の略で，企業の合併や買収の総称。企業戦略の1つとして，経営基盤強化や自社の弱点補強のため，他社が開発した先進的な技術や高い研究開発能力を持つ人材を，自社固有の経営資源として取り込む。
事業ドメイン	事業を展開する領域。企業が収益を生み出し存続・成長していくためには，事業ドメインを明確にして，必要な領域に最適な製品を投入する必要がある。

 こんな問題が出る！

M&Aによる垂直統合に該当するもの

多角化戦略のうち，M&Aによる垂直統合に該当するものはどれか。

ア 銀行による保険会社の買収・合併
イ 自動車メーカによる軽自動車メーカの買収・合併
ウ 製鉄メーカによる鉄鋼石採掘会社の買収・合併
エ 電機メーカによる不動産会社の買収・合併

解説 垂直統合はサプライチェーンの上流／下流企業を買収・合併する

垂直統合とは，サプライチェーン(p.360)における上流または下流にあたる企業を買収・合併することをいいます。製鉄メーカにとって鉄鋼石採掘会社は上流の企業にあたるので，選択肢ウが垂直統合に該当します。

ア：銀行と保険会社は同業種の金融業なので水平統合に該当します。
イ：水平統合に該当します。
エ：電機メーカと不動産会社は異業種なので集成型多角化に該当します。

解答 ウ

6 ストラテジ系

プロダクトポートフォリオマネジメント（PPM）

PPM（Product Portfolio Management）は，市場成長率を縦軸に，市場占有率（あるいは相対的市場占有率）を横軸にとり，事業や製品群を4つの象限（右ページ図）に分類して，自社の置かれた位置を分析・評価し，経営資源配分の優先順位とそのバランスを決定するための手法です。

 こんな問題が出る！

PPMにおける"花形"を説明したもの

プロダクトポートフォリオマネジメント（PPM）における"花形"を説明したものはどれか。

ア　市場成長率，市場占有率ともに高い製品である。成長に伴う投資も必要とするので，資金創出効果は大きいとは限らない。～ 花形

イ　市場成長率，市場占有率ともに低い製品である。資金創出効果は小さく，資金流出量も少ない。～ 負け犬

ウ　市場成長率は高いが，市場占有率が低い製品である。長期的な将来性を見込むことはできるが，資金創出効果の大きさは分からない。～ 問題児

エ　市場成長率は低いが，市場占有率は高い製品である。資金創出効果が大きく，企業の支柱となる資金源である。～ 金のなる木

解答　ア

コレも一緒に！　覚えておこう

●花形
現在，大きな資金の流入をもたらしてはいるが，市場の成長に合わせた継続的な投資も必要な製品。

●負け犬
資金投下の必要性は低く，将来的には撤退の対象となる製品。

●問題児
資金投下を行えば将来の資金源になる期待が持てる製品。ただし市場占有率を高められなければ，やがては"負け犬"になる。

●金のなる木
大きな追加投資の必要がなく，現在，企業の主たる資金源の役割を果たしている製品。"金のなる木"から得た収益を，"問題児"に投入し，"花形"に育てるといった投資戦略が原則。

プロダクトライフサイクル戦略

　製品が市場に投入されてから姿を消すまでの過程を**プロダクトライフサイクル**（**PLC**：Product Life Cycle）といい，**プロダクトライフサイクル**戦略では，「導入期→成長期→成熟期→衰退期」の各段階に応じた戦略をとります。

　PPMの各象限をPLC上の各時期に当てはめると，「導入期＝問題児」，「成長期＝花形」，「成熟期＝金のなる木」，「衰退期＝負け犬」となります。

　また，製品の企画・開発から製造，販売，保守，リサイクル，製造・販売の打ち切りに至るすべてのプロセス（あるいは部門や企業）において，製品に関連する情報を一元管理し共有することで，製品開発期間の短縮やコスト低減，および顧客ニーズを反映した商品力の向上を図る取り組みを，**プロダクトライフサイクルマネジメント**（**PLM**：Product Lifecycle Management）といいます。一緒に押さえておきましょう。

〔PPM の各象限〕

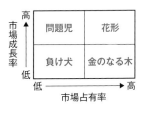

〔PLC の時期と対応する PPM の象限〕

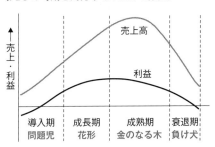

導入期	需要は部分的で新規需要開拓が勝負。この時期は，高所得者や先進的な消費者などをターゲットとして，高価格を設定し，開発投資を早期に回収しようとする戦略（**スキミングプライシング**という）をとることが多い。
成長期	市場が商品の価値を理解し始め，売上が急激に増加する時期。市場が活性化し，新規参入企業によって競争が激化してくる。この時期は売上も伸びるが，投資も必要。
成熟期	需要の伸びが徐々に鈍化してくる時期。製品の品質改良やスタイル変更などによって，シェアの維持，利益の確保が行われる。
衰退期	需要が減ってきて，売上・利益が急激に減少する時期。市場からの撤退，代替市場への進出などが検討される。なお，この時期に撤退を図る場合の戦略に**収穫戦略**がある。収穫戦略では，売上高をできるだけ維持しながら，製品や事業にかけるコストを徐々に引き下げていくことによって，短期的なキャッシュフローの増大を図る。

6

ストラテジ系

事業戦略

ファイブフォース分析

ファイブフォース分析は，企業の競争力に影響を与える次の5つの要因から業界の競争状態を分析して，その業界の収益性や魅力の度合いを測定・評価する手法です。供給者（サプライヤ）や買い手（バイヤ）の交渉力が弱いほど，また新規参入者や代替製品の脅威が低く競争業者間の敵対関係が弱いほど，業界の収益性は高くなりやすいと考えられています。

新規参入を阻害する「カベ」。高ければ，脅威は低い

ブルーオーシャン戦略

"ブルーオーシャン（Blue Ocean：青い海）"は，「競合のない市場」という意味です。ブルーオーシャン戦略とは，「競争の激しい既存市場（レッドオーシャン）で戦うより，競争がない未開拓市場を切り開いたほうが有利」という考えから，価値革新を行い，いまだかつてない価値を提供することによって，競争相手のいない未開拓市場を切り開くという戦略です。

競争の基本戦略

企業の基本的な競争戦略には，次の3つがあります。

〔基本的な競争戦略〕

・コストリーダシップ戦略：他社を圧倒するコストダウンにより競争優位を図る。
・差別化戦略：他社製品とのコスト以外での差別化により競争優位を図る。
・集中戦略：特定の市場に的を絞って経営資源を集中する。

また，米国の経営学者コトラーによると，市場における企業の競争上の地位は，右ページの4つに分類でき，それぞれの地位に応じた適切な戦略があるとしています。

「コトラーの競争戦略」ともいう

リーダ	業界において最大のシェアを確立している企業。利潤，名声の維持・向上と最適市場シェアの確保を目標として，市場内のすべての顧客をターゲットにした全方位戦略をとる。
チャレンジャ	業界2位，3位の企業。上位企業の市場シェアを奪うことを目標に，製品，サービス，販売促進，流通チャネルなどのあらゆる面での差別化戦略をとる。
フォロワ	チャレンジャに比較して，経営資源の質・量ともに乏しい企業。目標とする企業（リーダやチャレンジャ）の戦略を観察し，迅速に模倣することで製品開発や広告のコストを抑制し，市場での存続を図る。
ニッチャ	企業規模は小さいながらも，ニッチ（隙間）市場を対象に専門化している企業。大手企業（他社）が参入してこないような専門特化した市場に，限られた経営資源を集中させる。

「追随者」という意味

こんな問題が出る！

問1 ファイブフォース分析における5つの要因

ファイブフォース分析において，企業の競争力に影響を与える5つの要因として，新規参入者の脅威，バイヤの交渉力，競争業者間の敵対関係，代替製品の脅威と，もう1つはどれか。

ア　サプライヤの交渉力　　　　イ　自社製品の品質
ウ　消費者の購買力　　　　　　エ　政府の規制

問2 フォロワの基本戦略

競争上のポジションで，フォロワの基本戦略はどれか。

ア　シェア追撃などのリーダ攻撃に必要な差別化戦略　　ときたら
イ　市場チャンスに素早く対応する模倣戦略
ウ　製品，市場の専門特化を図る特定化戦略
エ　全市場をカバーし，最大シェアを確保する全方位戦略

解答　問1：ア　問2：イ

6
ストラテジ系

アンゾフの成長マトリクス

アンゾフの成長マトリクスは，「どのような製品を」，「どの市場に」投入していけば事業が成長・発展できるのか，事業の方向性を分析する手法の1つです。**成長マトリクス**とは，製品と市場をそれぞれ既存・新規に分けた2次元のマトリクスのことです。事業の成長戦略を，「市場浸透」，「市場開拓（市場拡大）」，「製品開発」，「多角化」の4つに分類し，事業の方向性を分析します。

現在の市場で，既存製品の販売を伸ばす

新製品を開発して，現在の市場に投入する

新たな市場を開拓して，既存製品の販売を伸ばす

新たな製品や市場で，新しい事業を展開する

〔多角化戦略の4つの分類〕

水平型多角化	現在の市場と類似の市場を対象に，新しい製品を投入する。
垂直型多角化	製品の製造（上流）または販売（下流）へと事業を広げる。
集中型多角化	現製品の中核となる技術に関連する新製品を，新たな市場に投入する。
集成型多角化	まったく新しい製品を，新しい市場で展開していく。

ビールメーカがビール酵母を利用した
健康食品事業へと多角化するケースが該当

SWOT分析

SWOT分析は，自社の経営資源（商品力，技術力，販売力，財務，人材など）に起因する事項を「強み」と「弱み」に，また経営環境（市場や経済状況，新製品や新規参入，国の政策など）から自社が受ける影響を「機会（チャンス）」と「脅威（ピンチ）」に分類することで，自社の置かれている状況を分析する手法です。

強み（Strength）	自社の武器となる内部要因　（例：高い技術力を持つ）
弱み（Weakness）	自社の弱み・苦手となる内部要因　（例：営業力がない）
機会（Opportunity）	自社のチャンスとなる外部要因　（例：IT好景気が続く）
脅威（Threat）	自社の脅威となる外部要因　（例：海外企業の参入）

クロスSWOT分析

クロスSWOT分析とは，SWOT分析で把握した「強み」と「弱み」，「機会」と「脅威」の4つをクロスさせることによって戦略の方向性を導き出す手法です。

「機会」に「強み」を投入　　　　　　　　　　　「強み」で差別化し「脅威」を回避

	機会（O）	脅威（T）
強み（S）	積極的な推進戦略	差別化戦略
弱み（W）	弱点強化戦略	専守防衛または撤退戦略

「弱み」を克服して「機会」を逃さない　　　「脅威」の最悪の事態・危機を回避。あるいは縮小・撤退する

VRIO分析

　VRIO分析は，自社の経営資源を「経済的価値（Value），希少性（Rarity），模倣困難性（Imitability），組織（Organization）」の4つの視点で評価し，市場における現在の競争優位性を分析する手法です。

バリューチェーン分析 ←「価値連鎖」の意味

　バリューチェーン分析は，"モノ"の流れに注目して，企業の事業活動を購買物流，製造，出荷物流，販売などの主活動と，人事管理，技術開発などの支援活動に分けることによって，企業が提供する製品やサービスの付加価値（利益）が事業活動のどの部分で生み出されているかを分析する手法です。

こんな問題が出る！

バリューチェーンによる分類の正しい説明

　バリューチェーンによる分類はどれか。

ア　競争要因を，新規参入の脅威，サプライヤの交渉力，買い手の交渉力，代替商品の脅威，競合企業の5つのカテゴリに分類する。

イ　業務を，購買物流，製造，出荷物流，販売・マーケティング，サービスという5つの主活動と，人事・労務管理などの4つの支援活動に分類する。

ウ　事業の成長戦略を，製品（既存・新規）と市場（既存・新規）の2軸を用いて，市場浸透，市場開発，製品開発，多角化の4象限のマトリックスに分類する。

エ　製品を，市場の魅力度と自社の強みの2軸を用いて，花形，金のなる木，問題児，負け犬の4象限のマトリックスに分類する。

解答　イ

6 ストラテジ系

マーケティング

出題ナビ

マーケティングとは，顧客満足を軸に「買ってもらえる仕組み」を考える活動です。ここでは，マーケティングで用いられる代表的な分析手法と，マーケティング戦略に関連する頻出用語をまとめました。午後問題では，マーケティング戦略を立案するプロセスについての基本知識とその応用力が問われるので，手法や用語の暗記だけでなく，午後問題に対応できる応用力を付けておきましょう。

マーケティングに用いられる代表的な手法

マーケティングの基本的なフレームワーク（STP分析）

STP分析では，「セグメンテーション（S）→ターゲティング（T）→ポジショニング（P）」の3つのプロセスを踏むことで，誰に何を（どのような価値を）販売・提供するのかを明確にします。STP分析の手順は，次のとおりです。

1. セグメンテーション（Segmentation）

市場をある基準（セグメンテーション変数）により，同質的なニーズや類似した購買傾向を持つ セグメント に細分化する。

グループ

〔セグメンテーション変数〕
- ・地理的変数（地域，都市規模，人口密度，気候など）
- ・人口統計的変数（年齢，性別，家族構成，所得，職業など）
- ・心理的変数（社会階層，ライフスタイル，性格・個性など）
- ・行動的変数（購買契機，購買頻度，追求便益など）

消費者ニーズの多様化や個性化に合わせて，
近年，重視されている

2. ターゲティング（Targetting）

細分化されたマーケットセグメントのうち，自社としてどのセグメントに狙いを定めるか，ターゲットセグメントを1つないし複数決める。

3. ポジショニング（Positioning）

各ターゲットセグメントについて，自社の商品やサービスをどのように顧客の頭（心）の中に位置づけるのかを決める（ポジショニングコンセプトの明確化）。

環境分析手法

マーケティングで使用される主な環境分析手法には，PEST分析と3C分析があります。

PEST分析	マクロ環境分析の1つ。**マクロ環境分析**とは，自社ではコントロールができない，企業活動に影響を与える外部環境要因分析のこと。**PEST分析**では，政治（Politics），経済（Economics），社会（Society），技術（Technology）を調査・分析することでビジネスを規制する法律や，景気動向，流行の推移などを把握する。
3C分析	市場・顧客（Customer），競合（Competitor），自社（Company）の観点から自社を取り巻く業界環境を分析する。 ・**市場・顧客分析**：自社の製品やサービスを購買する意思や能力のある顧客を把握する（例：市場規模や成長性，ニーズ，購買プロセス，購買決定者など）。 ・**競合分析**：競争状況や競争相手について把握する。 ・**自社分析**：自社を客観的に把握する（例：売上高，市場シェア，収益性など）。

顧客分析手法

顧客分析手法としては，次の2つを押さえておきましょう。

デシル分析	購買金額をもとに顧客を上位から10等分し，グループごとの合計購買金額と，その累積比率を算出する。これをもとに，ターゲットとすべきグループ（対売上高貢献度の高い優良顧客層）を特定する。
RFM分析	デシル分析より高度な分析手法。**RFM分析**では，Recency（最新購買日），Frequency（累計購買回数），Monetary（累計購買金額）の3つの指標をもとに顧客のセグメンテーションを行い，それぞれのセグメントに最も適したマーケティング施策を講じ，優良固定顧客の維持・拡大やマーケティングコストの削減を図る。

こんな問題が出る！

行動的変数に該当するもの

消費者市場のセグメンテーション変数のうち，行動的変数はどれか。

ア　社会階層，ライフスタイル　　　イ　使用頻度，ロイヤリティ

ウ　都市規模，人口密度　　　　　　エ　年齢，職業

解答　イ

6 ストラテジ系

マーケティングミックスと
マーケティング戦略

マーケティングの4P，4C

ターゲット市場のニーズを満たし，自社のマーケティング目標を達成するためのマーケティング要素（ツール）の組合せを**マーケティングミックス**といい，最も代表的なのが**マーケティングの4P**です。

売り手側の視点から見た4つの要素，「製品(Product)，価格(Price)，流通(Place)，プロモーション (Promotion)」，つまり「なに (製品)を，いくら (価格)で，どこ (流通) で，どのように (プロモーション) 売るか」を決定し，販売戦略を展開しようというのがマーケティングの4Pです。

一方，売り手側でのマーケティング要素4Pを，**買い手側の視点** (顧客志向) で捉えなおし，「顧客価値 (Customer value)，顧客コスト (Customer cost)，利便性 (Convenience)，コミュニケーション (Communication)」としたのが，**マーケティングの4C**です。

消費者行動モデル

一般に，消費者が購入に至るまでには「認知，理解，愛好，選好，確認，購入」の6段階のプロセスが存在するといわれています。消費者に自社製品を購入してもらうためには，想定消費者が現在どの段階にいるのかを知り，それに見合ったプロモーション戦略をとる必要があります。

商品を知ってから購入に至るまでの心理状態の推移を示したモデル

消費者行動モデル は，消費者の段階に見合ったプロモーション戦略を立てるときに用いられるモデルです。試験に出題されているモデルは，次の2つです。押さえておきましょう。

AIDMAモデル	心理状態が「認知・注意(Attention)→関心(Interest)→欲求(Desire)→記憶 (Memory)→行動 (Action)」の順で推移するというモデル。
AISASモデル	AIDMAモデルを，インターネットを活用した購買行動モデルに反映させたもの。AISASのプロセスは，「認知・注意 (Attention)→関心 (Interest)→検索 (Search)→行動 (Action)→共有 (Share)」の5段階。

また，これに関連して，次の2つの用語も押さえておきましょう。

・**コンバージョン率**：商品を認知した消費者のうち初回購入に至る消費者の割合
・**リテンション率**　：商品を購入した消費者のうち固定客となる消費者の割合

価格戦略

　マーケティング戦略では，製品の価格設定も重要です。ここでは，試験に出題されている価格設定方法をまとめました。押さえておきましょう。

ターゲットリターン価格設定	目標とする投資収益率（ROI）を実現するように価格を設定する。
実勢価格設定	競合の価格を十分に考慮した上で価格を決定する。
需要価格設定（知覚価値法）	リサーチなどによる消費者の値頃感にもとづいて価格を設定する。
需要価格設定（差別価格法）	客層，時間帯，場所など市場セグメントごとの需要を把握し，セグメントごとに最適な価格を設定する。
コストプラス価格設定	製造原価または仕入原価に一定の（希望）マージンを織り込んだ価格を設定する。

こんな**問題が出る！**

問1　4Pのプロモーションに対応する4Cの構成要素

　売り手側でのマーケティング要素4Pは，買い手側での要素4Cに対応するという考え方がある。4Pの1つであるプロモーションに対応する4Cの構成要素はどれか。

ア　顧客価値（Customer Value）　　　　イ　顧客コスト（Customer Cost）
ウ　コミュニケーション（Communication）　エ　利便性（Convenience）

問2　コンバージョン率の正しい説明

　インターネット広告の効果指標として用いられるコンバージョン率の説明はどれか。

ア　Webサイト上で広告が表示された回数に対して，その広告がクリックされた回数の割合を示す指標である。
イ　Webサイト上の広告から商品購入に至った顧客の1人当たりの広告コストを示す指標である。
ウ　Webサイト上の広告に掛けた費用の何倍の収益をその広告から得ることができたかを示す指標である。
エ　Webサイト上の広告をクリックして訪れた人のうち会員登録や商品購入などに至った顧客数の割合を示す指標である。

解答　問1：ウ　問2：エ

06 ビジネス戦略と 目標の設定・評価

出題ナビ

ビジネス戦略の目標設定および評価のための代表的な手法の1つに，バランススコアカード（BSC）があります。午前問題や午後問題では，バランススコアカードとそれに関連するKGI（重要目標達成指標）や，KPI（重要業績評価指標）がよく出題されています。

ここでは，KGI，KPIとは何かを確認し，バランススコアカードの基本的な考え方を理解しておきましょう。

ビジネス戦略のための代表的な手法

バランススコアカード（BSC）

バランススコアカード（BSC：Balanced Score Card）は，「目標と，それを達成させる主要な要因，評価指標，アクションプラン」を記載したカード，あるいはこのカードを利用した，目標設定および実績評価（管理）の手法です。

BSCでは，「財務，顧客，内部ビジネスプロセス，学習と成長」という4つの視点から事業活動を検討し，アクションプランまで具体化していきます。

視 点	戦略目標 （KGI）	重要成功要因 （CSF）	業績評価指標 （KPI）	アクション プラン
財務				
顧客				
内部ビジネスプロセス				
学習と成長				

従業員の能力や勤務態度，やる気，またそれを育てる環境など

※ KGI（Key Goal Indicator：重要目標達成指標）
　CSF（Critical Success Factors：重要成功要因）
　KPI（Key Performance Indicator：重要業績評価指標）

例えば，"財務の視点"における戦略目標（KGI：重要目標達成指標）が「利益向上」であれば，重要業績評価指標（KPI）には，それがどの程度達成されたかを定量的に評価できる「当期純利益，当期営業利益」といった指標が設定されます。重要成功要因（CSF）は，戦略目標を達成するための主要な成功要因です。「既存顧客の契約高の向上」といったものが設定されます。

こんな問題が出る！

問1 "学習と成長の視点"の業績評価指標に該当するもの

バランススコアカードにおける業績評価指標のうち，"学習と成長の視点"に分類されるものはどれか。

ア　顧客満足度調査の結果　← 顧客の視点
イ　従業員1人当たりの売上高 ← 財務の視点
ウ　従業員の提案件数
エ　新規顧客獲得率　← 内部ビジネスプロセスの視点

問2 "内部ビジネスプロセスの視点"に該当する指標

情報システム投資の効果をモニタリングする指標のうち，バランススコアカードの 内部ビジネスプロセス の視点に該当する指標はどれか。

ア　売上高，営業利益率など損益計算書や貸借対照表上の成果に関する指標
イ　顧客満足度の調査結果や顧客定着率など顧客の囲い込み効果に関する指標
ウ　人材のビジネススキル，ITリテラシなど組織能力に関する指標
エ　不良率，納期遵守率など業務処理の信頼性やサービス品質に関する指標

問3 営業部門で設定するKPIとKGIの適切な組合せ

営業部門で設定するKPIとKGIの適切な組合せはどれか。

重要業績評価指標　　　重要目標達成指標

	KPI	KGI
ア	既存顧客売上高	新規顧客売上高
イ	既存顧客訪問件数	新規顧客訪問件数
ウ	新規顧客売上高	新規顧客訪問件数
エ	新規顧客訪問件数	新規顧客売上高

← 経営的視点からKGI項目としては適切といえない

6 ストラテジ系

解答　問1：ウ　問2：エ　問3：エ

経営管理システム

出題ナビ

経営管理システムとは，経営管理（企業理念や経営戦略に沿って適切に業務が行われるように管理・調整すること）を効率的かつ効果的に実施するための情報システムです。代表的な経営管理システムには，SCM，ERP，SFA，CRM，KMSなどがあります。ここでは，これらシステムの特徴（考え方・目的）を確認しておきましょう。また，KMSに関連してSECIモデルも押さえておきましょう。

経営管理システムの種類と特徴

代表的な経営管理システム

経営管理システム（SCM，ERP，SFA，CRM，KMS）の特徴は，次のとおりです。

「部品・資材の調達から販売までの一連の業務および企業のつながり」のこと

SCM	Supply Chain Management（**サプライチェーンマネジメント**）の略。部品や資材の調達から製品の生産，流通，販売までの，企業間を含めた一連の業務を最適化の視点から見直し，納期の短縮，在庫コストや流通コストの削減を目指す。
ERP	Enterprise Resource Planning（企業資源計画）の略。企業全体の経営資源を有効かつ総合的に計画して管理し，経営の効率向上を図る。ERPを実現するためのソフトウェアパッケージがERPパッケージ。**ERPパッケージ**は，財務会計，人事管理，生産管理，販売管理といった業務ごとに構築されていたシステムを統合し，基幹業務を包括する情報システムを構築するための統合業務パッケージ。
SFA	Sales Force Automationの略。営業活動にITを活用して，営業の効率と品質を高め，売上・利益の大幅な増加や，顧客満足度の向上を目指す。SFAでは，営業担当者個人が保有する有用な営業情報を，一元管理し営業部門全体で共有化することで営業活動の促進を図る。
CRM	Customer Relationship Managementの略。顧客や市場から集められた様々な情報を一元化し，活用することで顧客との密接な関係を構築，維持し，企業収益の拡大を図る。CRMの目的は，顧客ロイヤルティの獲得と**顧客生涯価値**（**LTV**：Life Time Value）の最大化。
KMS	Knowledge Management System（**ナレッジマネジメントシステム**）の略。ナレッジマネジメント（p.362）を支援し強化するために適用される情報システム。

「知識管理システム」という

「1人の顧客が生涯にわたって企業にもたらす利益」のこと

問1 SCMの目的の正しい説明

SCMの目的はどれか。

ア　顧客情報や購買履歴，クレームなどを一元管理し，きめ細かな顧客対応を行うことによって，良好な顧客関係の構築を目的とする。— CRM

イ　顧客情報や商談スケジュール，進捗状況などの商談状況を一元管理することによって，営業活動の効率向上を目的とする。— SFA

ウ　生産，販売，在庫管理，財務会計，人事管理など基幹業務のあらゆる情報を統合管理することによって，経営効率の向上を目的とする。— ERP

エ　複数の企業や組織にまたがる調達から販売までの業務プロセスすべての情報を統合的に管理することによって，コスト低減や納期短縮などを目的とする。

問2 CRMの正しい説明

CRMを説明したものはどれか。

ア　卸売業者・メーカが，小売店の経営活動を支援してその売上と利益を伸ばすことによって，自社との取引拡大につなげる方法である。— リテールサポート

イ　企業全体の経営資源を有効かつ総合的に計画して管理し，経営の高効率化を図るための手法である。— ERP

ウ　企業内のすべての顧客チャネルで情報を共有し，サービスのレベルを引き上げて顧客満足度を高め，顧客ロイヤルティの最適化に結び付ける考え方である。

エ　生産，在庫，購買，販売，物流などのすべての情報をリアルタイムに交換することによって，サプライチェーン全体の効率を大幅に向上させる経営手法である。— SCM

解答　問1：エ　問2：ウ

コレも一緒に！　覚えておこう

リテールサポート（問2の選択肢ア）

　リテールサポートとは，卸売業者やメーカが小売業者に対して経営的な支援活動を行うこと。小売業者の業績を上げることで結果として自社の業績も上げるのが目的。

6 ストラテジ系

ナレッジマネジメント(知識管理)

ナレッジマネジメント

ナレッジマネジメント「知識管理」ともいう

ナレッジマネジメント（KM：Knowledge Management）とは，企業内に散在している（あるいは個人が保有している）知識や情報，ノウハウを共有化し，有効活用することで全体の問題解決力を高めたり，企業が持つ競争力を向上させようという企業マネジメントの手法です。

SECIモデル

ナレッジマネジメントでは，知識やノウハウを共有したり，新たな知識を創造するためのマネジメントが必要不可欠です。そこで，知識の"創造"活動に注目したのがSECIモデルです。ナレッジマネジメントのフレームワーク

SECIモデルは，「知識には暗黙知と形式知があり，これを個人や組織の間で相互に変換・移転することによって新たな知識が創造されていく」ことを示した**知識創造のプロセスモデル**（知識変換プロセスともいう）です。

つまり，個人が持つ暗黙的な知識は，「共同化→表出化→連結化→内面化」という4つの変換プロセスを経ることで，集団や組織の共有の知識となることを示したのがSECIモデルです。下図に，各プロセスの特徴をまとめました。事例（引出し線先の色文字）を参考にSECIモデルの流れを確認しておきましょう。

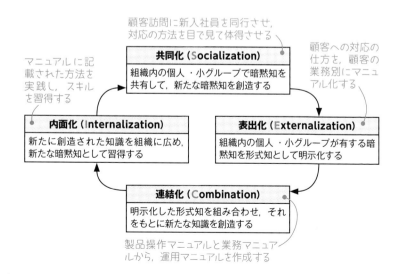

顧客訪問に新入社員を同行させ，対応の方法を目で見て体得させる

共同化（Socialization）
組織内の個人・小グループで暗黙知を共有して，新たな暗黙知を創造する

顧客への対応の仕方を，顧客の業務別にマニュアル化する

マニュアルに記載された方法を実践し，スキルを習得する

内面化（Internalization）
新たに創造された知識を組織に広め，新たな暗黙知として習得する

表出化（Externalization）
組織内の個人・小グループが有する暗黙知を形式知として明示化する

連結化（Combination）
明示化した形式知を組み合わせ，それをもとに新たな知識を創造する

製品操作マニュアルと業務マニュアルから，運用マニュアルを作成する

問1 社員の経験やノウハウを蓄積して活用すること

X社では，工場で長期間排水処理を担当してきた社員の経験やノウハウを文書化して蓄積することで，日常の排水処理業務に対応するとともに，新たな処理設備の設計に活かしている。この事例の考え方として，適切なものはどれか。

ア　ERP
イ　SFA
ウ　サプライチェーンマネジメント
エ　ナレッジマネジメント

問2 SECIモデルにおける"表出化"の正しい説明

知識創造プロセス（SECIモデル）における"表出化"はどれか。

ア　暗黙知から新たに暗黙知を得ること 〜 共同化
イ　暗黙知から新たに形式知を得ること
ウ　形式知から新たに暗黙知を得ること 〜 内面化
エ　形式知から新たに形式知を得ること 〜 連結化

問3 "内面化"に該当する活動

SECIモデルの知識変換プロセスにもとづき，製造現場において，熟練工の技能を若手技能者に伝承する場合，"内面化"に該当する活動はどれか。ここで，ア〜エは，共同化，表出化，連結化，内面化のいずれかに該当する。

ア　現場作業やOJTを通じて，熟練工と若手技能者間において製造のための知識や課題を確認するとともに，文書化されていない技能の存在を認識する。
イ　熟練工がもつ技能のうち，文章，図表，数式によって表現が可能なものを熟練工と若手技能者間において確認しながら作業手順書などの文書にまとめる。
ウ　若手技能者が，得られた知識をデータベースに記録し，これを整理・分類し，組み合わせることによって，新しい作業手順を生み出す。
エ　若手技能者が，得られた知識を基に実際の作業を繰り返し経験することによって，知識を自分の技能として体得する。

解答　問1：エ　問2：イ　問3：エ

6
ストラテジ系

技術戦略マネジメント

出題ナビ

新しい技術の開発や既存の技術の向上は，企業の継続性を考える上で重要な課題です。**技術戦略マネジメント**とは，技術開発戦略と技術開発計画を含むマネジメント活動です。

ここでは，応用情報技術者試験はもちろんのこと，基本情報や高度試験の午前問題に出題されている，技術開発戦略に関連する頻出用語を項目別にまとめました。確認しておきましょう。

技術戦略に関連する用語

イノベーション

技術革新

企業の持続的発展のためには，技術開発に投資して**イノベーション**を促進し，事業を成功へと導く技術開発戦略も重要なファクタです。次の表に，試験によく出題されているイノベーションをまとめたので確認しておきましょう。

ラディカルイノベーション	従来とはまったく異なる価値基準をもたらすほどの急進的で根源的な技術革新のこと。
プロダクトイノベーション	他社との差別化ができる製品や革新的な新製品を開発するといった，製品そのものに関する技術革新のこと。
プロセスイノベーション	研究開発過程，製造過程，および物流過程のプロセスにおける技術革新のこと。

価値創出の3要素

技術に立脚する事業を行う企業・組織が，持続的発展のために，技術が持つ可能性を見極めて事業に結びつけ，経済的価値を創出していくマネジメントを**MOT**といいます。　　「Management Of Technology（技術経営）」の略

技術開発を経済的価値へ結びつけ，企業・組織が持続的発展を遂げるためには，「**技術・製品価値創出**（Value Creation）→ **価値実現**（Value Delivery）→ **価値収益化**（Value Capture）」というサイクルを循環させ，拡大していくことが重要です。この3つを**価値創出の3要素**といいます。価値の収益化が達成できれば，研究開発や人材育成など，さらなる価値の創出につながり，力強い成長を果たすことができます。

TLO

TLO（Technology Licensing Organization：**技術移転機関**）は，大学など
の研究機関が保持する研究成果を特許化し，それを企業へ技術移転する業者・機関
のことです。研究機関発の新規産業から得られた収益の一部を研究者に戻すこと
で研究資金を生み出し，研究の更なる活性化を図ります。

3つの障壁

研究開発型事業においては，「研究→開発→製品化（事業化）→市場形成」という
段階を経て，"技術・製品価値創出"を"価値収益化"につなげます。**3つの障壁**とは，
この過程において乗り越えなければならないとされる障壁，すなわち技術経営にお
ける課題のことです。

次の表に，3つの障壁それぞれの特徴をまとめたので確認しておきましょう。

魔の川	基礎研究と開発段階の間にある障壁。例えば，製品を開発しても，製品の**コモディティ化**が進んでしまったため，収益化が望めなくなってしまった状況。 他社製品との差別化が価格以外で困難になること
死の谷	製品開発に成功しても資金がつきるなどの理由で次の段階である<u>製品化（事業化）に発展できない状況</u>，あるいはその障壁。
ダーウィンの海	市場に出された製品が他企業との競争や顧客の受容という荒波にもまれ，<u>より大きな市場を形成できない</u>といった，製品化されてから製品の市場形成の間にある障壁。

技術のSカーブ

技術のSカーブは，技術の進化過程を表したものです。具体的には，「技術は，
理想とする技術を目指す過程において，初め（導入期）は緩やかに進歩し，やがて
急激に進歩し（成長期），成熟期を迎えると進歩は停滞気味になり（衰退期），そし
て次の技術フェーズに移行する」ことを示しています（下図）。

技術の成熟などによって製品は必ずコモディティ化するので，この様相が見え始
めたら，技術の次なるSカーブを意識した研究を始めます。

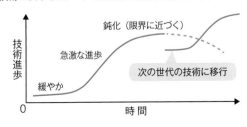

こんな**問題**が**出る!**

問1 プロダクトイノベーションの適切な例

プロダクトイノベーションの例として，適切なものはどれか。

ア　シックスシグマの工程管理を導入し，製品品質を向上する。⎤
イ　ジャストインタイム方式を採用し，部品在庫を減らす。　　⎥ プロセス
ウ　製造方法を見直し，コストを下げた製品を製造する。　　　⎦ イノベーション
エ　マルチコアCPUを採用した，高性能で低消費電力の製品を開発する。

問2 "死の谷"の正しい説明

技術経営における課題のうち，"死の谷"を説明したものはどれか。

ア　コモディティ化が進んでいる分野で製品を開発しても，他社との差別化
　　ができず，価値利益化ができない。〜 魔の川
イ　製品が市場に浸透していく過程において，実用性を重んじる顧客が受け
　　入れず，より大きな市場を形成できない。〜 ダーウィンの海
ウ　先進的な製品開発に成功しても，事業化するためには更なる困難が立ち
　　はだかっている。
エ　プロジェクトのマネジメントが適切に行われないために，研究開発の現
　　場に過大な負担を強いて，プロジェクトのメンバが過酷な状態になり，失
　　敗に向かってしまう。〜 死の行進（デスマーチ）

解答　問1：エ　問2：ウ

コレも一緒に!　覚えておこう

●シックスシグマ（問1の選択肢ア）

シックスシグマは，「不良品の発生率を100万分の3.4（3.4×10^{-6}）レベルに抑える」という，卓越した品質の実現を目標とした活動のこと。

●ジャストインタイム方式（問1の選択肢イ）

ジャストインタイム（JIT：Just In Time）方式は，「必要なものを，必要なときに，必要な数量だけ生産する」ことで中間在庫を減らすという方式。これを実現するため，後工程が自工程の生産に合わせてかんばんと呼ばれる生産指示票を前工程に渡し，必要な部品を調達する方式をかんばん方式という。

ビジネスインダストリ

09 エンジニアリングシステムと IoTシステム

出題ナビ

エンジニアリングシステムとは、工業製品などの設計・製造を支援するシステムです。製品の形状モデルや回路図などの設計を支援するCAD (Computer Aided Design) を始め、様々なシステムがありますが、ここでは、試験に出題されているPDM, FMS, MRPの3つを押さえておきましょう。また、IoT関連として、IoTがもたらす効果と、IoTに関連する頻出用語も押さえておきましょう。

エンジニアリングシステム

試験に出題されているエンジニアリングシステム

PDM	Product Data Managementの略。設計や開発の段階で発生する情報（製品の図面や部品構成データ、仕様書など）を一元管理することによって、設計業務と開発業務の効率向上を図る。PDMをベースにPLM (p.349) の実現を支援する。
FMS	Flexible Manufacturing Systemの略。産業用ロボットや、自動搬送装置、自動倉庫などをネットワークで接続し集中管理することによって、製造工程の省力化と効率化、また柔軟性を持たせた生産の自動化を実現するシステム。1つの生産ラインで製造する製品を固定せず、多品種少量生産にも対応できる。
MRP	Material Requirements Planning（資材所要量計画）の略。基準生産計画と部品構成表をもとに、「どの部品が、いつ、いくつ必要なのか」を割り出し、部品の発注・製造をコントロールし、在庫不足の解消と在庫圧縮を実現する。

こんな問題が出る!

MRPの特徴の正しい説明

MRP の特徴はどれか。

ア 顧客の注文を受けてから製品の生産を行う。

イ 作業指示票を利用して作業指示、運搬指示をする。

ウ 製品の開発、設計、生産準備を同時並行で行う。

エ 製品の基準生産計画をもとに、部品の手配数量を算出する。

解答 エ

 # IoTシステム

IoTがもたらす4つの効果

IoT (Internet of Things) により"モノ"がインターネットにつながることで、離れた場所にあるモノの状態を把握できたり、制御することができます。さらに、機器どうしが相互に情報をやり取りして自律的な制御を行うことも可能です。

IoTがもたらすこのような効果は、次の4段階に分類できるといわれています。各段階の特徴は次のとおりです。

監視	インターネットを介して、モノの状態を知る(監視する)ことができる段階。
制御	あらかじめ指定した一定の状態を観測したとき、それに対応する指示を出せる段階。
最適化	"制御"がさらに一歩進んだ段階。単一の指標に対してだけでなく、複数・複雑な指標に対してもリアルタイムで監視した複数の値をもとに最適な状態に導くことができる段階。
自律化	目標値などの最低限の指示のみ与えれば、あたかも人間のように(自律的に)最適な状態を判断し動作できる段階。

 こんな問題が出る!

"自律化"の段階に達している正しい例

IoTがもたらす効果を"監視"、"制御"、"最適化"、"自律化"の4段階に分類すると、IoTによって工場の機械の監視や制御などを行っているシステムにおいて、"自律化"の段階に達している例はどれか。

ア　機械に対して、保守員が遠隔地の保守センタからインターネットを経由して、機器の電源のオン・オフなどの操作命令を送信する。〜"制御"段階

イ　機械の温度や振動データをセンサで集めて、インターネットを経由してクラウドシステム上のサーバに蓄積する。〜"監視"段階

ウ　クラウドサービスを介して、機械同士が互いの状態を常時監視・分析し、人手を介すことなく目標に合わせた協調動作を自動で行う。

エ　クラウドシステム上に常時収集されている機械の稼働情報をもとに、機械の故障検知時に、保守員が故障部位を分析して特定する。〜"最適化"段階

解答　ウ

覚えておきたいIoT関連の用語

試験に出題されているIoT関連の用語

その他，試験に出題されているIoT関連の用語をまとめました。押さえておきましょう。

エッジ コンピューティング	コンピューティングモデルの1つ。モバイル機器などのデバイスやIoT機器でデータ処理を行ったり，端末の近くに分散配置したサーバで処理を行ったりする形態。IoT機器の増加に伴い，端末とクラウドサーバ間のネットワーク遅延やクラウドサーバへの負荷が問題になっているが，エッジコンピューティングは，モノから発生する膨大なデータをクラウド側ですべて処理するのではなく，ユーザや端末の近くで分散処理するのでクラウド側への負荷や通信遅延を解消できる。
LPWA	Low Power, Wide Areaの略。省電力で広範囲をカバーできる無線通信技術の総称。伝送速度は遅いものの，省電力で遠距離（km単位の距離）での通信ができるため，特にIoT時代の無線技術として注目されている。
ディジタルツイン	IoTなどを活用して，現実世界の情報をセンサーデータとして収集し，それを用いてディジタル空間上に現実世界と同等な世界を構築すること。

こんな問題が出る！

エッジコンピューティングの正しい説明

IoTの技術として注目されている，エッジコンピューティングの説明として，適切なものはどれか。

ア　演算処理のリソースを端末の近傍に置くことによって，アプリケーション処理の低遅延化や通信トラフィックの最適化を行う。

イ　データの特徴を学習して，事象の認識や分類を行う。〜機械学習

ウ　ネットワークを介して複数のコンピュータを結ぶことによって，全体として処理能力が高いコンピュータシステムを作る。〜クラスタリング

エ　周りの環境から微小なエネルギーを収穫して，電力に変換する。
　　エネルギーハーベスティング（環境発電）

6
ストラテジ系

解答　ア

OR・IE（在庫管理）

出題ナビ

在庫量を最適な状態に維持するため，各商品の発注時期と発注量を決めてコントロールするのが在庫管理です。

代表的な管理方式には，定量発注方式と定期発注方式があり，例えば，需要の変動が大きい商品には，今後の需要量を予測して発注量を決める定期発注方式が採用されます。ここでは，それぞれの方式の特徴と基本的な考え方を理解しておきましょう。

定量発注方式（発注点方式）

定量発注方式（発注点方式）
← 需要変動に弱い

定量発注方式 は発注点方式とも呼ばれ，在庫が一定量（発注点）を下回ったとき，あらかじめ計算された最適発注量を発注する方式です。

← 発注してから納入されるまでの期間。「リードタイム」ともいう

発注点は，「調達期間 の需要の平均値＋安全在庫」で算出します。定量発注方式で重要なのは最適発注量です。これには，在庫総費用が最小になる経済的発注量（EOQ：Economic Order Quantity）が用いられます。

経済的発注量

在庫総費用は，単位期間当たりの発注費用と在庫維持費用の和です。単位期間の総需要量に対して，1回当たりの発注量を多くするほど，発注回数が少なくなり発注費用は減少しますが，平均在庫量（発注量の1/2として計算する）が多くなるので在庫維持費用は増加します。この，発注費用と在庫維持費用の関係を表すグラフは，次のとおりです。

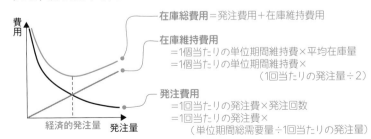

在庫総費用＝発注費用＋在庫維持費用

在庫維持費用
　＝1個当たりの単位期間維持費×平均在庫量
　＝1個当たりの単位期間維持費×
　　　　　　（1回当たりの発注量÷2）

発注費用
　＝1回当たりの発注費×発注回数
　＝1回当たりの発注費×
　　　　（単位期間総需要量÷1回当たりの発注量）

経済的発注量とは, 在庫総費用が最小となる (発注費用と在庫維持費用が等しい) ときの発注量のことです。試験では, グラフの形状や 経済的発注量を求める式 が問われることがあります。押さえておきましょう。

$$EOQ = \sqrt{\frac{2 \times 総需要量 \times 1回当たりの発注費}{1個当たりの単位期間維持費}}$$

定期発注方式

定期発注方式における発注量の求め方　需要変動に強い

定期発注方式 は, あらかじめ発注日 (発注間隔) を決めておき, 発注日ごとに在庫量を調べ, 今後の需要量を予測して発注量を決める方式です。発注量の算出式は, 次のとおりです。

在庫調整期間という

発注量 = (調達期間 + 発注間隔) の需要予測量
　　　　 － 発注時の在庫量 － 発注時の注文残 ＋ 安全在庫量

例えば, 安全在庫0.5か月分, 発注間隔1か月, 調達期間2か月, 月平均需要量500個, 発注時の在庫量750個, 発注時の注文残400個のときの発注量は, 次のとおりです。

在庫調整期間の需要予測量　　　安全在庫量

発注量 = (2+1) × 500 － 750 － 400 + 500×0.5 = 600 [個]

 確認のための実践問題

　重要性や需要変動, 在庫コストの観点から商品単位に発注方式を決定したい。発注方式を決定するために用いられる手法として, 適切なものはどれか。

ア　ABC分析　　　イ　管理図　　　ウ　特性要因図　　　エ　線形計画法

解説　**ABC分析によって重要な商品とそうでない商品が把握できる**

　ABC分析とは, パレート図 (p.324) を用いて重点的に管理すべき項目を把握する方法です。ABC分析の結果, Aランクの商品は最も重要な商品なので, 定期発注方式で管理します。Bランクの商品は主に定量発注方式, Cランクの商品は2ビン法 (A, Bの2つを用意し, Aから先に使い, Aがなくなったら Bを使って, その間にAを発注するという方式) で管理します。

解答　ア

企業活動

OR・IE
(ゲーム理論)

出題ナビ

自社がある戦略のもとに新製品の価格を定め販売したとしても，それが市場に受け入れられるかどうかは，将来の経済状況によって，また同業他社が採る戦略によって影響を受けます。こうした競争環境下で有効な意思決定の判断基準を得る方法の1つが**ゲーム理論**です。ここでは，マクシミン原理とマクシマックス原理，純粋戦略と混合戦略の考え方を理解しておきましょう。

ゲーム理論を用いた意思決定

マクシミン原理とマクシマックス原理

将来の起こりうる状態に対する発生確率が不明である場合の意思決定の判断基準として，マクシミン原理やマクシマックス原理があります。

最悪でも最低限の利得を確保しようという，最も保守的な選択をするのが**マクシミン原理**です。各戦略の最小利得（最悪利得）のうち，最大となるものを選びます。これに対して，最も楽観的な選択をするのが**マクシマックス原理**です。各戦略の最大利得（最良利得）のうち，最大となるものを選びます。 「ミニマックス」ともいう

例えば，将来の起こりうる状態とそれぞれの戦略を選んだときの利得が，次の図のように予想されるとき，マクシミン原理ではP2，マクシマックス原理ではP1が選択されることになります。

将来の状態		S1	S2	S3
戦略	P1	50	24	−25
	P2	30	0	15
	P3	15	30	−15

マクシマックス原理
最大利益のうちの最大値

マクシミン原理
最小利益のうちの最大値

純粋戦略と混合戦略

競争相手が複数存在し，互いの意思決定がそれぞれの利得に影響を及ぼす場合，すべてのプレーヤーの利得の和が常にゼロになるゲーム，あるいはその状況を**ゼロ和ゲーム**といいます。

例えば，A社はa1，a2，a3の戦略，B社はb1，b2，b3の戦略でそれぞれ対抗する場合，A社が戦略a1を採り，B社が戦略b2を採ったとき，A社の利得が100で

あれば，B社の利得は－100になるのがゼロゲームです。

　純粋戦略とは，A社，B社が各戦略からどれか1つの戦略を確定的に選択する（相手の戦略によって，採るべき戦略が確定的に決まる）場合の戦略です。これに対して，A社，B社が各戦略を，利益が最大になるような確率に従って選択していく戦略を混合戦略といいます。

こんな問題が出る！

問1　意思決定に関する正しい記述

　経営会議で来期の景気動向を議論したところ，景気は悪化する，横ばいである，好転するという3つの意見に完全に分かれてしまった。来期の投資計画について，積極的投資，継続的投資，消極的投資のいずれかに決定しなければならない。表の予想利益については意見が一致した。意思決定に関する記述のうち，適切なものはどれか。

予想利益（万円）		景気動向		
		悪化	横ばい	好転
投資計画	積極的投資	50	150	500
	継続的投資	100	200	300
	消極的投資	400	250	200

ア　混合戦略に基づく最適意思決定は，積極的投資と消極的投資である。
イ　純粋戦略に基づく最適意思決定は，積極的投資である。
ウ　マクシマックス原理に基づく最適意思決定は，継続的投資である。
エ　マクシミン原理に基づく最適意思決定は，消極的投資である。

この2つから正しい記述を選ぶ

問2　ゲーム理論が適するもの

　ゲーム理論を使って検討するのに適している業務はどれか。

ア　イベント会場の入場ゲート数の決定　　イ　売れ筋商品の要因の分析
ウ　競争者がいる地域での販売戦略の策定　エ　新規開発商品の需要の予測

決め手はココ！

6
ストラテジ系

解答　問1：エ　問2：ウ

OR・IE
（検査手法）

出題ナビ

　　製品の品質を確実に保証するためには全数検査が最良ですが，数が非常に多かったり，破壊や劣化を伴う場合の全数検査は事実上不可能です。そこで行われるのが，検査対象から一部を採取して検査を行う**抜取検査**です。

　　ここでは，抜取検査でのロットの品質とその合格確率との関係を表した**検査特性曲線（OC曲線）**を押さえておきましょう。

抜取検査と検査特性曲線

抜取検査

検査対象となる製品の集まり（単位）

　　抜取検査では，大きさNの**ロット**から，大きさnのサンプルを抜き取り，このサンプル中の不良個数が合格判定個数c以下のときはロットを合格とし，cを超えたときはロットを不合格とします。サンプルの大きさnや合格判定個数cは，ロットの大きさNと**合格品質水準**（AQL：Acceptable Quality Level）によって決められます。合格品質水準とは，合格させたいロットの不良率の上限です（右ページの図を参照）。

検査特性曲線（OC曲線）

　　OC曲線（Operating Characteristic curve）は，横軸にロットの不良率，縦軸にロットの合格率をとり，ロットの不良率に対するそのロットの合格の確率を表したものです。次のOC曲線では，不良率がp_1，p_2であるロットが合格する確率は，それぞれL1，L2であることを表しています。

n個中，不良個数が0〜c個であれば合格なので，不良率がp_1であるロットが合格する確率は，
不良個数が0個の確率＋不良個数が1個の確率＋…＋不良個数がc個の確率
$$= {}_nC_0 \times p_1^0 \times (1-p_1)^{n-0} + {}_nC_1 \times p_1^1 \times (1-p_1)^{n-1} + \cdots + {}_nC_c \times p_1^c \times (1-p_1)^{n-c}$$
$$= \sum_{i=0}^{c} {}_nC_i \times p_1^i \times (1-p_1)^{n-i}$$

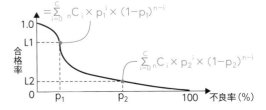

$$\sum_{i=0}^{c} {}_nC_i \times p_2^i \times (1-p_2)^{n-i}$$

生産者危険と消費者危険

合格品質水準（AQL）をpとし，$p_1 < p < p_2$である場合を考えます。この場合，合格すべき不良率p_1であるロットの合格率はL1しかなく（1.0−L1の確率で不合格になる），逆に不合格となるべき不良率p_2のロットの合格率はL2です。

このように，本来合格となるべきロットが抜取検査で不合格となる確率を**生産者危険**といい，不合格となるべきロットが合格になってしまう確率を**消費者危険**といいます。

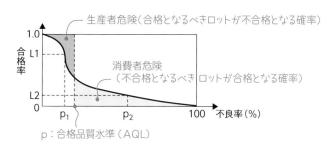

生産者危険（合格となるべきロットが不合格となる確率）

消費者危険
（不合格となるべきロットが合格となる確率）

p：合格品質水準（AQL）

 こんな問題が出る！

抜き取り検査で利用されるもの

抜取り検査において，ある不良率のロットがどれだけの確率で合格するかを知ることができるものはどれか。

信頼度成長曲線（p.288）

ア　OC曲線
イ　ゴンペルツ曲線
ウ　バスタブ曲線
エ　ロジスティック曲線

解答　ア

コレも一緒に！　覚えておこう

●バスタブ曲線（選択肢ウ）

横軸に時間，縦軸に故障率をとり，時間経過に伴う故障率の推移を表したもの。故障率曲線とも呼ばれる。使用初期は故障が多く（初期故障期），徐々に減少して一定の故障率に落ち着く（偶発故障期）。さらに時間が経過すると，再び故障率は増加する（摩耗故障期）。

6 ストラテジ系

企業活動と会計

出題ナビ

将来，一定期間において必要とされる利益や売上高目標を計画することを利益計画といい，損益分岐点による分析は，特に短期（通常，1年）の利益計画を立案するために効果的な方法です。

ここでは，損益分岐点分析（CVP分析ともいう）の基本事項や，安全余裕率などの関連指標，また各種利益（売上総利益，営業利益など）の計算方法を確認しておきましょう。

売上と利益の関係

損益分岐点

――「採算点」ともいう

損益分岐点 は，売上高と総費用（変動費＋固定費）が等しい，つまり利益も損失も生じない点です。利益計画に必要な売上高・費用と利益の関係を検討するために利用されます。損益分岐点は，次の式で求めることができます。

$$損益分岐点 = \frac{固定費}{1-変動費率} = \frac{固定費}{1-\dfrac{変動費}{売上高}}$$

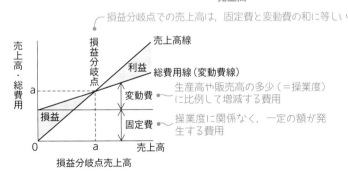

損益分岐点での売上高は，固定費と変動費の和に等しい

売上高・総費用

- 売上高線
- 総費用線（変動費線）：生産高や販売高の多少（＝操業度）に比例して増減する費用
- 変動費
- 固定費：操業度に関係なく，一定の額が発生する費用

損益分岐点売上高

安全余裕率

安全余裕率は，売上高が損益分岐点売上高をどのくらい上回っているのかを示す比率です。売上高が何パーセント落ちれば，損益分岐点売上高になるかを表します。

　午前問題では，損益分岐点を求める問題の他，目標利益を達成するための売上高（**目標売上高**）や**安全余裕率**を求めるといった問題も出題されます。次の基本公式を押さえておきましょう。

〔損益分岐点に関する計算式〕

・**目標売上高 ＝（固定費＋目標利益）／（1－変動費率）**

・**安全余裕率 ＝（売上高－損益分岐点売上高）／売上高**

・**限界利益 ＝ 売上高－変動費**　——「貢献利益」ともいう

・**限界利益率 ＝ 限界利益／売上高 ＝ 1－変動費率**

こんな**問題**が**出る**!

損益分岐点を求める

　表は，ある企業の損益計算書である。損益分岐点は何百万円か。

単位　百万円

項　目	内　訳	金　額
売上高		700
売上原価	変動費　100 固定費　200	300
売上総利益		400
販売費・一般管理費	変動費　40 固定費　300	340
税引前利益		60

　ア　250　　　　イ　490　　　ウ　500　　　エ　625

解説　損益分岐点は，「固定費／（1－変動費率）」で求められる

1. 変動費率（＝変動費／売上高）を求める

　売上高は700百万円，変動費は140（＝100＋40）百万円なので，
　　　変動費率 ＝ 変動費／売上高 ＝ 140／700 ＝ 0.2

2. 損益分岐点を求める

　固定費は500（＝200＋300）百万円なので，
　　　損益分岐点 ＝ 固定費／（1－変動費率）＝ 500／（1－0.2）＝ 625［百万］

解答　エ

利益の計算

　企業の最も重要な収益は売上高ですが，売上高から様々な費用が差し引かれて利益となります。

〔利益の計算式〕

- **売上総利益（粗利益）＝ 売上高 − 売上原価**
- **営業利益 ＝ 売上総利益 − 販売費及び一般管理費**
- **経常利益 ＝ 営業利益 ＋ 営業外収益 − 営業外費用**
- **税引前当期純利益 ＝ 経常利益 ＋ 特別利益 − 特別損失**
- **当期純利益 ＝ 税引前当期純利益 − 法人税など**

 こんな問題が出る!

当期営業利益を求める

　期末の決算において，表の損益計算資料が得られた。当期の営業利益は何百万円か。

単位　百万円　　売上総利益 − 販売費及び一般管理費

項　目	金　額
売上高	1,500
売上原価	1,000
販売費及び一般管理費	200
営業外収益	40
営業外費用	30

売上総利益＝1500−1000＝500

ア	270	イ	300
ウ	310	エ	500

解答　イ

 # 覚えておきたい財務諸表

損益計算書	会計期間に属するすべての収益と費用を記載し，算出した利益（または損失）を表したもの。
貸借対照表	一定時点における企業の資産，負債および純資産を表示し，企業の財政状態を明らかにしたもの。
キャッシュフロー計算書	会計期間における現金および現金同等物の流れ（キャッシュフロー）を営業活動によるキャッシュフロー，投資活動によるキャッシュフロー，財務活動によるキャッシュフローの3区分に分けて表したもの。
株主資本等変動計算書	貸借対照表の純資産の変動状況（株主資本，評価・換算差額等，新株予約権，それぞれの内訳および増減額）を表したもの。

確認のための実践問題

A社とB社の比較表から分かる，A社の特徴はどれか。

単位 億円

	A社	B社
売上高	1,000	1,000
変動費	500	800
固定費	400	100
営業利益	100	100

ア 売上高の増加が大きな利益に結び付きやすい。

イ 限界利益率が低い。

ウ 損益分岐点が低い。

エ 不況時にも，売上高の減少が大きな損失に結び付かず不況抵抗力は強い。

解説 変動費率，限界利益率，損益分岐点から判断する

A社，B社の変動費率，限界利益率，損益分岐点は，次のとおりです。

・変動費率 ＝ 変動費／売上高

・限界利益率 ＝ 1－変動費率

・損益分岐点 ＝ 固定費／（1－変動費率）

	A社	B社
変動費率	500／1000 ＝ 0.5	800／1000 ＝ 0.8
限界利益率	（1000－500）／1000 ＝ 0.5	（1000－800）／1000 ＝ 0.2
損益分岐点	400／（1－0.5）＝ 800	100／（1－0.8）＝ 500

　変動費率は総費用線（変動費線）の傾きを表します。したがって，変動費率が低いA社の方が，損益分岐点を超えた後，売上高が高くなるに従って大きな利益が出るようになります。しかし，A社はB社に比べ固定費が多く損益分岐点が高いので，売上高が損益分岐点を下回ると急激に利益がマイナスになります。

　したがって，選択肢アの記述が正しく，エは誤りです。なお，限界利益率，損益分岐点が低いのはB社です。

解答 ア

6

ストラテジ系

財務諸表の分析

出題ナビ

財務諸表（貸借対照表，損益計算書など）から企業経営の内容の良否を判断することを目的に行われる分析を，**経営分析**あるいは**財務諸表分析**といいます。ここでは，経営分析（財務諸表分析）における代表的かつ，試験によく出題される財務指標を，収益性分析と安全性分析の指標に分けてまとめました。押さえておきましょう。特に，ROI（投資利益率）は午前問題で頻出です。

代表的な財務指標

収益性分析の指標 　「投資収益率」ともいう

投資利益率 （ROI：Return On Investment）	**ROI (%) =（利益／投資額）×100** ※個々の投資額に対する利益の割合。プロジェクト単位の収益性（投資対効果）の評価にも利用される。
自己資本利益率 （ROE：Return On Equity）	**ROE (%) =（当期純利益／自己資本）×100** ※自己資本を使ってどれだけ利益を生み出しているかを表す。株主から見ると，値が大きいほど投資効果が高く魅力的。ただし，自己資本が非常に少ない場合は，少しの利益でもROEは大きくなるため，安全性指標と合わせて見る必要がある。
総資本利益率 （ROA：Return On Assets）	**ROA (%) =（当期純利益／総資本）×100** ※総資産（総資本）を使ってどれだけ利益を生み出したかを表す。ROEと同様，安全性指標と合わせて見る必要がある。
総資本経常利益率	**総資本経常利益率 (%) =（経常利益／総資本）×100**
総資本回転率	**総資本回転率（回）= 売上高／総資本** ※資産が一定期間に何回回転したかを表す。総資産に占める不良資産の存在度がわかる。
売上高経常利益率	**売上高経常利益率 (%) =（経常利益／売上高）×100**

安全性分析の指標

自己資本比率	**自己資本比率(%) =（自己資本／総資本）×100** ※資本構成から見た企業の安全性を表す。
流動比率	**流動比率 (%) =（流動資産／流動負債）×100** ※企業の短期的な支払能力（短期安全性）を表す。
固定比率	**固定比率 (%) =（固定資産／自己資本）×100** ※企業の長期的な支払能力（長期安全性）を表す。

こんな**問題**が**出る!**

投資対効果の評価に使用される指標

情報戦略の投資対効果を評価するとき,利益額を分子に,投資額を分母にして算出するものはどれか。

ア EVA　　　　イ IRR　　　　ウ NPV　　　　エ ROI

解答 エ

コレも一緒に! 覚えておこう

● **EVA (Economic Value Added：経済的付加価値)**

EVAは,収益性分析の指標。「税引後営業利益-投下資本×資本コスト」で算出される。資本コストとは,投じた資金の調達や維持にかかる費用(配当金,利息など)。通常はパーセンテージ (%) で表される。

● **IRR (Internal Rate of Return：内部収益率)**

IRRは,NPVがゼロになる割引率のこと。

● **NPV (Net Present Value：正味現在価値)**

NPVは,投資の採算性を示す指標。将来のキャッシュインを現在価値(将来のお金の,現時点での価値)に割り引いた値から,キャッシュアウト(投資額)を差し引いた金額のこと。例えば,次の投資案件Xにおいて,投資効果をNPVで評価する場合の算出式は,次のとおり。

案件X(割引率:2.5%)

年	0	1	2	3	4	5
キャッシュイン		100	90	80	60	50
キャッシュアウト	200					

$$NPV = -200 + \left(\frac{100}{1.025^1} + \frac{90}{1.025^2} + \frac{80}{1.025^3} + \frac{60}{1.025^4} + \frac{50}{1.025^5} \right)$$

一般式　$\displaystyle\sum_{t=1}^{n} \frac{F_t}{(1+r)^t}$　　※F_t：キャッシュフロー
　　　　　　　　　　　　　　　r ：割引率
　　　　　　　　　　　　　　　n ：キャッシュインの期間

6 ストラテジ系

知的財産権

出題ナビ

知的財産権は，無形のもの，特に思考によって作られたものの知的価値を無形の財産と認め，この知的価値を守るために与えられる財産権です。知的財産権に関して出題が多いのは著作権です。

ここでは，著作権に関する問題解法のポイントを押さえましょう。また，産業財産権（知的財産権の1つ）といわれる特許権，実用新案権，意匠権，商標権も押さえておきましょう。

知的財産権

著作権

著作権は，小説，論文，プログラム，音楽，絵画，写真など著作者が創作した著作物を保護する権利です。登録は不要で，著作物を作成した時点で自動的に権利が発生し，その後一定期間保護されます。保護期間は，著作者が個人の場合は死後70年間，法人に帰属している場合は公表後70年間です。

〔著作権法に関する問題解法のポイント〕

① プログラムを作成するために用いるプログラム言語，規約，アルゴリズムは，著作権法によって保護されない。

② プログラム開発時に作成される設計書，原始プログラムをコンパイルした目的プログラム，プログラム操作説明書は，著作権法によって保護される。

③ 法人の発意にもとづき，その法人の従業員が職務上作成したプログラムの著作権は，契約，勤務規則等に別段の定めがなければ，その法人に帰属する。

④ 労働者派遣契約によって派遣された派遣労働者が，派遣先企業の指示の下に開発したプログラムの著作権は，特に取決めがなければ派遣先企業に帰属する。

⑤ 開発を委託したソフトウェアの著作権は，特段の契約条件がなければ，それを受託した企業に帰属する。

⑥ バックアップ用の複製など，自己利用範囲の複製は認められている。ただし，掛けられているプロテクトを解除して行った場合は著作権法違反となる。

⑦ 使用許諾を受けている購入プログラムを，著作者に無断で複製し，子会社など第三者に使用させることは認められていない。

⑧ 購入したプログラムを自社のコンピュータで効果的に活用する目的で，一部を

改変することは認められている。

⑨ プログラムの著作権を侵害して作成された複製物（海賊版）であることを知らずに購入したのであれば，使用時点でそれを知っていても著作権法違反とならない。

その他の知的財産権（産業財産権）

特許権	産業上利用することができる新規の発明を独占的・排他的に利用できる権利であり，所轄の官庁への出願および審査にもとづいて付与される権利。
実用新案権	物品の形状，構造，組合せに関する考案を，独占的・排他的に利用できる権利。
意匠権	新規の美術・工芸・工業製品などで，その形・色・模様など装飾上の工夫（デザイン）を，独占的・排他的に使用できる権利。
商標権	事業者が自己の商品を他人の商品と識別するために商品について使用する標識を，独占的・排他的に使用できる権利。

こんな問題が出る！

問1　プログラム著作権の原始的帰属

A社は，B社と著作物の権利に関する特段の取決めをせず，A社の要求仕様に基づいて，販売管理システムのプログラム作成をB社に依頼した。この場合のプログラム著作権の原始的帰属は，どのようになるか。

ア　A社とB社が話し合って決定する。　　イ　A社とB社の共有となる。
ウ　A社に帰属する。　　　　　　　　　　エ　B社に帰属する。

問2　著作権法上適法である行為

プログラムの著作物について，著作権法上，適法である行為はどれか。

ア　海賊版を複製したプログラムと事前に知りながら入手し，業務で使用した。
イ　業務処理用に購入したプログラムを複製し，社内教育用として各部門に配布した。
　　　　　　　　　　　職務上作成したプログラムの著作権は，会社に帰属
ウ　職務著作のプログラムを，作成した担当者が独断で複製し，他会社に貸与した。
エ　処理速度を向上させるために，購入したプログラムを改変した。

解答　問1：エ　問2：エ

6
ストラテジ系

16 労働関連・取引関連法規

出題ナビ

「労働関連」に関しては，労働者を派遣する場合，労働者，派遣先，派遣元の3者がどのような関係にあるかを確認しておきましょう。また，派遣契約と請負契約の違いを押さえておきましょう。

「取引関連」に関しては，自社以外の事業者に業務を委託する場合に締結する外部委託契約の契約形態について，請負契約と準委任契約の違いを押さえておきましょう。

労働関連の法規

派遣契約

派遣契約とは，派遣元が雇用する労働者を，その雇用契約の下に，派遣先の指揮命令を受けて派遣先のための労働に従事させるという契約です。派遣労働者は，雇用条件などは雇用主である派遣元と結びますが，その他の業務上の指揮命令は派遣先から出されることになります。

請負契約

請負契約とは，請負元が発注主に対し仕事を完成することを約束し，発注主がその仕事の完成に対し報酬を支払うことを約束する契約です。請負元は，雇用する労働者を自らの指揮命令下で当該業務に従事させます。

派遣契約と請負契約の違いは，指揮命令権がどちらにあるのかという点です。つまり，派遣契約では派遣先の企業に派遣労働者への指揮命令を認めていますが，請負契約ではこれを認めていません。

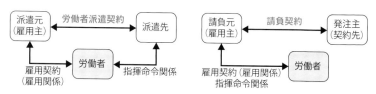

	労働者派遣契約	請負契約
指揮命令権	派遣先が派遣労働者を指揮命令し労働に従事させる。	該当業務に従事する労働者を発注主の指揮命令下におくことはない。

偽装請負

請負契約をしていても，実際には雇用する労働者を，発注主の会社に常駐させて，その指揮命令下で業務に従事させているような場合は，「労働者派遣」と判断され，職業安定法違反となります。このような行為を**偽装請負**といいます。なお，発注主の会社に常駐すること自体は違法ではありません。問題なのは，発注主の指揮命令下で労働者を業務に従事させていることです。

 こんな問題が出る！

問1 請負契約における適法な行為

請負契約の下で，自己の雇用する労働者を契約先の事業所などで働かせる場合，適切なものはどれか。

ア 勤務時間，出退勤時刻などの労働条件は，契約先が調整する。
イ 雇用主は自らの指揮命令の下で当該労働者を業務に従事させる。
ウ 当該労働者は，契約先で働く期間は，契約先との間にも雇用関係が生じる。
エ 当該労働者は，契約先の指示によって配置変更が行える。

問2 請負契約，派遣契約における適法な行為

図のような契約の下で，A社，B社，C社の開発要員がプロジェクトチームを組んでソフト開発業務を実施するとき，適法な行為はどれか。

```
┌─────────┐              ┌─────────┐              ┌─────────┐
│  A社    │   請負契約    │  B社    │   派遣契約    │  C社    │
│ (発注元) │ ◄──────────► │         │ ◄──────────► │         │
└─────────┘              └─────────┘              └─────────┘
```

　　　請負契約なので，B社（請負元）の要員に直接作業指示できない

ア A社の担当者がB社の要員に直接作業指示を行う。
イ A社のリーダがプロジェクトチーム全員の作業指示を行う。
ウ B社の担当者がC社の要員に業務の割り振りや作業スケジュールの指示を行う。
エ B社の担当者が業務の進捗によってC社の要員の就業条件の調整を行う。

　　　　　　　　雇用主であるC社が行う

解答　問1：イ　問2：ウ

企業間の取引に関わる契約

外部委託契約とその契約形態

外部委託契約は，自社以外の事業者に業務を委託する場合に締結する契約です。外部委託契約の契約形態には，請負契約と(準)委任契約があります。

なお，何らかの法律行為を行うことを委託する契約を委任契約といい，法律行為以外の業務行為を委託する場合は，準委任契約といいます。

請負契約と準委任契約

先述したように請負契約は，請負元が発注主に対し仕事を完成することを約束し，発注主がその仕事の完成に対し報酬を支払うことを約束する契約です。仕事を完成するまで，すべて請負元の責任とリスクで作業を行います。もし，引き渡された成果物 (目的物) が契約の内容に適合しなかった場合，請負元は債務不履行を理由とする契約不適合責任を負うことになります。この場合，発注主は，追完や損害賠償を請求することができます。また，追完の催促を行っても期間内に一定の対応がない場合や追完が期待できない場合は報酬の減額を請求でき，また契約の目的を達成することができないときは契約を解除することができます。

これに対して，準委任契約は仕事 (受託業務) の遂行を約束する契約です。善良な注意をもって仕事を遂行する義務 (善管注意義務という) を負うものの，仕事の完成についての義務はなく契約不適合責任を負うことはありません。

 こんな問題が出る！

準委任契約の正しい説明

準委任契約の説明はどれか。

ア　成果物の対価として報酬を得る契約 ┐
イ　成果物を完成させる義務を負う契約 ┘ 請負契約
ウ　善管注意義務を負って作業を受託する契約
エ　発注者の指揮命令下で作業を行う契約
　　　　└ 労働者派遣契約

解答　ウ

確認のための実践問題

問1 ベンダX社に対して，表に示すように要件定義フェーズから運用テストフェーズまでを委託したい。X社との契約に当たって，"情報システム・モデル取引・契約書"に照らし，各フェーズの契約形態を整理した。a～dの契約形態のうち，準委任型が適切であるとされるものはどれか。

要件定義	システム外部設計	システム内部設計	ソフトウェア設計，プログラミング，ソフトウェアテスト	システム結合	システムテスト	運用テスト
a	準委任型又は請負型	b	請負型	c	準委任型又は請負型	d

ア　a, b　　　　イ　a, d　　　　ウ　b, c　　　　エ　b, d

問2 請書を渡すと契約が成立する書類はどれか。

ア　RFI　　　　イ　RFP　　　　ウ　注文書　　　　エ　提案書

解説 問1　ユーザが責任を負うべきフェーズは準委任型

請負型ではベンダは仕事（受託業務）の完成義務を負うのに対し，**準委任型**ではベンダは善管注意義務を負うものの，仕事の完成義務はなく，契約不適合責任も発生しません。この観点から，準委任型が適するのは，要件定義フェーズと運用テストフェーズの2つです。つまり，選択肢イが正解です。

そもそも要件定義フェーズはユーザが責任を負うべきフェーズです。このフェーズでは，ユーザは必要に応じて要件定義作成支援を内容とする準委任契約をベンダと締結し，ベンダから作業支援を受けるのが基本となります。また，運用テストフェーズ（p.282）は，利用者視点で最終確認を行うフェーズです。要件定義フェーズと同様，準委任型が適切です。

"**情報システム・モデル取引・契約書**"による，情報システム開発フェーズ（本問で示されたフェーズ）と，推奨する契約形態（準委任型／請負型）を次ページの図に示します。押さえておきましょう。

6
ストラテジ系

要件定義	システム外部設計	システム内部設計	ソフトウェア設計プログラミングソフトウェアテスト	システム結合	システムテスト	運用テスト
準委任型	準委任型請負型	請負型			準委任型請負型	準委任型

解説 問2　注文書と請書のやり取りで契約が成立

　請書（うけしょ）とは，注文書や依頼書に対して承諾した旨を示して相手に差し出す文書のことです。注文書と請書とによって契約が成立します。

ア：**RFI**（Request For Information：**情報提供依頼書**）は，ユーザが**RFP**（提案依頼書）を作成するのに必要な情報の提供をベンダに要請する文書です。例えば，現在の状況において利用可能な技術・製品，ベンダにおける導入実績など実現手段に関する情報提供を要請します。

イ：**RFP**（Request For Proposal：**提案依頼書**）は，発注先の候補となるベンダ各社にシステム開発の提案を依頼する文書です。RFPには，システムの概要（基本方針），提案依頼事項，調達条件などが記載されます。提案依頼事項は，RFPの中核をなすもので，「どのようなシステム，何ができるシステムを作りたいか」を明確にした要件定義（機能要件，非機能要件）が明示されます。

エ：**提案書**は，ユーザからの**RFP**（提案依頼書）にもとづいて，ベンダが作成する文書です。ユーザは，各社から提出された提案書およびその他の情報を総合的に判断してベンダ（調達先）を選定することになります。

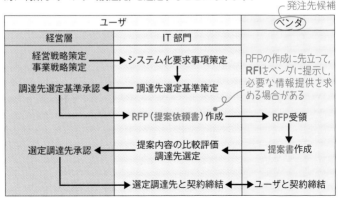

17 標準化関連

出題ナビ

ここでは，「開発と取引の標準」，「データ交換での標準」をまとめました。「開発と取引の標準」に関しては，共通フレームの目的および，共通フレームを構成する企画プロセスと要件定義プロセスの目的や行うべき作業を押さえておきましょう。

「データ交換での標準」に関しては，商取引に関する情報を企業間で電子的に交換するEDIなど，頻出用語を押さえておきましょう。

共通フレーム2013

共通フレーム

ソフトウェアライフサイクルプロセス

共通フレーム（SLCP-JCF）は，「ソフトウェア，システム，ITサービス」に係わる人々の取引を明確化するため，"共通の物差し"としてまとめられたガイドラインです。システムやソフトウェアの構想から開発，運用，保守，廃棄に至るまでのライフサイクル全般に渡って，必要な作業項目の1つひとつを規定し明確化しています。

「共通の枠組み」ともいう

現在利用されている共通フレーム2013は，国際規格ISO/IEC 12207:2008にもとづいて策定されたものであり，「合意プロセス，テクニカルプロセス，運用・サービスプロセス，支援プロセス」など，8つの大きなプロセスを中心に構成されています。このうち試験で主に問われるのは，テクニカルプロセスの下位プロセスである，企画プロセスと要件定義プロセスです。

企画プロセスと要件定義プロセス

企画プロセス

企画プロセスは，「経営・事業の目的や目標の達成に必要なシステムに関係する要求の集合とシステム化の方針，およびシステムを実現するための実施計画を得ること」を目的とするプロセスです。企業がシステム化に関わるプロジェクトを発足させ，「システム化構想」，「システム化計画」の一連の作業を実施していくための作業項目が，次の2つの下位プロセスに分けられ，規定されています。

6

ストラテジ系

389

システム化構想の立案プロセス	経営上のニーズ，課題を実現，解決するために，置かれた経営環境を踏まえて，新たな業務の全体像とそれを実現するためのシステム化構想および推進体制を立案する。 〔システム化構想の立案プロセスの作業（タスク）〕 ① 経営上のニーズ，課題の確認 ② 事業環境，業務環境の調査分析 ③ 現行業務，システムの調査分析 ④ 情報技術動向の調査分析 ⑤ 対象となる業務の明確化 ⑥ 業務の新全体像の作成 ⑦ 対象の選定と投資目標の策定
システム化計画の立案プロセス	システム化構想を具現化するために，運用や効果などの実現性を考慮したシステム化計画およびプロジェクト計画を具体化し，利害関係者の合意を得る。

要件定義プロセス

要件定義プロセスは，「定義された環境において，利用者および他の利害関係者が必要とするサービスを提供できるシステムに対する要件を，定義すること」を目的とするプロセスです。

要件定義プロセスでは，システムのライフサイクルの全期間を通して，システムに関わり合いを持つ利害関係者を識別し，利害関係者のニーズや要望を漏れなく抽出します。また，取得する組織により課せられる制約条件も識別・抽出します。そして，これら識別・抽出したものを評価・分析し，業務要件や制約条件，運用シナリオなどの具体的な内容を，以下のように定義します。

① 業務要件の定義	新しい業務のあり方や運用をまとめた上で，業務上実現すべき要件を明らかにする。業務要件には，業務内容（手順，入出力情報など），業務特性（ルール，制約など），外部環境と業務の関係，授受する情報などがある。
② 組織および環境要件の具体化	組織の構成，要員，規模などの組織に対する要件を具体化し，新業務を遂行するために必要な事務所や事務用の諸設備などに関する導入方針，計画およびスケジュールを明確にする。
③ 機能要件の定義	①で明確にした業務要件を実現するために必要なシステム機能（機能要件）を明らかにする。具体的には，業務を構成する機能間の情報（データ）の流れを明確にし，対象となる人の作業およびシステム機能の実現範囲を定義する。
④ 非機能要件の定義	③で明確にした機能要件以外の要件（非機能要件）を明確にする。非機能要件には，可用性，性能，保守性，セキュリティなどの品質要件，システム開発方式や開発基準・標準などの技術要件，運用・移行要件がある。

　なお，要件定義に際しては，利用者や開発者をはじめ利害関係者間の対立が発生するため，企画プロセスにおける経営上のニーズ・課題・投資目標を常に共有し，対立を回避することが重要です。また，要件定義後は，利害関係者のニーズや要望が正確に表現されていることを確実にするために，利害関係者へフィードバックし，合意・承諾を得る必要があります。

 こんな問題が出る!

問1　企画プロセスで実施すべきこと

　共通フレーム2013によれば，企画プロセスで実施すべきものはどれか。

ア　市場，競合など事業環境を分析し，企業の情報戦略と事業目標の関係を明確にする。

イ　システムのライフサイクルの全期間を通して，システムの利害関係者を識別する。—— 要件定義プロセスの「利害関係者の識別」で実施

ウ　人間の能力およびスキルの限界を考慮して，利用者とシステムとの間の相互作用を識別する。—— 要件定義プロセスの「要件の識別」で実施

エ　利害関係者の要件が正確に表現されていることを，利害関係者とともに確立する。—— 要件定義プロセスの「要件の合意」で実施

問2　要件定義プロセスの「要件の識別」で行うこと

　共通フレーム2013によれば，要件定義プロセスの活動内容には，利害関係者の識別，要件の識別，要件の評価，要件の合意などがある。このうちの要件の識別において実施する作業はどれか。

ア　システムのライフサイクルの全期間を通して，どの工程でどの関係者が参画するのかを明確にする。—— 利害関係者の識別

イ　抽出された要件を確認して，矛盾点や曖昧な点をなくし，一貫性がある要件の集合として整理する。—— 要件の評価

ウ　矛盾した要件，実現不可能な要件などの問題点に対する解決方法を利害関係者に説明し，合意を得る。—— 要件の合意

エ　利害関係者から要件を漏れなく引き出し，制約条件や運用シナリオなどを明らかにする。

6 ストラテジ系

解答　問1：ア　問2：エ

データ交換での標準

SOP

「SOA(p.344)」と間違わないよう注意!

SOAP (Simple Object Access Protocol) は，ネットワーク上のソフトウェア (オブジェクト) どうしが，メッセージを交換しあうためのプロトコルです。メッセージ交換やリモートプロシージャの呼び出し (**RPC**：Remote Procedure Call) を，XMLベースで行うというのが特徴です。 ⸺p.77

その他，オブジェクトどうしがメッセージを交換するための仕様に，**OMG** (Object Management Group) が制定した**CORBA** (Common Object Request Broker Architecture) などもあります。

EDI (電子データ交換)

経済産業省では，**EDI** (Electronic Data Interchange) を「異なる組織間で，取引のためのメッセージを，通信回線を介して標準的な規約 (可能な限り広く合意された各種規約) を用いて，コンピュータ (端末を含む) 間で交換すること」と定義しています。

EDIを活用した 電子商取引 を実施する場合に必要となる取決めには，次の4つのレベルがあります。 ⸺「EC (Electronic Commerce)」という

4：取引基本規約	双方の企業がEDIで取引を行うことに合意する契約
3：業務運用規約	システムの運用に関する取決め
2：情報表現規約	対象となる情報データのフォーマットに関する取決め
1：情報伝達規約	通信回線の種類や伝送手順などに関する取決め

⸺試験での出題が多い

こんな問題が出る!

情報表現規約で規定されるべきもの

EDIを実施するための情報表現規約で規定されるべきものはどれか。

ア　企業間の取引の契約内容　　　イ　システムの運用時間
ウ　伝送制御手順　　　　　　　　エ　メッセージの形式

解答　エ

重要用語チェックリスト

393

■著者略歴

大滝 みや子（おおたき みやこ）

IT企業にて，地球科学分野を中心としたソフトウェア開発に従事した後，日本工学院八王子専門学校 ITスペシャリスト科に勤務。現在は，資格対策書籍の執筆に専念するかたわら，IT企業における研修・教育を担当するなど，IT人材育成のための活動を幅広く行っている。

主な著書：「応用情報技術者 合格教本」「応用情報技術者 試験によくでる 問題集【午前】」
「応用情報技術者 試験によくでる 問題集【午後】」「［改訂新版］基本情報技術者【科目B】アルゴリズム×擬似言語 トレーニングブック」(以上，技術評論社)
「基本情報技術者 かんたんアルゴリズム解法—流れ図と擬似言語（第4版）」(リックテレコム)
「基本情報 SQLドリル」「基本情報＋ITパスポート 計算ドリル」(以上，実教出版) 他多数

●カバーデザイン　小島トシノブ（NONdesign）
●カバーイラスト　城谷俊也
●本文編集　イエローテールコンピュータ株式会社
●本文デザイン・イラスト　渡辺ひろし
●本文レイアウト　鈴木ひろみ
●担当　東山萌子

【改訂4版】要点・用語早わかり
応用情報技術者　ポケット攻略本

2011年 10月　5日　初　版　第1刷発行
2021年　4月　1日　第4版　第1刷発行
2024年　8月 24日　第4版　第4刷発行

著　者　大滝みや子
発行者　片岡 巌
発行所　株式会社技術評論社
　　　　東京都新宿区市谷左内町21-13
　　　　電話　03-3513-6150　販売促進部
　　　　　　　03-3513-6166　書籍編集部
印刷／製本　昭和情報プロセス株式会社

定価はカバーに表示してあります。

本書の一部または全部を著作権法の定める範囲を超え，無断で複写，複製，転載，あるいはファイルに落とすことを禁じます。

©2011-2021　大滝みや子

造本には細心の注意を払っておりますが，万一，乱丁（ページの乱れ）や落丁（ページの抜け）がございましたら，小社販売促進部までお送りください。送料小社負担にてお取り替えいたします。

ISBN978-4-297-12005-4　C3055
Printed in Japan

■お問い合わせについて

　本書に関するご質問は，弊社Webサイトからお送りいただくか，FAXまたは書面でお願いいたします。電話による直接のお問い合わせにはお答えいたしかねますので，あらかじめご了承ください。また，できる限り迅速に対応させていただくよう努力しておりますが，場合によってはお時間をいただくこともございます。

　ご質問の際には，書籍名と該当ページ，メールアドレスやFAX番号などの返信先を明記してください。ご質問の際に記載いただいたお客様の個人情報は，質問の返答以外の目的には使用いたしません。

◆お問い合わせ先
〒162-0846
東京都新宿区市谷左内町21-13
株式会社技術評論社　書籍編集部
「要点・用語早わかり　応用情報技術者
　　　　　　　　　ポケット攻略本」係
Web：https://gihyo.jp/book/
FAX：03-3513-6183